"十二五"江苏省高等学校重点教材（编号：2015-2-071）

全国高等职业教育规划教材

数控车床实训项目化教程

主　编	朱学超　刘　旭
副主编	刘玉宏　盖立武
参　编	黄华栋　郭秀华
主　审	尚广庆

机械工业出版社

本书以项目导向、任务驱动、做学合一、理实一体为编写原则，涵盖数控车床的基本操作、数控车床实训技能训练、数控车床中、高级职业技能鉴定训练、UG 数控车编程四篇，每篇都由若干个任务组成。本书将理论与加工融为一体，任务由简单到复杂、由单一到综合，并且以国家职业标准中、高级数控车工考核要求为基本依据，与技能鉴定有机结合。

本书可作为高职高专数控、模具、机制、机电等专业的教学用书，也可作为相关工程技术人员、数控机床操作人员学习和培训的教材。

本书配有授课电子课件，需要的教师可登录机械工业出版社教育服务网 www.cmpedu.com 免费注册后下载，或联系编辑索取（QQ：1239258369，电话：010 – 88379739）。

图书在版编目（CIP）数据

数控车床实训项目化教程／朱学超，刘旭主编 . —北京：机械工业出版社，2016.6（2021.2 重印）

全国高等职业教育规划教材

ISBN 978-7-111-54196-7

Ⅰ. ①数…　Ⅱ. ①朱…　②刘…　Ⅲ. ①数控机床 – 车床 – 高等职业教育 – 教材　Ⅳ. ①TG519.1

中国版本图书馆 CIP 数据核字（2016）第 153568 号

机械工业出版社（北京市百万庄大街 22 号　邮政编码 100037）

责任编辑：曹帅鹏　张亚捷　　责任校对：张艳霞

责任印制：常天培

北京虎彩文化传播有限公司印刷

2021 年 2 月第 1 版·第 4 次印刷

184mm×260mm·17.5 印张·424 千字

6601–7800 册

标准书号：ISBN 978-7-111-54196-7

定价：42.00 元

全国高等职业教育规划教材机电专业
编委会成员名单

出版说明

《国务院关于加快发展现代职业教育的决定》指出：到 2020 年，形成适应发展需求、产教深度融合、中职高职衔接、职业教育与普通教育相互沟通，体现终身教育理念，具有中国特色、世界水平的现代职业教育体系，推进人才培养模式创新，坚持校企合作、工学结合，强化教学、学习、实训相融合的教育教学活动，推行项目教学、案例教学、工作过程导向教学等教学模式，引导社会力量参与教学过程，共同开发课程和教材等教育资源。机械工业出版社组织全国 60 余所职业院校（其中大部分是示范性院校和骨干院校）的骨干教师共同策划、编写并出版的"全国高等职业教育规划教材"系列丛书，已历经十余年的积淀和发展，今后将更加紧密地结合国家职业教育文件精神，致力于建设符合现代职业教育教学需求的教材体系，打造充分适应现代职业教育教学模式的、体现工学结合特点的新型精品化教材。

"全国高等职业教育规划教材"涵盖计算机、电子和机电三个专业，目前在销教材 300 余种，其中"十五""十一五""十二五"累计获奖教材 60 余种，更有 4 种获得国家级精品教材。该系列教材依托于高职高专计算机、电子、机电三个专业编委会，充分体现职业院校教学改革和课程改革的需要，其内容和质量颇受授课教师的认可。

在系列教材策划和编写的过程中，主编院校通过编委会平台充分调研相关院校的专业课程体系，认真讨论课程教学大纲，积极听取相关专家意见，并融合教学中的实践经验，吸收职业教育改革成果，寻求企业合作，针对不同的课程性质采取差异化的编写策略。其中，核心基础课程的教材在保持扎实的理论基础的同时，增加实训和习题以及相关的多媒体配套资源；实践性较强的课程则强调理论与实训紧密结合，采用理实一体的编写模式；涉及实用技术的课程则在教材中引入了最新的知识、技术、工艺和方法，同时重视企业参与，吸纳来自企业的真实案例。此外，根据实际教学的需要对部分课程进行了整合和优化。

归纳起来，本系列教材具有以下特点。

1）围绕培养学生的职业技能这条主线来设计教材的结构、内容和形式。

2）合理安排基础知识和实践知识的比例。基础知识以"必需、够用"为度，强调专业技术应用能力的训练，适当增加实训环节。

3）符合高职学生的学习特点和认知规律。对基本理论和方法的论述容易理解、清晰简洁，多用图表来表达信息；增加相关技术在生产中的应用实例，引导学生主动学习。

4）教材内容紧随技术和经济的发展而更新，及时将新知识、新技术、新工艺和新案例等引入教材。同时注重吸收最新的教学理念，并积极支持新专业的教材建设。

5）注重立体化教材建设。通过主教材、电子教案、配套素材光盘、实训指导和习题及解答等教学资源的有机结合，提高教学服务水平，为高素质技能型人才的培养创造良好的条件。

由于我国高等职业教育改革和发展的速度很快，加之我们的水平和经验有限，因此在教材的编写和出版过程中难免出现问题和疏漏。我们恳请使用这套教材的师生及时向我们反馈质量信息，以利于我们今后不断提高教材的出版质量，为广大师生提供更多、更适用的教材。

机械工业出版社

前　言

为了全面贯彻国家关于高端应用型人才培养相关文件的精神，突出"加强高技能型人才的实践能力和职业技能的培养，高度重视实践和实训环节教学"的要求，以就业为导向，以企业岗位操作要领为依据，确立一切从企业效率出发的思考方向，培养学生务实严谨的专业品质和职业能力，结合国家职业技能鉴定标准，我们编写了《数控车床实训项目化教程》一书。

本书是在编者多年来一直从事数控编程与加工教学、科研、生产工作经验的基础上编写的，合理选择教学案例和实训项目，将知识能力与应用能力相融合，从简单到复杂，从单一到综合，并通过项目教学体现能力发展与职业发展规律相适应、教学过程与工作过程相一致的教学体系和模式，既具有先进性，也具有可读性；本书的另一个特色是按照以学生为主体，以项目化引领组织教学的结构形式编写，使学生学习的过程和职业工作的过程相一致。教学过程以完成具体工作任务为目标，在教师引导下，学生通过自主学习、讨论，并参照书中给出的任务案例提出自己的解决方案，拟订合理的加工工艺，编写正确的加工程序，并依据数控车床操作与工件加工工艺过程完成零件的加工。加工后，学生要对产品的加工质量做定性及定量分析，提出整改意见。

本书以企业使用广泛的 FANUC 系统数控车床为例，总共包括四个部分：第一篇数控车床的基本操作，第二篇数控车床实训技能训练，第三篇数控车床中、高级职业技能鉴定训练，第四篇 UG 数控车编程。本书可作为高职高专数控、模具、机制、机电等专业的教学用书，也可作为相关工程技术人员、数控机床操作人员学习和培训的教材。

本书由苏州市职业大学朱学超、刘旭担任主编，由苏州高等职业技术学校刘玉宏、苏州市职业大学盖立武担任副主编，参与本书编写的还有苏州工业职业技术学院黄华栋、苏州经贸职业技术学院郭秀华。第一篇数控车床的基本操作由朱学超、黄华栋编写，第二篇数控车床实训技能训练由刘旭、朱学超、郭秀华编写，第三篇数控车床中、高级职业技能鉴定训练由刘旭、朱学超、刘玉宏编写，第四篇 UG 数控车编程由盖立武、黄华栋、郭秀华编写。全书由朱学超负责统筹定稿。

特别感谢苏州市职业大学尚广庆、陆春元、陈祥林对本书的支持，苏州戴尔菲精密机械科技有限公司兑松华高级工程师对本书的编写提出了宝贵意见，在此一并表示感谢。

由于编者水平有限，书中难免有不足之处，恳请广大读者和同仁提出宝贵意见。

编者

目　　录

第一篇　数控车床的基本操作

任务1　数控车床的认知

【知识目标】

1. 了解数控车床分类。

2. 了解数控车床结构。

3. 掌握数控车床技术参数。

【能力目标】

1. 能说出数控车床各部分结构及作用。

2. 能阐述数控车床特点。

【相关知识】

数控机床以其精度高、效率高、能适应小批量、多品种复杂零件的加工等优点，在机械加工中日益得到广泛应用。其中数控车床能自动完成轴类或盘类等回转体零件的内、外圆柱面，圆锥面，圆弧面和直、锥螺纹等切削加工，并能进行切削、钻孔、扩孔和铰孔等加工，是目前国内使用极为广泛的一种数控机床，约占数控机床总数的25%。

1. 数控车床的特点

数控车床与普通车床的加工对象、结构组成及工艺特点有很大的相似之处，但由于数控车床带有数控系统，因此与普通车床相比有很大的区别。数控车床的具体特点如下。

1）数控车床采用了全封闭或半封闭的防护装置，从而可防止切屑或切削液飞出，避免给操作者带来意外伤害。

2）数控车床一般配有自动排屑装置，而且采用自动排屑装置的数控车床大都采用斜床身结构布局，从而使排屑更加方便。

3）数控车床主轴转速高，而且大都采用了液压卡盘，因此夹紧力调节方便，工件装夹安全可靠，同时也降低了操作工人的劳动强度。

4）数控车床采用了自动回转刀架，在加工过程中可自动完成换刀操作，从而可以连续完成多道工序的加工。

5）数控车床的主传动与进给传动采用了各自独立的伺服电动机，从而使传动链变得简单，同时，各电动机既可单独运动，也可实现多轴联动。

6）为了拖动轻便，数控车床的润滑都比较充分，大部分采用油雾自动润滑。

2. 数控车床的分类

（1）按车床主轴位置分类

1）卧式数控车床。卧式数控车床的机床主轴与机床床身平行，主要用于加工径向尺寸小、轴向尺寸相对较大的零件，它分为平床身卧式数控车床（图1-1）和斜床身卧式数控车床（图1-2）。平床身卧式数控车床的优点是加工工艺性好，其刀架水平放置，有利于提高刀架的运动精度；缺点是床身下部空间小，排屑困难。斜床身卧式数控车床的优点是车床外形美观，占地面积小，易于排屑和切削液的排流；而且便于操作者操作与观察，易于安装上下料机械手，实现全面自动化；另外还可采用封闭截面整体结构，以提高床身的刚度；缺点是倾斜角太大会影响导轨的导向性和受力情况，一般倾斜角多为45°、60°、70°。

图1-1 平床身卧式数控车床

图1-2 斜床身卧式数控车床

2）立式数控车床。立式数控车床（图1-3）简称数控立车，其主轴垂直于水平面。立式数控车床有一个直径很大的圆形工作台，用来装夹工件。这类车床主要用于加工径向尺寸大、轴向尺寸相对较小的大型复杂零件。

图1-3 立式数控车床

（2）按刀架数量分类

1）单刀架数控车床。数控车床一般都配置有各种形式的单刀架，最常见的刀架有四方刀架和转塔刀架。图1-4所示为单四方刀架数控车床，图1-5所示为单转塔刀架数控车床。

图1-4 单四方刀架数控车床

图1-5 单转塔刀架数控车床

2）双刀架数控车床。这类车床的双刀架配置可以平行分布（图1-6），也可以相互垂直分布（图1-7）。图1-8所示为双四方刀架数控车床，图1-9所示为双转塔刀架数控车床。

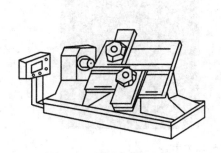 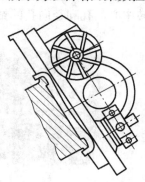

图1-6　平行交错双刀架　　　　　　　　图1-7　垂直交错双刀架

图1-8　双四方刀架数控车床　　　　　　图1-9　双转塔刀架数控车床

（3）按功能分类

1）经济型数控车床。经济型数控车床是指采用步进电动机和单片机对普通车床的进给系统进行改造后形成的简易型数控车床，如图1-10所示。这类车床成本较低，自动化程度和功能都比较差，车削加工精度也不高，适用于要求不高的回转类零件的车削加工。

2）全功能数控车床。全功能数控车床是指根据车削加工要求在结构上进行专门设计并配备通用数控系统而形成的数控车床，如图1-11所示。这类车床可同时控制 X 轴和 Z 轴两个坐标轴，数控系统功能强，自动化程度和加工精度也比较高，适用于一般回转类零件的车削加工。

图1-10　经济型数控车床　　　　　　　　图1-11　全功能数控车床

3）车削加工中心。车削加工中心是在普通数控车床的基础上，增加了 C 轴和动力头，更高级的数控车床带有刀库，可控制 X、Z 和 C 三个坐标轴，联动控制可以是 (X, Z)、

（X，C）、（Z，C），如图1–12所示。由于增加了C轴和铣削动力头，这种数控车床的加工功能大大增强，除了可以进行一般车削外，还可以进行径向和轴向铣削、曲面铣削、中心线不在零件回转中心的孔和径向孔的钻削等加工。

图1–12　车削加工中心

3. 数控车床的结构

数控车床主要由数控装置、主轴模块、进给驱动模块、刀架尾座模块、冷却润滑模块等组成，其中数控装置是车床最重要的部分。数控车床结构组成如图1–13所示。

（1）数控装置　数控装置的核心是计算机及其软件。它在数控车床中起"指挥"作用：数控装置接收由加工程序送来的各种信息，并经处理和调配后，向驱动机构发出执行命令；在执行过程中，其驱动、检测等机构同时将有关信息反馈给数控装置，以便经处理后发出新的执行命令。数控装置的操作部分由操作面板、控制面板和显示屏组成，如图1–14所示。

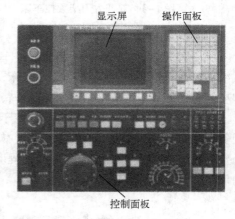

图1–13　数控车床结构组成　　　　图1–14　数控车床数控装置组成

1—床身　2—主轴箱　3—控制面板　4—卡盘
5—刀架　6—尾座　7—机床防护罩　8—机床导轨

（2）主轴箱及主轴　数控车床的主传动系统一般采用直流或交流无级调速电动机，通过带传动带动主轴旋转，实现自动无级调速及恒线速度控制，而起机械传动变速和变向作用的机构已经不复存在。对于改造式（具有手动操作和自动控制加工双重功能）数控车床则基本上保留其原有的主轴箱。

数控车床主轴的回转精度，直接影响零件的加工精度；其功率、回转速度影响加工的效率；其同步运行、自动变速及定向准停等要求，影响车床的自动化程度。机床的主传动由交

4

流变频电动机经 V 带传至主轴箱，通过主轴箱内的齿轮传到主轴，主轴转速靠液压缸及变频电动机实现变速。

（3）进给系统　数控车床的进给系统包括滚珠丝杠副和机床导轨。滚珠丝杠副由丝杠、螺母、滚珠等零件组成，由伺服电动机直接带动旋转或通过同步带带动旋转，其中横向进给传动系统带动刀架做横向（X 轴）移动，控制工件的径向尺寸；纵向进给装置带动刀架做轴向（Z 轴）运动，控制工件的轴向尺寸。滚珠丝杠副如图 1-15 所示，其优点是摩擦阻力小，可消除轴向间隙及预紧，故传动效率及精度高，运动稳定，动作灵敏。但结构较复杂，制造技术要求较高，所以成本也较高。另外，自行调整其间隙大小时，难度也较大。

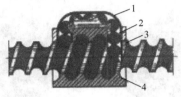

图 1-15　滚珠丝杠副
1—滚珠循环装置　2—滚珠　3—丝杠　4—螺母

数控车床的导轨是保证进给运动准确性的重要部件，它在很大程度上影响车床的刚度、精度及低速进给时的平稳性，是影响零件加工质量的重要因素之一。数控车床的导轨分为滑动导轨（图 1-16）和滚动导轨（图 1-17）两种。目前只有少部分数控车床仍沿用传统的金属型滑动轨道，大部分机床已经采用贴塑导轨，这种新型滑动导轨的摩擦因数小，耐磨性、耐蚀性及吸振性好，润滑条件也比较优越。滚动导轨的摩擦因数小、运动轻便、位移精度和定位精度高、耐磨性好、抗振性较差、结构复杂、防护要求高。

图 1-16　滑动导轨　　　　　　　　　　　　图 1-17　滚动导轨

（4）卡盘　经济型数控车床的卡盘与普通车床的卡盘基本一样，靠机械力来夹紧。全功能数控车床采用液压卡盘，靠液压动力夹持加工零件。液压卡盘主要由固定在主轴后端的液压缸和固定在主轴前端的卡盘两部分组成，分成中空卡盘（图 1-18）和中实卡盘（图 1-19）两种。其夹紧力的大小通过调节液压系统的压力进行控制，具有结构紧凑、动作灵敏、能够实现较大夹紧力的特点。

（5）刀架　数控车床的刀架有电动四方刀架（图 1-20）、电动回转刀架（图 1-21）及排式刀架（图 1-22）。一般说来，经济型数控车床采用电动四方刀架，全功能数控车床采用电动回转刀架。

5

a)   b)

图1-18　中空卡盘的组成

a）卡盘　b）液压缸

a)   b)

图1-19　中实卡盘的组成

a）卡盘　b）液压缸

图1-20　电动四方刀架

图1-21　电动回转刀架

图1-22　排式刀架

（6）尾座　在数控车床上加工长轴类零件时需要使用尾座，液压尾座如图1-23所示。一般来说，车床尾座分为手动尾座和可编程尾座两种。尾座套筒的动作与主轴互锁，即在主轴转动时，按动尾座套筒退出按钮，尾座套筒不动作，只有在主轴停止状态下，尾座套筒才能退出，以保证安全。

4. 数控车床主要技术参数

以 CK6136i 数控车床为例，具体介绍数控车床的规格及主要技术参数。车床的数控系统为 FANUC Series 0i Mate–TB，具体参数见表1-1。

图1-23　液压尾座

表1-1　CK6136i 数控车床规格及技术参数

型　　号	CK6136i
主轴转速	交流变频调速 34 ~ 3000 r/min
主轴通孔直径	40 mm
刀架种类	六工位电动刀架
设备容量	8 kV·A
X 轴快速移动速度	6 m/min
Z 轴快速移动速度	8 m/min
X 轴最大行程	240 mm
Z 轴最大行程	490 mm

任务2 数控车床面板功能

【知识目标】

掌握 FANUC 0i Mate – TB 系统数控车床面板功能。

【能力目标】

能阐述 FANUC 0i Mate – TB 系统数控车床各种加工模式及各个按键用途。

【相关知识】

1. CRT/MDI 数控操作面板

图 1-24 所示为 FANUC 0i Mate – TB 的数控操作面板，其主要由 CRT 显示屏和编辑面板组成。

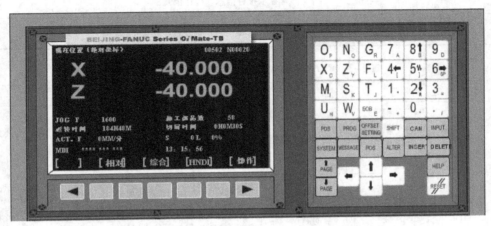

图 1-24　FANUC 0i Mate – TB 的数控操作面板

1）FANUC 0i Mate – TB 的 CRT 显示屏如图 1-25 所示。CRT 显示屏下方软键的功能是可变的，在不同方式下，软键功能为 CRT 画面最下方显示的软键功能提示。

2）FANUC 0i Mate – TB 的编辑面板如图 1-26 所示，其各功能键的符号和用途见表 1-2、表 1-3。

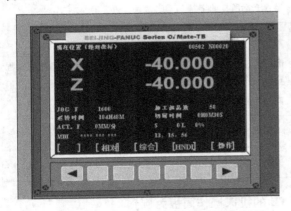

图 1-25　FANUC 0i Mate – TB 的 CRT 显示屏

图 1-26　FANUC 0i Mate – TB 的编辑面板

7

表 1-2　　FANUC 0i Mate - TB 主菜单功能键的符号和用途

序号	键 符 号	按键名称	用 途
1	POS	位置键	屏幕显示当前位置画面，包括绝对坐标、相对坐标、综合坐标和余移动量、运行时间、实际速度等
2	PROG	程序键	屏幕显示程序画面，显示的内容由系统的操作方式决定 1）在 AUTO（自动执行）或 MDI（手动数据输入）方式下，显示程序内容、当前正在执行的程序段和模态代码、当前正在执行的程序段和下一个将要执行的程序段、检视程序执行或 MDI 程序 2）在 EDIT（编辑）方式下，显示程序编辑内容、程序目录
3	OFFSET SETTING	刀偏设定键	屏幕显示刀具偏移值、工件坐标系等
4	SYSTEM	系统键	屏幕显示参数画面、系统画面
5	MESSAGE	信息键	屏幕显示报警信息、操作信息
6	GRAPH	图形显示键	辅助图形画面，CNC 描述程序轨迹

表 1-3　　FANUC 0i Mate - TB 功能键的符号和用途

序号	键 符 号	按键名称	用 途
1	O_P N_Q G_R 7_A 8_B 9_D / X_C Z_Y F_L $4_{\downarrow}$ 5_W $6_{\rightarrow}$ / M_I S_K T_J 1. $2_{\uparrow}$ 3. / U_H W_V EOB_E - . 0. .,	数字和字符键	用于输入数据到输入区域，系统自动判别取字母还是取数字。字母和数字通过 SHIFT 键切换输入
2	RESET	复位键	用于 CNC 复位或取消报警
3	HELP	帮助键	按此键可显示如何操作机床，如 MDI 键的操作。可在 CNC 发生报警时提供报警的详细信息、帮助功能
4	SHIFT	换档键	在有些键顶部有两个字符。按住此键来选择字符，当一个特殊字符在屏幕上显示时，表示键面右下角的字符可以输入
5	INPUT	输入键	用于键入参数、设定偏置量与显示页面内的数值输入
6	CAN	取消键	按此键可删除已输入到键的输入缓冲区的最后一个字符或符号
7	ALTER	替换键	替换光标所在的字
7	INSERT	插入键	在光标所在的字后插入
7	DELETE	删除键	删除光标所在的字，如光标为一程序段首的字则删除该段程序，此外还可删除若干段程序、一个程序或所有程序
8	↑↓←→	光标移动键	向程序的指定方向逐字移动光标
9	↑PAGE ↓PAGE	翻页键	由屏幕显示的页面向上、向下翻页
10	EOB E	分段键	该键是段结束符

2. 机床操作面板（以 FANUC 0i Mate - TB 的机床操作面板为例）

FANUC 0i Mate - TB 的机床操作面板如图 1-27 所示。其主要用于控制机床的运动和选择机床运行状态，由模式选择旋钮、数控程序运行控制开关等多个部分组成，FANUC 0i Mate – TB 的机床操作面板按键功能见表1–4。

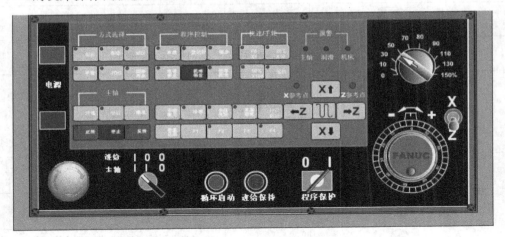

图 1-27　FANUC 0i Mate – TB 的机床操作面板

表 1-4　FANUC 0i Mate – TB 的机床操作面板按键功能

序号	键 符 号	按键名称	用　途
1	自动	自动模式键	进入自动加工模式
2	编辑	编辑键	用于输入程序或编辑程序
3	MDI	手动数据输入键	用于输入程序或修改参数
4	手轮	手轮进给键	按此键切换成通过手轮移动各轴
5	JOG	手动模式键	通过手动按键连续移动各轴
6	主轴 升速 编辑 降速 正转 停止 反转	主轴键	机床主轴手动控制开关，可实现主轴正转、反转、升速、降速、停止等
7	单段	单段键	按下此键程序单段执行
7	空运行	空运行键	按下此键各轴以固定速度快速执行
7	跳步	跳步键	在自动模式下按此键，跳过程序段开头带有"/"的程序
8	选择停止	程序停止键	自动模式下遇到 M01 指令程序停止
9	机床锁住	机床锁住键	按下此键，机床各轴被锁住

序号	键 符 号	按键名称	用 途
10	手动 换刀	手动换刀键	在手动方式下，按此键进行换刀
11	 冷却	切削液开关键	按下此键，切削液开
12	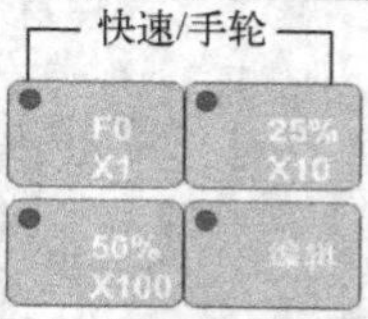 快速/手轮 F0 X1　25% X10 50% X100　虚拟	快速/手轮倍率键	进行手轮和快速倍率的切换
13		紧急停止按钮	按下此按钮，可使机床和数控系统紧急停止，旋转可释放
14		倍率旋钮	调节进给量
15	 循环启动	循环启动按钮	在"自动"或"MDI"模式下，按下此键自动加工程序
16	 0 1 程序保护	程序编辑开关	置于"O"状态时可编辑程序
17		手轮	通过转动手轮沿着 X、Z 方向移动各轴

任务3　数控车床手动、手轮及 MDI 操作

【知识目标】

掌握数控机床、数控车床坐标系知识。

【能力目标】

1. 掌握数控车床的开机、关机和回参考点的方法。

2. 掌握数控车床的手动、手轮及手动程序输入的操作。

3. 掌握数控车床的安全操作规程。

【相关知识】

1. 机床坐标系

数控机床出厂时，制造厂家在机床上设置了一个固定的点，以这一点为坐标原点而建立的坐标系称为机床坐标系。它是用来确定工件坐标系的基本坐标系，是机床本身所固有的坐标系。

（1）坐标系和运动方向的命名原则

① 刀具相对静止而工件运动的原则。不论机床的具体结构是工件静止、刀具运动，还是工件运动、刀具静止，在确定坐标系时，一律看作是刀具相对静止的工件运动。

② 机床坐标的规定。基本坐标轴 X、Y、Z 关系及其正向用右手直角定则确定。如图 1-28 所示，大拇指的方向为 X 轴的正向，食指的方向为 Y 轴的正向，中指的方向为 Z 轴的正向。

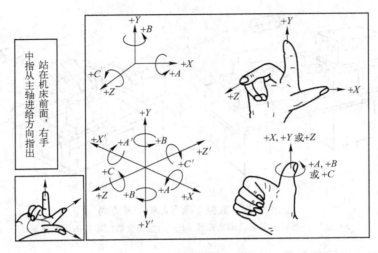

图 1-28　数控机床标准坐标系

③ 正向的规定。增大刀具与工件之间距离的方向为坐标轴正向。

（2）数控机床坐标轴判定的方法和步骤

① Z 轴。规定平行于机床主轴轴线的坐标轴为 Z 轴。规定刀具远离工件的方向为 Z 轴的正向。

② X 轴。X 轴通常是水平轴，且平行于工件装夹平面。对于工件旋转的机床，X 轴的方向是在工件径向上，且平行于横滑座，刀具离开工件旋转中心的方向为 X 轴正向。对于刀具旋转的立式机床，规定水平方向为 X 轴方向，且当从刀具（主轴）向立柱看时，X 轴正向在右边；对于刀具旋转的卧式机床，规定水平方向仍为 X 轴方向，且从刀具（主轴）尾端向工件看时，右手所在方向为 X 轴正向。

③ Y 轴。Y 轴垂直于 X、Z 轴。Y 轴的正向根据 X 和 Z 轴正向按照右手直角定则来判断。

④ 旋转运动 A、B 和 C。A、B 和 C 是表示其轴线分别平行于 X、Y 和 Z 轴的旋转运动。A、B 和 C 的正向可用右手螺旋定则确定。

⑤ 附加坐标轴的定义。如果在 X、Y、Z 轴以外，还有平行于它们的坐标轴，可分别指定为 U、V、W。若还有第三组运动，则分别指定为 P、Q、R。

标准坐标系采用右手直角定则。基本坐标轴 X、Y、Z 的关系及正向用右手直角定则判定。拇指为 X 轴，食指为 Y 轴，中指为 Z 轴，围绕 X、Y、Z 各轴的回转运动及其正向 +A、+B、+C 分别用右手螺旋定则判定，拇指为 X、Y、Z 的正向，四指弯曲的方向为对应 A、B、C 的正向。

2. 数控车床坐标系

数控车床坐标轴及其方向如图 1-29 所示。

数控车床坐标系一般有两种建立方法，第一种方法：刀架和操作者在同一侧，X 轴的正向指向操作者，如图 1-29a 所示，适用于平床身（水平导轨）卧式数控车床。另一种方法：刀架和操作者不在同一侧，X 轴的正向背向操作者，如图 1-29b 所示，适用于斜床身和平床身斜滑板（斜导轨）的卧式数控车床。

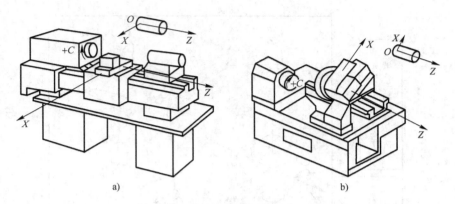

图 1-29　数控车床坐标轴及其方向

a）前置刀架数控车床机床坐标系　b）后置刀架数控车床机床坐标系

3. 机床原点、机床参考点

1）机床原点。数控机床经过设计、制造和调整后，机床原点便被确定下来，它是机床上固定的一个点。数控车床机床坐标系的建立如图 1-30 所示。

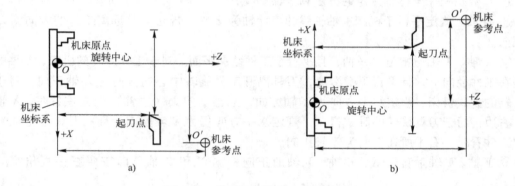

图 1-30　数控车床机床坐标系的建立

a）前置刀架数控车床机床坐标系建立　b）后置刀架数控车床机床坐标系建立

2）机床参考点。数控装置通电时并不知道机床零点的位置，为了正确地在机床工作时建立机床坐标系，通常在每个坐标轴的移动范围内（一般在 X 轴和 Z 轴的正向最大行程处）设置一个机床参考点（测量起点）。

机床参考点的位置由设置在机床 X 向、Z 向滑板上的机械挡块的位置来确定。当刀架返回机床参考点时，装在 X 向和 Z 向滑板上的两挡块分别压下对应的开关，向数控装置发出信号，停止刀架滑板运动，即完成了"回参考点"的操作。

4. 数控车床安全操作规程

为了合理地使用数控车床，保证机床正常运转，必须制定比较完善的数控车床安全操作规程，通常包括以下内容。

1）开机前应对数控车床进行全面细致的检查，包括操作面板、导轨面、卡爪、尾座、刀架、刀具等，确认无误后方可操作。

2）机床启动操作应按顺序进行，即总闸→机床通电开关→NC 启动。

3）不允许在卡盘或床身上敲击或校正工件，床面上不准放置工具或工件。

4）在切削铸铁、气割下料的工件前，导轨上的润滑油要擦去，工件上的型砂杂质应清除干净。

5）使用切削液时，要在导轨上涂上润滑油。

6）程序输入后，应仔细核对代码、地址、数值、正负号、小数点及语法是否正确。

7）检查各坐标轴是否回参考点，限位开关是否可靠。若某轴在回参考点前已在参考点位置，应先将该轴沿负方向移动一段距离后，再手动回参考点。

8）正确测量和计算工件坐标系，并对所得结果进行检查。

9）未装工件前，空运行一次程序，看程序能否顺利进行，刀具和夹具安装是否合理，有无超程现象。

10）主轴运转前，必须将卡盘扳手取下，确保安全。

11）操作数控车床时只能一人操作，其他人在一旁观看。在加工过程中操作者不得离开岗位或托他人代管，不能做与工作无关的事情。暂时离岗按暂停按钮，要正确使用急停开关，工作中严禁随意拉闸断电。

12）首件加工应采用单段程序切削，并随时注意调节进给倍率控制和进给量。

13）对刀后，检验每把刀的刀位点的实际位置与屏幕上显示的工件坐标值是否一致，如有偏差，必须重新对刀。

14）试切和加工中，刃磨刀具和更换刀具后，要重新测量刀具位置并修改刀补值和刀补号。必须在确认工件夹紧后才能启动机床，严禁工件转动时测量、触摸工件。

15）数控车床在运行（主轴转动）时不能测量工件，不能用手去摸工件表面，更不允许用纱头去擦拭工件表面。

16）紧急停车和机械锁定后，应重新进行机床"回参考点"操作，才能再次运行程序。

17）自动加工和空运行时必须关上安全防护门。

18）数控加工时精力要高度集中，发生故障应立即停车断电，保护现场，及时上报，不得隐瞒，并配合老师做好分析调查工作。

19）加工结束后应清扫机床并加防锈油，停机时应将各坐标轴停在正向极限位置。

5. 数控加工文明生产

1）操作机床期间必须穿工作服，并紧扣袖口、拉好衣服拉链，否则不许上机。禁止戴手套操作机床，有长发的女生要戴帽子或发网。不准多人同时操作一台机床。

2）数控机床的操作必须在指导老师指导下进行，未经指导老师同意，不允许开动机床。自己编制的程序须经指导老师审查后方可上机运行。

3）启动机床前应检查是否已经将扳手等工具从机床上拿开，放置妥当。机床主轴启动，开始切削时应关好防护门，正常运行时，禁止按急停按钮（若急停后应回零），加工中严禁开启防护门。

4）机床运转中，绝对禁止变速。变速或换刀时，必须保证机床完全停止，开关处于"OFF"位置，以防机床发生事故。机床开动期间严禁离开工作岗位做与操作无关的事情，手要时常放在急停或复位按钮上，集中精力，如遇紧急情况迅速按红色急停按钮，并报告指导老师，经修正后方可继续加工。

5）严禁在车间内嬉戏、打闹。严禁在机床间穿梭。

6）学生不得擅自修改、删除机床参数和系统文件，造成事故者，将追究责任。

7）学生必须在每天下班前10 min关闭机床、将工具归位、清洁机床，在指导老师指导下对各运动副加润滑油、打扫车间的环境卫生，养成良好的实习习惯。

【任务实施】

数控车床基本操作。

1. 开机操作

打开机床总电源，按系统电源键███，直至CRT显示屏出现"NOT READY"提示后，旋开急停旋钮，当"NOT READY"提示消失后，开机成功。

注意：在开机前，应先检查机床润滑油是否充足，电源柜门是否关好，操作面板各按键是否处于正常位置，否则将可能影响机床正常开机。

2. 机床回零操作

将方式选择在回零模式███，快速倍率旋钮旋至最大倍率100%，依次按+X、+Z轴进给方向键███（车床回参考点应先回X轴参考点，再回Z轴参考点），待CRT显示屏中各轴机械坐标值均为零时，回零操作成功。

图1-31所示为FANUC系统回参考点屏幕显示情况，机械坐标系坐标为0时，表明坐标轴已回到参考点，如X轴。机械坐标系坐标不为0时，表明坐标轴未回到参考点，如Z轴。

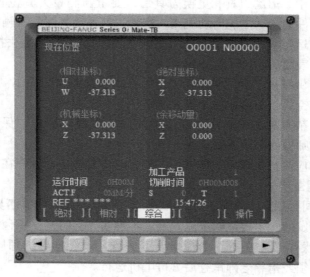

图1-31　FANUC系统回参考点屏幕显示情况

机床回零操作应注意以下几点。

1）当机床工作台或主轴当前位置已处于参考点位置、接近机床零点或处于超程状态时，应采用手动模式，将机床工作台或主轴移至各轴行程中间位置，否则无法完成回零操作。

2）回参考点后用自动、JOG（手动）或MDI手动数据输入等工作模式结束回参考点操作。

3）当数控机床出现以下几种情况时，应重新回机床参考点。

① 机床关机以后重新接通电源开关。

② 机床解除紧急停止状态以后。

③ 机床超程警报信号解除之后。

④ 机床锁住解除后。

3. 关机操作

按系统电源键，关闭"机床总电源"，关机成功。注意：关机后应立即进行加工现场及机床的清理与保养。

4. JOG 模式操作

将操作模式选择至 JOG 模式 █，分别按住各轴选择键 +Z、+X、-X、-Z 即可使机器向相应的轴和方向连续进给；若同时按住快速移动键 █，则可快速进给。

5. 手轮模式操作

将操作模式选择为手轮 █，通过手轮上的轴向选择旋钮 █ 可选择轴向运动，顺时针转动"手轮脉冲器"，轴正向移动，反之，则轴负向移动。通过选择脉动量 X1、X10、X100（分别是 0.001 mm/格、0.01 mm/格、0.1 mm/格）来确定进给速度。

6. 手动数据模式

将操作模式选择为 MDI 模式 █，按编辑面板上的程序键，选择程序屏幕，按下对应 CRT 显示区的软键【MDI】，系统会自动加入程序号 O0000，用通常的程序编辑操作编制一个要执行的程序，在程序段的结尾不能加 M30（在程序执行完毕后，光标将停留在最后一个程序段）。输入若干段程序，将光标移动到程序首句，按循环启动键即可运行。

若只需在 MDI 输入运行主轴转动等单段程序，只需在程序号 O0000 后输入所需运行的单段程序，光标位置停在末尾，按循环启动键即可运行。要删除在 MDI 方式中编制的程序，可输入地址 O0000，然后按下 MDI 面板上的删除键或直接按复位键。

任务 4 程序输入及图形模拟

【知识目标】

1. 了解程序结构与组成。

2. 了解程序命名规则。

3. 了解数控车床程序段、程序字含义。

【能力目标】

1. 会进行数控车床程序输入。

2. 会进行数控车床程序编辑处理。

3. 会进行数控车床程序图形模拟。

【相关知识】

1. 程序的结构与组成

程序是由程序名、程序内容和程序结束三部分组成的。

例如：

O00001   程序名

N10 T0101；

N20　G97 G99 S1000 M03；

N30　M08；

N40　G00 X44 Z0；　　　程序内容

…

N100 M30　　　　　　程序结束

（1）程序名　即为程序的开始部分，为了便于区别存储器中的程序都要有程序编号，在编号前采用程序编号地址码。例如在 FANUC 系统中采用英文字母"O"加四位数字为程序编号地址，而有的系统采用"P""%"开头。西门子数控系统程序的命名由"文件名"+"."+"扩展名"组成，文件名开始的两个符号必须是字母，其后的符号可以是字母、数字或下划线，最多为 8 个字符，不得使用分隔符。扩展名为"MPF"（主程序）或"SPF"（子程序）。

（2）程序内容　程序内容是整个程序的核心，由许多程序段组成，每个程序段由一个或多个指令组成，它表示数控机床要完成的全部动作。

（3）程序结束　用程序结束指令 M02 或 M30 作为整个程序结束的符号，结束整个程序。

2. 程序段格式

这是指程序段中字、字符和数据的安排形式。它是由表示地址的英文字母、特殊文字和数字集合而成的。

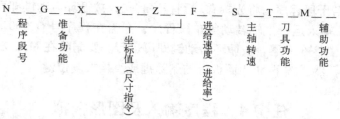

1）地址 N 为程序段号，现代 CNC 系统中很多都不要求段号，即程序段号可有可无。

2）地址 F 为进给功能指令，可以是进给量或进给率，FANUC 系统由 G98 和 G99 指定，西门子系统由 G94 和 G95 指定。开机以后数控车床进给速度的单位为 mm/r，数控铣床进给速度的单位为 mm/min，FANUC 系统与西门子系统进给速度单位指令代码见表 1-5。

表 1-5　FANUC 系统与西门子系统进给速度单位指令代码

数 控 系 统	FANUC 系统	西门子系统
每分钟进给量/(mm/min)	G98	G94
每转进给量/(mm/r)	G99	G95

3）地址 S 为主轴转速功能指令，单位为 r/min 或 m/min，由 G97 或 G96 指定。开机以后数控系统转速单位为 r/min。

4）地址 T 为刀具功能指令，指定加工时所选用的刀具型号，数控车床可直接用刀具号进行换刀操作。FANUC 系统由 T 加四位数字组成，前两位为刀具号，后两位为刀具补偿号，如 T0101。

5）地址 M 为辅助功能指令，由字母 M 和其后的两位数字组成，从 M00～M99，共 100

种。这类指令主要是用于现代机床加工操作的工艺性指令。常用的 M 指令有以下几种。

① M00——程序停止。在执行完 M00 指令程序后，主轴停转、进给停止、切削液关闭、程序停止。当重新按下机床控制面板上的循环启动（cycle start）按钮后，继续执行下一段程序。

② M01——选择程序停止。该指令的作用与 M00 相似。所不同的是，必须在操作面板上预先按下任选停止按钮，执行完 M01 指令程序段后，程序停止；如果不按下任选停止按钮，则 M01 指令无效。

③ M02——程序结束。该指令用于程序全部结束，命令主轴停转、进给停止及切削液关闭。

④ M03、M04、M05——主轴顺时针旋转、主轴逆时针旋转及主轴停止。

⑤ M06——换刀。用于具有刀库的数控机床（如加工中心）的换刀功能。

⑥ M08——切削液开。打开切削液。

⑦ M09——切削液关。关闭切削液。

⑧ M30——程序结束并返回。在完成程序段的所有指令后，使主轴停转、进给停止和切削液关闭，将程序指针返回到第一个程序段并停下来。

6）地址 X、Y、Z 为尺寸指令，表示机床上刀具运动到达的坐标位置或转角。尺寸单位有米制、寸制之分；米制用 mm 表示，寸制用 in 表示。

7）地址 G 为准备功能指令，由字母 G 和其后的 1～3 位数字组成，常用的有 G00～G99，很多现代 CNC 系统的准备功能已扩大至 G150。准备功能的主要作用是指定机床的运动方式，为数控系统的插补运算做准备。

【任务实施】

1. 数控程序的输入

将程序保护锁调到开启状态，按 EDIT 键，选择编辑工作模式。按 PROG（程序）键，显示程序编辑窗口（图 1-32）或程序目录窗口（图 1-33）。输入新程序名如"O0001"，按 INSERT，再按 EOB 和 INSERT。程序段的输入：程序段 + EOB，然后 INSERT，换行后继续输入程序。

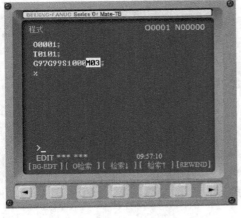

图 1-32 程序编辑窗口

图 1-33 程序目录窗口

具体输入过程：主功能 EDIT（编辑）→PROG（程序）→程序名→INSERT（插入）→ EOB→INSERT→程序段 + EOB→INSERT。

注：若程序在输入过程中出现错误，可通过面板上的 DELETE 删除。

按 CAN 可依次删除输入区最后一个字符，按【DIR】软键可显示数控系统中已有的程序目录。

2. 数控程序的编辑

（1）程序的查找与打开

方法一如下。

① 按 EDIT 键，使机床处于编辑模式下。

② 按 PROG（程序）键，显示程序画面。

③ 按【程序】软键，再按【操作】软键，出现【0 检索】。

④ 按【0 检索】软键，便可依次打开存储器中的程序。

⑤ 输入程序名，如"O0010"，按【0 检索】软键，便可打开该程序。

方法二如下。

① 按 EDIT 键，使机床处于编辑模式下。

② 按 PROG 程序键，显示程序画面。

③ 输入要打开的程序，如"O0010"。

④ 按 ↓ 光标键向下移动即可打开该程序。

（2）程序的删除

① 按 EDIT 键，使机床处于编辑工作模式下。

② 按 PROG（程序）键，显示程序画面。

③ 输入要删除的程序名。

④ 按 DELETE（删除）键，即可删除该程序。

⑤ 例如输入"0～9999"，再按 DELETE 键，即可删除所有程序。

（3）字的插入

① 打开程序，并处于 EDIT（编辑）工作模式下。

② 按 ▨▨▨ 光标键，查找字要插入的位置。

③ 输入要插入的字。

④ 按 INSERT 键即可。

（4）字的替换

① 打开程序，并处于 EDIT（编辑）工作模式下。

② 按 ▨▨▨ 光标键，查找到将要被替换的字。

③ 输入替换的字。

④ 按 ALTER 键即可。

（5）字的删除

① 打开程序，并处于 EDIT（编辑）工作模式下。

② 按 ▨▨▨ 光标键，查找到将要删除的字。

③ 按 DELETE 键即可删除。

3. 数控程序的模拟

在进行程序检查时，可以通过图形显示功能来描绘刀具路径。具体操作步骤如下。

1）将刀架停在安全位置。

2）按下机床锁住按键 **机床锁住**。

3）选择 EDIT（编辑）工作模式。

4）调出要模拟的程序，将光标停在程序开头。

5）按 **CUSTOM GRAPH** 键，图形模拟参数界面如图 1-34 所示，按【图形】软键，将会出现带有坐标系的模拟界面。

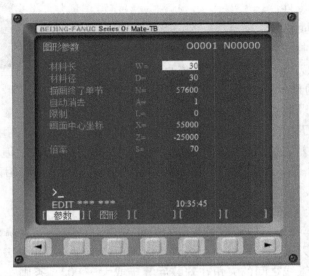

图 1-34　图形模拟参数界面

6）选择 MEM 或 AUTO（自动） **自动** 工作模式，按下循环启动按钮 **循环启动**。

在模拟时，注意观察图形模拟的走刀轨迹，若发现轨迹错误，可按 **RESET** 键强行打断，将程序调出来反复查找错误，将错误修改后再次模拟。

任务 5　数控车床对刀及校刀操作

【知识目标】

1. 掌握工件坐标系及建立方法。

2. 掌握对刀原理及对刀目的。

3. 了解数控车床常用刀具种类。

【能力目标】

1. 会正确安装刀具。

2. 会进行 FANUC 系统车床对刀和校刀操作。

【相关知识】

1. 零件的安装

数控车床上零件的安装方法与普通车床一样，要合理选择定位基准和夹紧方案，主要注意以下两点。

1）力求设计、工艺与编程计算基准统一，这样有利于提高编程时数值计算的简便性和精确性。

2）尽量减少装夹次数，尽可能在一次装夹后加工出全部待加工面。

根据零件的尺寸、精度要求和生产条件选择最常用的车床通用的自定心卡盘，如图1-35所示。自定心卡盘可以自定心，夹持范围大，适用于截面为圆形、三角形、六边形的轴类和盘类零件。

图1-35 自定心卡盘

2. 数控车床刀具的安装

装刀和对刀是数控车床加工操作中非常重要和复杂的一项基本工作。装刀与对刀的精度，将直接影响加工程序的编制和零件的尺寸精度。车刀安装的正确与否，将直接影响切削能否顺利进行和工件的加工质量。安装车刀时，应注意以下几个问题。

1）车刀安装在刀架上，伸出部分不宜太长，伸出量一般为刀杆高度的1.5~2倍。伸出过长会使刀杆刚性变差，切削时易产生振动，影响工件的表面粗糙度值。

2）车刀垫片要平整，数量要少，垫片与刀架对齐。车刀至少要用两个螺钉压紧在刀架上，并逐个轮流拧紧。

3）车刀刀尖应与工件轴线等高。

4）外形加工的车刀刀杆中心线应与进给方向垂直，否则会使主偏角和副偏角的数值发生变化。例如螺纹车刀安装歪斜，会使螺纹牙型半角产生误差。用偏刀车削台阶时，必须使车刀主切削刃与工件轴线之间的夹角在安装后等于或大于90°，否则车出来的台阶面与工件轴线不垂直。

3. 工件坐标系

（1）工件坐标系的概念　工件坐标系又称编程坐标系，是编程人员为方便编写数控程序而建立的坐标系，一般建立在工件上或零件图样上。

（2）工件坐标系建立的原则　工件坐标系的建立有一定的原则，否则无法编写数控加工程序或编写的数控程序无法加工。具体有以下几个方面。

1）工件坐标系方向的设定。工件坐标系的方向必须与采用的数控机床坐标系方向一致，在卧式数控车床上加工工件，工件坐标系 Z 轴正向应向右，X 轴正向向上或向下（前置刀架向下，后置刀架向上）与卧式数控车床机床坐标系一致。

2）工件坐标系的原点位置的设定。工件坐标系的原点又称为工件原点或编程原点。理论上编程原点的位置可以任意设定，但为方便对刀及求解工件轮廓上的基点坐标，应尽量选择在工件的设计基准和工艺基准上。对于数控车床常按以下要求进行设置。

① X 轴零点设置在工件轴线上，数控车床默认为直径编程，所以一般采用直径编程，如用半径编程，需用指令转换。

② Z 轴零点一般设置在工件右端面上，也可以设置在工件左端面上。

4. 对刀点和换刀点

对刀点是数控加工中刀具相对于工件运动的起点，是零件加工程序的起始点，所以对刀点也称"程序起点"。对刀的目的是确定工件原点在机床坐标系中的位置，以及工件坐标系与机床坐标系的关系。

对刀点可设在工件上并与工件原点重合，也可设在工件外任何便于对刀之处，但该点与工件原点之间必须有确定的坐标联系。一般情况下，对刀点既是加工程序执行的起点，也是加工程序执行的终点。

车床刀架的换刀点是指刀架转位换刀时所在的位置。换刀点的位置可以是固定的，也可以是任意一点。它的设计原则是以刀架转位时不碰撞工件和机床上其他部件为准则，通常和刀具起始点重合。

5. 对刀原理

刀补值的测量过程称为对刀操作。常用的对刀方法有两种：试切法对刀和对刀仪对刀。对刀仪又分为机械检测对刀仪和光学检测对刀仪。各类数控机床的对刀方法各有差异，但其原理和目的是一致的，即通过对刀操作，将刀补值测出后输入 CNC 系统，加工时系统根据刀补值自动补偿两个方向的刀偏量，使零件加工程序不因刀具（刀位点）安装位置的不同而影响切削。

6. 校刀原理

在 MDI 模式下，按 PROG 键，输入如下。

T0101；（调用 1 号刀）
G98 F1000；（进给速度 1000 mm/min）
G01 X(直径值) Z10；（刀具到达外圆延长线 10 mm 的地方）

按循环启动键，运行程序，程序结束后，观察刀具位置及显示的绝对坐标，若正确，则对刀正确，否则查找原因重新对刀。

7. 工件测量

常用量具根据其种类和特点，可分为如下三种类型。

（1）万能量具 这类量具一般都有刻度，在测量范围内可以测量零件的形状和尺寸的具体数值，如游标卡尺、千分尺、百分表和万能量角器等。

（2）专用量具 这类量具不能测出实际尺寸，只能测定零件形状和尺寸是否合格，如卡规、塞规、塞尺等。

（3）标准量具 这类量具只能制成某一固定尺寸，通常用来校对和调整其他量具，也可作为标准与被测零件进行比较，如量块。

测量数控车床外形轮廓尺寸精度时，常用的量具主要有游标卡尺（图 1-36a）、千分尺（图 1-36b）、游标万能角度尺（图 1-36c）、R 规（图 1-36d）和百分表（图 1-36e）等。用游标卡尺测量工件时，对工人的手感要求较高，测量时游标卡尺夹持工件的松紧程度对测量结果影响较大。因此，其实际测量时的测量精度不是很高。千分尺的测量精度通常为 0.01 mm，测量灵敏度要比游标卡尺高，而且测量时也容易控制夹持工件的松紧程度。因此，千分尺主要用于较高精度轮廓尺寸的测量。游标万能角度尺主要用于各种角度和垂直度的测量，测量时采用透光检查法。R 规主要用于各种圆弧的测量，测量时采用透光检查法。百分表则借助于磁性表座进行同轴度、圆跳动、平行度等几何公差的测量。

图 1-36 常用量具

a) 游标卡尺 b) 千分尺 c) 游标万能角度尺 d) R 规 e) 百分表

【任务实施】

1. 工件装夹

将铝棒装夹在自定心卡盘中，伸出 30～50 mm，找正后夹紧。

2. 刀具装夹

按要求把外圆车刀装入刀架 1 号刀位、切断刀装入 3 号刀位、外螺纹刀装入 5 号刀位、镗刀装入 2 号刀位、内螺纹刀装入 4 号刀位、内沟槽刀装入 6 号刀位，分别夹紧。

3. 对刀

对刀是数控加工中的重要操作，通过车刀刀位点的试切削，测出工件坐标系在机床坐标系中的位置，将其存储到 G54 等零点偏置存储器或刀具长度补偿中，运行程序时调出存储器中数值。数控车床工件坐标系原点一般建立在工件右端面轴线上。

数控车床加工中使用刀具较多，采用零点偏置指令对刀时，需把车刀设置在一个零点偏置指令中，使用不方便，故数控车床加工常采用刀具长度补偿对刀，通过该对刀测出工件坐标系原点在机床坐标系中的位置并输入到刀具长度补偿等存储器中，运行程序时调用该刀具长度补偿，使刀具在工件坐标系中运行。

（1）FANUC 系统外圆车刀试切对刀操作 MDI 工作模式下输入 M03 S1000 指令，按循环启动键，使主轴转动，或者手动方式下按主轴正转按钮，使主轴转动。

① Z 向对刀。用外圆车刀先试切端面（倍率 ×10），如图 1-37 所示，按 OFFSET SETTING →【补正】→【形状】，如图 1-39 所示，输入 "Z0"，按【测量】软键，如图 1-40 所示，刀具 "Z" 补偿值即自动输入到形状里。

② X 向对刀。用外圆车刀再试切外圆（倍率 ×10），Z 向退刀，停车，如图 1-38 所示，测量外圆直径后，若直径值为 38.25 mm，按 OFFSET SETTING →【补正】→【形状】，如图 1-41 所示，输入 "X38.25"。按【测量】软键，刀具 "X" 补偿值即自动输入到形状里。

③ 校刀。刀具退回换刀点，在 MDI 工作模式下，按 PROG（程序）键，输入检测程序如下。

T0101;
G98 F1000;
G01 X38.25 Z10;

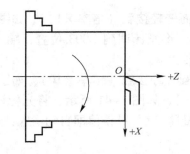

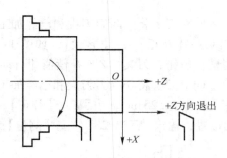

图 1-37　外圆车刀 Z 轴对刀示意图　　　　图 1-38　外圆车刀 X 轴对刀示意图

图 1-39　刀具补偿窗口

图 1-40　Z 向刀具补偿操作　　　　　　图 1-41　X 向刀具补偿操作

　　按循环启动键，运行检测程序。程序运行结束后，观察刀具位置是否正确以及是否与屏幕上显示的绝对坐标一致，若一致，则对刀正确；若不一致，查找原因，重新对刀。

　　（2）FANUC 系统切断刀对刀操作　MDI 工作模式下输入 M03　S500 指令，按循环启动键，使主轴转动，或者手动方式下按主轴正转按钮，使主轴转动。

① Z 向对刀。将切断刀刀尖和已经加工好的端面轻轻接触（倍率×10），如图 1-42 所示，按 OFFSET SETTING →【补正】→【形状】，如图 1-39 所示，将光标调到 G003 位置，输入"Z0"，按【测量】软键，刀具"Z"补偿值即自动输入到形状里。

② X 向对刀。将切断刀刀尖和已经加工好的外圆轻轻接触（倍率×10），如图 1-43 所示，直径值为 38.25 mm，按 OFFSET SETTING →【补正】→【形状】，如图 1-41 所示，将光标调到 G003 一行的位置，输入"X38.25"，按【测量】软键，刀具"X"补偿值即自动输入到形状里。

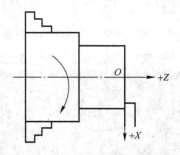

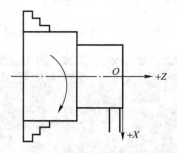

图 1-42 切断刀 Z 轴对刀示意图　　　　图 1-43 切断刀 X 轴对刀示意图

③ 校刀。刀具退回换刀点，在 MDI 工作模式下，按 PROG（程序）键，输入检测程序如下。

```
T0303;
G98 F1000;
G01 X38.25 Z10;
```

按循环启动键，运行检测程序。程序运行结束后，观察刀具位置是否正确以及是否与屏幕上显示的绝对坐标一致，若一致，则对刀正确；若不一致，查找原因，重新对刀。

（3）FANUC 系统外螺纹车刀对刀操作　MDI 工作模式下输入 M03　S500 指令，按循环启动键，使主轴转动，或者手动方式下按主轴正转按钮，使主轴转动。

① Z 向对刀。将外螺纹车刀刀尖停在端面的延长线上（倍率×10），如图 1-44 所示，按 OFFSET SETTING →【补正】→【形状】，如图 1-39 所示，将光标调到 G005 位置，输入"Z0"，按【测量】软键，刀具"Z"补偿值即自动输入到形状里。

② X 向对刀。将外螺纹车刀刀尖和已经加工好的外圆轻轻接触（倍率×10），如图 1-45 所示，直径值为 38.25 mm，按 OFFSET SETTING →【补正】→【形状】，如图 1-41 所示，将光标调到 G005 一行的位置，输入"X38.25"，按【测量】软键，刀具"X"补偿值即自动输入到形状里。

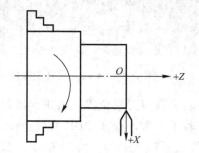

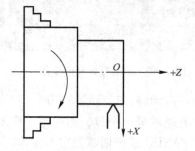

图 1-44 外螺纹车刀 Z 轴对刀示意图　　　　图 1-45 外螺纹车刀 X 轴对刀示意图

③ 校刀。刀具退回换刀点，在 MDI 工作模式下，按 PROG（程序）键，输入检测程序如下。

T0505；
G98 F1000；
G01 X38.25 Z10；

按循环启动键，运行检测程序。程序运行结束后，观察刀具位置是否正确以及是否与屏幕上显示的绝对坐标一致，若一致，则对刀正确；若不一致，查找原因，重新对刀。

（4）FANUC 系统镗刀对刀操作　MDI 工作模式下输入 M03　S800 指令，按循环启动键，使主轴转动，或者手动方式下按主轴正转按钮，使主轴转动。

① Z 向对刀。快速将镗刀（倍率 ×100）靠近内孔，将镗刀刀尖与端面接触（倍率 ×10），如图 1-46 所示，按 OFFSET/SETTING →【补正】→【形状】，如图 1-39 所示，将光标调到 G002 位置，输入"Z0"，按【测量】软键，刀具"Z"补偿值即自动输入到形状里。

② X 向对刀。将镗刀快速（倍率 ×100）靠近内孔，然后刀尖伸入内孔（倍率 ×10），刀尖和孔壁接触，沿着 Z 轴正方向退刀离开内孔，沿着 X 轴正向进刀（选择合适的背吃刀量），再沿着 Z 轴负向进行镗内孔，镗削一定的距离（长度足够测量）后，直接沿着 Z 轴正向退刀到安全位置。如图 1-47 所示，如果测量内孔直径值为 14.85 mm，按 OFFSET/SETTING →【补正】→【形状】，如图 1-41 所示，将光标调到 G002 一行的位置，输入"X14.85"，按【测量】软键，刀具"X"补偿值即自动输入到形状里。

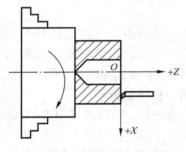

图 1-46　镗刀 Z 轴对刀示意图

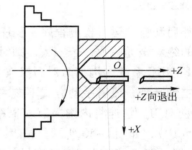

图 1-47　镗刀 X 轴对刀示意图

③ 校刀。刀具退回换刀点，在 MDI 工作模式下，按 PROG（程序）键，输入检测程序如下。

T0202；
G98 F1000；
G01 X38.25 Z10；

按循环启动键，运行检测程序。程序运行结束后，观察刀具位置是否正确以及是否与屏幕上显示的绝对坐标一致，若一致，则对刀正确；若不一致，查找原因，重新对刀。

（5）FANUC 系统内螺纹车刀对刀操作　MDI 工作模式下输入 M03　S500 指令，按循环启动键，使主轴转动，或者手动方式下按主轴正转按钮，使主轴转动。

① Z 向对刀。快速将内螺纹车刀（倍率 ×100）靠近内孔，将内螺纹车刀刀尖伸入内孔，刀尖和端面在一条直线（倍率 ×10），如图 1-48 所示，按 OFFSET/SETTING →【补正】→【形状】，

如图 1-39 所示，将光标调到 G004 位置，输入"Z0"，按【测量】软键，刀具"Z"补偿值即自动输入到形状里。

② X 向对刀。将内螺纹车刀快速（倍率×100）靠近内孔，然后将刀尖伸入内孔（倍率×10），刀尖和孔壁接触，如图 1-49 所示，按 $\frac{OFFSET}{SETTING}$→【补正】→【形状】，如图 1-41 所示，将光标调到 G004 一行的位置，输入"X14.85"，按【测量】软键，刀具"X"补偿值即自动输入到形状里。

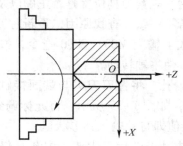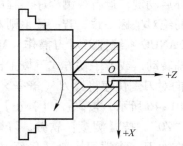

图 1-48　内螺纹车刀 Z 轴对刀示意图　　　　图 1-49　内螺纹车刀 X 轴对刀示意图

③ 校刀。刀具退回换刀点，在 MDI 工作模式下，按 PROG（程序）键，输入检测程序如下。

```
T0404；
G98 F1000；
G01 X38.25 Z10；
```

按循环启动键，运行检测程序。程序运行结束后，观察刀具位置是否正确以及是否与屏幕上显示的绝对坐标一致，若一致，则对刀正确；若不一致，查找原因，重新对刀。

（6）FANUC 系统内沟槽刀对刀操作　MDI 工作模式下输入 M03　S500 指令，按循环启动键，使主轴转动，或者手动方式下按主轴正转按钮，使主轴转动。

① Z 向对刀。快速将内沟槽刀（倍率×100）靠近内孔，将内沟槽刀刀尖和端面轻轻接触（倍率×10），如图 1-50 所示，按 $\frac{OFFSET}{SETTING}$→【补正】→【形状】，如图 1-39 所示，将光标调到 G006 位置，输入"Z0"，按【测量】软键，刀具"Z"补偿值即自动输入到形状里。

② X 向对刀。将内沟槽刀快速（倍率×100）靠近内孔，然后将刀尖伸入内孔（倍率×10），刀尖和孔壁接触，如图 1-51 所示，按 $\frac{OFFSET}{SETTING}$→【补正】→【形状】，如图 1-41 所示，将光标调到 G004 一行的位置，输入"X14.85"，按【测量】软键，刀具"X"补偿值即自动输入到形状里。

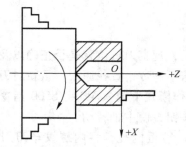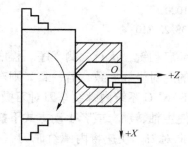

图 1-50　内沟槽刀 Z 轴对刀示意图　　　　图 1-51　内沟槽刀 X 轴对刀示意图

26

③ 校刀。刀具退回换刀点，在 MDI 工作模式下，按 PROG（程序）键，输入检测程序如下。

T0606；
G98 F1000；
G01 X38.25 Z10；

按循环启动键，运行检测程序。程序运行结束后，观察刀具位置是否正确以及是否与屏幕上显示的绝对坐标一致，若一致，则对刀正确；若不一致，查找原因，重新对刀。

任务6 数控车床维护保养及常见故障处理

【知识目标】
1. 熟悉数控车床使用中应注意的问题。
2. 熟悉数控系统维护保养。
3. 熟悉数控车床机械部件维护保养。
4. 熟悉数控车床日常维护保养。
【能力目标】
1. 能进行数控车床日常维护保养。
2. 能进行简单的数控车床故障排除。
【相关知识】
1. 数控车床使用中应注意的问题
1）数控车床的使用环境。一般来说，数控车床的使用环境没有什么特殊要求，可以同普通车床一样放在生产车间里，但是要避免阳光直接照射和其他热辐射，避免太潮湿或粉尘过多的场所，特别要避免有腐蚀性气体的场所。腐蚀性气体最容易使电子元件腐蚀变质，或者使电子元件接触不良或造成元件间短路，影响机床正常运行。要远离振动大的设备，如压力机、锻压设备等。

2）电源要求。数控车床对电源也没有什么特殊要求，一般都允许波动 ±10%，但是由于我国供电的具体情况，不仅电源波动振幅大（有时远超过10%），而且质量差，交流电源上往往叠加有一些高频杂波信号，故可采取专线供电或增设稳压装置，可以减少对供电质量的影响和电气干扰。

3）数控车床应有操作规程。操作规程是保证数控车床安全运行的重要措施之一，操作者一定要按照操作规程操作。机床发生故障时操作者要注意保留现场，并向维修人员如实说明出现故障前后的情况，以利于分析、诊断故障等原因，及时排除故障，减少停机时间。

4）数控车床不宜长期封存不用。数控车床较长时间不用时，要定期通电而不能长期封存起来，最好每周能通电 1~2 次，每次运行 1h，以利用机床本身的发热来降低机床内的湿度，使电子元器件不致受潮，同时也能及时发现有无电池报警发生，以防止系统软件、参数的丢失。

5）持证上岗。操作人员不仅要有资格证，在上岗操作前还要有技术人员按所用机床进行专题操作训练，使操作人员熟悉说明书及机床结构、性能、特点，弄清和掌握操作盘上的仪表、开关、旋钮的功能，严禁盲目操作和误操作。

6）检测各坐标。在加工工件前须先对各坐标进行检测、复查，对加工程序模拟试验正常后再加工。

7）防止碰撞。操作工在设备回到机床零点操作前，必须确定各坐标轴的运动方向无障碍物，以防碰撞。

8）关键部件不要随意拆动。数控车床机械结构简单，密封可靠，自诊功能日益完善，在日常维护中除清洁外部及规定的润滑部位外，不得拆卸其他部位清洗。对于关键部件，如数控车床上的光栅尺等装置，更不得碰撞和随意拆动。

9）不要随意改变参数。数控车床的各类参数和基本设定程序的安全存储直接影响机床正常工作和性能发挥，操作人员不得随意修改。如由于操作不当造成故障，应及时向维修人员说明情况，以便寻找故障线索，进行处理。

2. 数控系统的维护与保养

数控系统经过一段较长时间的使用，某些元器件的性能总要老化甚至损坏，有些机械部件更是如此。为了尽量延长元器件的寿命和零部件的磨损周期，防止各种故障，特别是恶性事故的发生，就必须对数控系统进行日常的维护工作。具体要注意以下几个方面。

1）严格遵循操作规程。数控系统的编程、操作和维修人员都必须经过专门的技术培训，熟悉所用数控机床的机械部件、数控系统、强电装置、液压气动装置等的使用环境、加工条件等；能按数控机床和数控系统使用说明书的要求正确、合理地使用设备。应尽量避免因操作不当引起的故障。要明确规定开机、关机的顺序和注意事项，如开机首先要手动或用程序指令自动回参考点，顺序为先 X 轴、再 Z 轴。在机床正常运行时不允许开关电气柜，禁止按动急停和复位按钮，不得随意修改参数。通常，在数控机床使用的第一年内，有1/3以上的故障是由于操作不当引起的。

2）系统出现故障。出现故障后要保护现场，维修人员要认真了解故障前后经过，做好故障发生的原因和处理的记录，查找故障、及时排除，减少停机时间。

3）防止尘埃进入数控装置内。除了进行维修外，应尽量少开电气柜门。因为柜门常开易使空气中飘浮的灰尘和金属粉末落在印制电路板和电器接插件上，容易造成元件之间的绝缘电阻下降，从而出现故障甚至造成元件损坏、数控系统控制失灵。一些已受外部尘埃、油污污染的电路板和接插件可采用专门的电子清洁剂喷洗。

4）存储器所用电池要定期检查和更换。通常，数控系统存储参数用的存储器采用CMOS器件，其存储的内容在数控系统断电后靠支持电池供电保持。支持电池一般采用锂电池或可充电的镍镉电池，当电池电压下降到一定值时就会造成参数丢失。因此，要定期检查电池电压，当该电压下降至限定值或出现电池电压报警时，应及时更换。在一般情况下，即使电池尚未消耗完，也应每年更换一次，以确保数控系统能正常工作。更换电池一般要在数控系统通电状态下进行，这样才不会造成存储参数丢失。一旦参数丢失，在调换新电池后，须重新输入参数。

5）经常监视数控系统的电网电压。通常，数控系统如果超出允许的电网电压波动范围，轻则使数控系统不能稳定工作，重则会造成重要电子部件损坏。因此，要经常注意电网电压的波动。对于电网电压波动比较恶劣的地区，应及时配置数控系统用的交流稳压装置，会使故障率有比较明显的降低。

6）数控系统长期不用的维护。由于某种原因，造成数控系统长期闲置不用时，为了避免数控系统损坏，需注意以下两点。

① 要经常给数控系统通电，特别是在环境湿度较大的梅雨季节。在机床锁住不动（即伺服电动机不转）的情况下，让数控系统空运行，利用电器元件本身的发热来驱散数控系统内的潮气，保证电子器件性能稳定可靠。实践证明，在空气湿度较大的地区，经常通电是降低故障率的一个有效措施。

② 数控车床的进给轴和主轴采用直流电动机驱动时，应将电刷从直流电动机中取出，以免由于化学腐蚀的作用，使换向器表面腐蚀，造成换向性能变差，甚至导致整台电动机损坏。

7）备用电路板的维护。印制电路板长期不用容易出故障，因此对所购的备用板应定期装到数控系统中通电运行一段时间以防损坏。

3. 数控车床机械部件的维护

数控车床机械部件维护有以下几个方面。

（1）主传动链的维护

① 熟悉数控机床主传动链的结构、性能参数，严禁超性能使用。

② 主传动链出现不正常现象时，应立即停机排除故障。

③ 操作者应注意观察主轴箱温度，检查主轴润滑恒温油箱，调节温度范围，使油量充足。

④ 使用带传动的主轴系统，需定期观察调整主轴驱动带的松紧程度，防止带打滑造成的丢转现象。

⑤ 由液压系统平衡主轴箱重量的平衡系统，需定期观察液压系统的压力表，当油压低于要求值时，需进行补油。

⑥ 使用液压拨叉变速的主传动系统，必须在主轴停车后变速。

⑦ 使用啮合式电磁离合器变速的主传动系统。该离合器必须在低于 2 r/min 的转速下变速。

⑧ 注意保持主轴与刀柄连接部位及刀柄的清洁，防止对主轴的机械碰击。

⑨ 每年对主轴润滑恒温油箱中的润滑油更换一次，并清洗过滤器。

⑩ 每年清洗润滑油池底一次，并更换液压泵过滤器。

⑪ 每天检查主轴润滑恒温油箱，使其油量充足，工作正常。

⑫ 防止各种杂质进入润滑油箱，保持油液清洁。

⑬ 经常检查轴端及各处密封，防止润滑油液的泄漏。

⑭ 刀具夹紧装置长时间使用后，会使活塞杆和拉杆间的间隙加大，造成拉杆位移量减少，使碟形弹簧伸缩量不够，影响刀具的夹紧，故需及时调整液压缸活塞的位移量。

⑮ 经常检查压缩空气气压，并调整到标准要求值。足够的气压才能使主轴锥孔中的切屑和灰尘清理彻底。

（2）滚珠丝杠副的维护

① 定期检查、调整滚珠丝杠副的轴向间隙，保证反向传动精度和轴向刚度。

② 定期检查滚珠丝杠支承与床身的连接是否有松动以及支承轴承是否损坏。如有以上

问题，要及时紧固松动部位，更换支承轴承。

③ 采用润滑脂润滑的滚珠丝杠，每半年清洗一次滚珠丝杠上的旧润滑脂，换上新的润滑脂。用润滑脂润滑的滚珠丝杠，每次机床工作前加油一次。

④ 注意避免硬质灰尘或切屑进入丝杠防护罩和工作中碰击防护罩，防护装置一有损坏要及时更换。

（3）液压系统的维护

① 各液压阀、液压缸及管子接头是否有外漏。

② 液压泵或液压马达运转时是否有异常噪声等。

③ 液压缸移动时工作是否正常平稳。

④ 液压系统的各测压点压力是否在规定范围内，压力是否稳定。

⑤ 油液的温度是否在允许的范围之内。

⑥ 液压系统工作时有无高频振动。

⑦ 电气控制或撞块（凸轮）控制的换向阀工作是否灵敏可靠。

⑧ 油箱内油量是否在油标刻线范围内。

⑨ 液压缸行程开关或限位挡块的位置是否有变动。

⑩ 液压系统手动或自动工作循环时是否有异常现象。

⑪ 定期对油箱内的油液进行取样化验，检查油液质量，定期过滤或更换油液。

⑫ 定期检查蓄能器的工作性能。

⑬ 定期检查冷却器和加热器的工作性能。

⑭ 定期检查和紧固重要部位的螺钉、螺母、接头和法兰螺钉。

⑮ 定期检查和更换密封件。

⑯ 定期检查、清洗或更换液压件。

⑰ 定期检查、清洗或更换滤芯。

⑱ 定期检查、清洗油箱和管道。

4. 数控车床日常维护保养

数控车床的维护是操作人员为保持设备正常技术状态，延长使用寿命所必须进行的日常工作，是操作人员主要职责之一。数控车床定期维护的内容见表1-6。

表1-6　数控车床定期维护的内容

序号	工作时间	检查要求
1	工作200 h	1）检查各润滑油箱、液压油箱、冷却水箱液位，不足则添加 2）检查液压系统压力，随时调整 3）检查冷却水清洁情况，必要时更换 4）检查压缩空气的压力、清洁和含水情况，清除积水，添加润滑油，调整压力，清洁过滤网 5）检查导轨润滑和主轴箱润滑压力，不足则调整
2	工作1000 h	1）移动各轴，检查导轨上是否有润滑油，否则修复。清洗刮屑板，把新的刮屑板或干净的刮屑板装上。在导轨上涂上50 mm宽的油膜，托板移动30 mm，刮屑板能在导轨上刮成均匀的油膜为正常，否则调整刮屑板的安装 2）检查电柜空调的滤网，必要时清洗

序号	工作时间	检查要求
3	工作 2000 h	1）移动各轴，检查导轨上是否有润滑油，否则修复。在导轨上涂上 50 mm 宽的油膜，托板移动 30 mm，刮屑板能在导轨上刮成均匀的油膜为正常，否则调整刮屑板的安装 2）将所有液压油放掉，清洗油箱，更换或清洗过滤器中的滤芯，检查蓄能器性能，液压泵停机后油压慢慢下降为正常，否则修复或更换 3）放掉各润滑油，清洗润滑油箱 4）检查滚珠丝杠润滑情况。用测量表检查各轴的反向间隙，必要时调整，将新的数据输入系统中 5）检查刀架的各项精度，恢复精度 6）检查各轴的急停限位情况，更换损坏的限位开关。检查各轴同步带的张紧情况，必要时调整 7）检查主轴传动带的张紧情况，必要时调整。检查传动带外观，必要时更换 8）卸下各轴防护板，清洗下面的装置和部件 9）清除所有电动机散热风扇上的灰尘 10）检查 CNC 系统存储器的电池电压，如电压过低或出现电池报警，应马上在系统通电情况下更换电池
4	工作 4000 h	1）全面检查机床的各项精度，必要时调整恢复 2）检查电柜内的整洁情况，必要时清理灰尘。检查各电缆、电线是否连接可靠，必要时紧固

5. 数控车床常见故障排除

（1）数控车床常见的故障分类　　数控车床是一种技术含量高且较为复杂的机电一体化设备，其故障发生的原因一般都比较复杂，这给数控车床的故障诊断与排除带来了不少困难，为了便于故障分析和处理，数控车床的故障大体可以分为以下几类。

1）数控机床的非关联性和关联性故障。故障按起因的相关性可分为非关联性和关联性故障。所谓非关联性故障，是指由于运输、安装、工作等原因造成的故障。关联性故障可分为系统性故障和随机性故障。系统性故障通常是指只要满足一定的条件或超过某一设定的限度，工作中的数控机床必然会发生的故障。这一类故障现象极为常见。例如，液压系统的压力值随着液压回路过滤器的阻塞而降到某一设定参数时，必然会发生液压系统故障报警，使系统断电停机。又如，润滑、冷却或液压等系统由于管路泄漏引起油标下降到使用限值，必然会发生液位报警使机床停机。再如，机床加工中因切削量过大，达到某一限值时必然会发生过载或超温报警，致使系统迅速停机。因此，正确使用与精心维护是杜绝或避免这类系统性故障发生的切实保障。随机性故障通常是指数控机床在同样的条件下工作时只偶然发生一次或两次的故障。由于此类故障在各种条件相同的状态下只偶然发生一两次，因此，随机性故障原因的分析与故障诊断较其他故障困难得多。这类故障的发生往往与安装质量、组件排列、参数设定、元器件品质、操作失误与维护不当及工作环境影响等诸多因素有关。例如，接插件与连接组件因疏忽未加锁定，印制电路板上的元器件松动变形或焊点虚脱，继电器触点、各类开关触头因污染锈蚀以及直流电动机电刷不良等所造成的接触不可靠等。工作环境温度过高或过低、湿度过大、电源波动与机械振动、有害粉尘与气体污染等原因均可引发此类偶然性故障。因此，加强数控系统的维护检查，确保电气箱门的密封，严防工业粉尘及有害气体的侵袭等，均可避免此类故障的发生。

2）数控机床的有报警显示故障和无报警显示故障。数控机床故障按有无报警显示分为有报警显示故障和无报警显示故障。有报警显示故障一般与控制部分有关，故障发生后可以根据故障报警信号判断故障原因。无报警显示故障往往表现为工作台停留在某一位置不能运动，依靠手动操作也无法使工作台动作，这类故障的排除相对于有报警显示故障的排除难度要大。

3）数控机床的破坏性故障和非破坏性故障。数控机床按故障性质可分为破坏性故障和非破坏性故障。对于短路、因伺服系统失控造成"飞车"等故障称为破坏性故障，在维修和排除这种故障时不允许故障重复出现，因此维修时有一定难度；对于非破坏性故障，可以经过多次试验、重演故障来分析故障原因，故障的排除相对容易些。

4）数控机床的电气故障和机械故障。数控机床故障按发生部位可分为电气故障和机械故障。电气故障一般发生在系统装置、伺服驱动单元和机床电气等控制部位。电气故障一般是由于电器元件的品质因素下降、元器件焊接松动、接插件接触不良或损坏等因素引起的，这些故障表现为时有时无。例如某电子元器件的漏电流较大，工作一段时间后其漏电流随着环境温度的升高而增大，导致元器件工作不正常，影响了相应电路的正常工作。当环境温度降低了以后，故障又消失了。这类故障靠目测是很难查找的，一般要借助测量工具检查工作电压、电流或测量波形进行分析。

机械故障一般发生在机械运动部位。机械故障可以分为功能型故障、动作型故障、结构型故障和使用型故障。功能型故障主要是指工件加工精度方面的故障，这些故障是可以发现的，如加工精度不稳定、误差大等。动作型故障是指机床的各种动作故障，可以表现为主轴不转、工件夹不紧、刀架定位精度低、液压变速不灵活等。结构型故障可以表现为主轴发热、主轴箱噪声大、机械传动有异常响声、产生切削振动等。使用型故障主要是指使用和操作不当引起的故障，如过载引起的机件损坏等。机械故障一般可以通过维护保养和精心调整来预防。

5）自诊断故障。数控系统有自诊断故障报警系统，它随时监测数控系统的硬件、软件和伺服系统等的工作情况。当这些部分出现异常时，一般会在监视器上显示报警信息或指示灯报警，这些故障被称为自诊断故障。自诊断故障系统可以协助维修人员查找故障，是故障检查和维修工作中十分重要的依据。对报警信息要进行仔细分析，因为可能会有多种故障因素引起同一报警信息。

6）人为故障和软/硬故障。人为故障是指操作人员、维护人员对数控机床还不熟悉或者没有按照使用手册要求，在操作或调整时处理不当而造成的故障。硬故障是指数控机床的硬件损坏造成的故障。软故障一般是指由于数控加工程序中出现语法错误、逻辑错误或非法数据；数控机床的参数设定或调整出现错误；保持 RAM 芯片的电池电路短路、断路、接触不良，RAM 芯片得不到保持数据的电压，使得参数、加工程序丢失或出错；电气干扰窜入总线，引起时序错误等原因造成的数控机床故障。

除了上述分类外，故障从时间上可以分为早期故障、偶然故障和耗损故障；故障从使用角度可以分为使用故障和本质故障；故障从严重程度可以分为灾难性、致命性、严重性和轻度性故障；故障按发生的过程可以分为突发性和渐变性故障。

（2）常见故障检查方法

1）直观法。直观法主要是利用人的手、眼、耳、鼻等器官对故障发生时的各种光、声等异常现象的观察以及认真查看系统，遵循"先外后内"的原则，诊断故障采用望、听、嗅、问、摸等方法，由外向内逐一检查，往往可将故障范围缩小到一个模块或一块印制电路板。这要求维修人员有丰富的实际经验，要有多学科的较宽的知识和综合判断的能力。例如，数控机床加工过程中突然出现停机，打开数控柜检查发现 Y 轴电动机主电路保险烧坏，经检查是与 Y 轴有关的部件出现了问题，最后发现 Y 轴电动机动力线有几处磨破，搭在床身上造成短路，更换动力线后故障消除，机床恢复正常。

2）自诊断功能法。自诊断功能法简言之就是利用数控系统自身的硬件和软件对数控机床的故障进行自我检查、自我诊断的方法。

3）数据和状态检查法。CNC 系统的自诊断不但能在 CRT 上显示故障报警信息，而且能以多页的"诊断地址"和"诊断数据"的形式提供机床参数和状态信息，常见的有以下几个方面。

① 接口检查。数控系统与机床之间的输入/输出接口信号包括 CNC 与 PLC、PLC 与机床之间的接口输入/输出信号。数控系统输入/输出接口的接口诊断能将所有开关量信号的状态显示在 CRT 上。用"1"或"0"表示信号有无，利用状态显示可以检查数控系统是否已将信号传输到机床侧，机床侧的开关量等信号是否已输入到数控系统，从而可将故障定位在机床侧，或者是在数控系统侧。

② 参数检查。数控机床的机床数据是经过一系列的试验和调整而获得的重要参数，是机床正常运行的保证。这些数据包括增益、加速度、轮廓监控公差、反向间隙补偿值和丝杠螺距补偿值等。当受到外部干扰时，数据会丢失或发生混乱，机床不能正常工作。

4）报警指示灯显示故障。现代数控机床的数控系统内部，除了上述的自诊断功能和状态显示等"软件"报警外，还有许多"硬件"报警指示灯，它们分布在电源、伺服驱动和输入输出等装置上，根据这些报警指示灯的指示可判断故障的原因。

5）备板置换法。利用备用的电路板来替换有故障疑点的模板，是一种快速且简便判断故障原因的方法，常用于 CNC 系统的功能模块，如 CRT 模块、存储器模块等。

需要注意的是，备板置换前，应检查有关电路，以免由于短路而造成好板损坏，同时，还应检查试验板上的选择开关和跨接线是否与原电路板一致，有些电路板还要注意板上电位器的调整。置换存储器板后应根据系统的要求，对存储器进行初始化操作，否则系统仍不能正常工作。

6）功能程序测试法。所谓功能程序测试法就是将数控系统的常用功能和特殊功能，如直线定位、圆弧插补、螺旋切削、固定循环，用户宏程序等手工编程或自动编程方法，编制成一个功能程序，输入数控系统中，然后启动数控系统使其运行，借以检查机床执行这些功能的准确性和可靠性，进而判断出故障发生的可能起因。本方法对于长期闲置的数控机床第一次开机时的检查以及机床加工造成废品但又没有出现报警，一时难以确定是编程错误或者是机床故障的原因的情况下是一个较好的判断方法。

例如，采用 FANUC 6M 系统的一台数控铣床，在对工件进行曲线加工时出现爬行现象，用自编的功能测试程序，机床能顺利运行完成各种预定动作，说明机床数控系统工作正常，于是对所用曲线加工程序进行检查，发现在编程时采用了 G61 指令，即每加工一段就要进行一次到位停止检查，从而使机床发生爬行现象，将 G61 指令改用 G64 指令代替后，爬行现象就消除了。

7）交换法。在数控机床中，常用功能相同的模块或单元，将相同的模块或单元互相交换，观察故障转移的情况，就能快速确定故障的部位。这种方法常用于伺服进给驱动装置的故障检查，也可用于两台相同的数控系统间相同模块的互换。

8）测量比较法。CNC 系统生产厂在设计印制电路板时，为了调整维修便利，在印制电路板上设计了多个检测端子。用户也可以利用这些端子比较测量正常的印制电路板和有故障的线路板之间的差异。可以检测这些测量端子的电压和波形，分析故障的起因和故障所在的位置。甚至有时还可以对正常的印制电路板人为地制造"故障"，如断开连线或短路，去除某些组件等，以判断真实的故障起因。为此，程序人员应在平时积累印制电路板上关键部位或易发生故障部位在正常时的正确波形和电压值，因为 CNC 系统生产厂家往往不提供有关这方面的资料。

9）敲击法。当 CNC 系统出现的故障表现为若有若无时，往往可用敲击法检查出故障的部位所在。这是由于 CNC 系统由多块印制电路板组成，每块板上有许多焊点，板件或模块间又通过插接件及电线相连。因此，任何虚焊或接触不良，都可能引起故障。故用绝缘物轻轻敲打有虚焊和接触不良的疑点处，故障肯定会重复出现。

10）局部升温法。CNC 系统经过长期运行后元器件均要老化，性能会变坏。当它们尚未完全损坏时，出现的故障会变得时有时无。这时可用热吹风机或电烙铁等来局部升温被怀疑的元器件，加速其老化，以便彻底暴露故障部件。当然，采用此法时，一定要注意元器件的温度参数，不要将原来好的器件烤坏。

例如，某西门子系统的机床工作 40 min 后出现 CRT 变暗现象。关机数小时后再开机，恢复正常，但 40 min 后又旧病复发，故障发生时机床其他部分均正常，可初步判断是与 CRT 箱内元件温度的变化有关。于是人为地使 CRT 箱内风扇停转，几分钟后故障重现。可见箱内电路板热稳定性差，调换后故障消失。

除了以上常用的故障检测方法外，还有拔板法、电压拉偏法、开环检测法等。包括上面提到的诊断方法在内，所有这些检查方法各有特点，按照不同的故障现象，可以同时选择几种方法灵活应用，对故障进行综合分析，才能逐步缩小故障范围，较快地排除故障。

（3）常见数控车床故障种类及处理方法　数控装置控制系统故障主要利用自诊断功能报警号、计算机各板的信息状态指示灯、各关键测试点的波形、各有关电位器的调整、各短路销的设定、有关机床参数值的设定、专用诊断组件，并参考控制系统维修手册、电器图册等加以排除。控制系统部分的常见故障及其诊断如下。

1）电池报警故障。当数控机床断电时，为保存好机床控制系统的机床参数及加工程序，常靠后备电池提供支持。这些电池达到使用寿命后，以及其电压低于允许值时，就会产生电池故障报警。当报警灯亮时，应及时予以更换，否则，机床参数就容易丢失。因为换电池容易丢失机床参数，因此应该在机床通电时更换电池，以保证系统能正常地工作。

2）键盘故障。在用键盘输入程序时，若发现有关字符不能输入、不能消除、程序不能复位或显示屏不能变换页面等故障，应首先考虑有关按键是否接触不良，若有问题应予以修复或更换。若不见成效或者所有按键都不起作用，可进一步检查该部分的接口电路、系统控制软件及电线连接状况等。

3）熔丝故障。控制系统内熔丝烧断故障多出现于对数控系统进行测量时的误操作，或者由于机床发生了撞车等意外事故。因此，维修人员要熟悉各个熔丝的保护范围，以便发生问题时能及时查出并予以更换。

4）刀位参数的更换。当机床刀具的实际位置与计算机内存的刀位号不符时，如果操作者不注意，往往会发生撞车或打刀等事故。因此，一旦发现刀位号不对，应及时核对控制系统内存刀位号与实际刀台位置是否相符，若不符，应参阅说明书介绍的方法，及时将控制系统内存中的刀位号改为与刀台位置一致。

5）控制系统的"NOT READY（没准备好）"故障。

① 应首先检查 CRT 显示面板上是否有其他故障指示灯亮及故障信息提示，若有问题应按故障信息目录的提示去解决。

② 检查伺服系统电源装置是否有熔丝熔断断路器跳闸等问题，若无问题或更换了熔丝后断路器再跳闸，应检查电源部分是否有问题；检查电动机是否过热、大功率晶体管组件过电流等故障而使计算机监控电路起作用；检查控制系统各板是否有故障灯显示。

③ 检查控制系统所需各交流电源、直流电源的电压值是否正常。若电压不正常也可造成逻辑混乱而产生"NOT READY"故障。

6）机床参数的修改。对每台数控机床都要充分了解并把握各机床参数及功能，它除了能帮助操作者很好地了解该机床的性能外，有的还有利于提高机床的工作效率或用于排除故障。

任务7 7S 管理理念

【知识目标】

掌握 7S 管理理念。

【能力目标】

能按照 7S 管理理念的要求进行文明、安全生产。

【相关知识】

1. 7S 的概念

"7S"是指整理（Seiri）、整顿（Seiton）、清扫（Seiso）、清洁（Seiketsu）、素养（Shitsuke）、节约（Save）和安全（Safety）这七个元素，如图 1-52 所示，因为这七个词语中罗马拼音的第一个字母都是"S"，故简称"7S"。

整理——区别要与不要的物品，现场不放非必需品。

整顿——将必需品放置整齐、明确标识，使查找时间减少为零。

清扫——保持工作地无垃圾、无灰尘、干净整洁的状态。

清洁——保持整理、整顿、清扫的活动制度化。

素养——对规定的事，大家都要遵守和执行。培养员工遵守纪律、严守标准和富于团队精神的良好习惯。

节约——合理利用现有设备，节能降耗，提高劳动效率。

安全——提升员工安全意识，重视预防，降低劳动强度，改善工作环境。

2. 7S 的地位

在企业生产过程中，7S 管理将车间的安全操作、设备维护、工作地管理、质量控制和物流管理等内容有机地融合，形成了一套简便易行、成效显著、标本兼治的车间生产的现场管理方法；对提高企业生产水平，经济效益和核心竞争能力，促进员工良好职业道德修养和

图 1-52　7S 管理要素

职业技能的养成，推动企业健康发展，起到十分重要的作用；因而成为现代工业企业普遍采用和推广的重要管理方法，并逐步融入企业文化中。

3. 7S 的意义和作用

1）建立一个干净、整洁、舒适的工作环境。

2）创造一个简洁、清楚、方便、安全和高效的工作条件。

3）提升生产经营品质，改善企业形象，提高员工热情，创造更好的经济效益。

4）7S 不仅是一种方法，更是一种理念，它能够培养员工遵守纪律、爱清洁、讲方法、负责任的良好习惯、意识与品格。

4. 7S 情境的要素

（1）场地——工作地环境

1）车间环境。

墙壁——墙壁干净无污渍，上面布置工作图表、制度规定、技术规程和宣传展板等；窗框及窗台清洁，窗户玻璃明亮。

地面区域——功能区域划分合理，标示明显，且要严格执行。

通道——通道畅通、无占用，干净、安全和便利。

设备/设施——布局合理，排列整齐，外观整洁，且工况良好。

整体感觉——敞亮、整洁、规整、通风、舒畅、安静（相对）。

2）车间 7S 管理的内容。包括机床设备、工具箱、柜、台面、工位、地面、脚踏板。

（2）整理

1）工具箱中与本岗位工作无关的物品应一律清除，并分出常用与不常用的两部分，不常用的清除/入库。

2）工作地内除必要且规定配备的工具箱、脚踏板、工位器具外，其他的物品一概要清除。

3）车间内应合理规定区域，设备设施有固定位置，安全通道等要明确标识，并按规定实行与管理。

上述工作内容可根据各车间/组自身的特点细化，以制度的形式固定下来，成为日常工作的组成部分。

（3）整顿

1）工具箱中的工具、量具、辅具按照使用频率和重要程度合理摆放，并固定位置；使用后应及时归位，且班前班后均应目视检查。

2）工作场地内的工具箱、工位器具、脚踏板等物品需按照规定位置摆放，不得随意移动。

3）代加工毛坯及合格品工件和残次品需分类置于指定位置，不得混放。

4）工作台上除必需的夹具和工件外，不得码放量具、工具、物料等其他物品。

5）车间内的公共物品（如推车、卫生用具等）使用完毕后，应放回到规定位置。

以上内容要求，应根据各车间/组自身的特点进一步具体化，然后固定下来作为管理制度实行，并纳入管理考核中。

（4）清扫

1）注意随时整理图样和工艺文件，并保持图样和工艺文件字迹清晰、干净、整洁。

2）工作时，在保证安全的情况下，应随时清理机床表面和工作台面上的切屑、铁锈、灰尘等物。

3）对于未加工毛坯，应对其表面附着物和氧化物进行处理，再进行装夹、加工。

4）对于已加工完毕的工件，应去除毛刺，并擦除干净，然后按成品和次品分别装入工位器具中。

5）要及时清理工作地上的垃圾、油污和废弃物。保持工作场地的清洁。

6）每个班次工作结束，必须将工作机床设备的表面、工作台面和工作地面清理打扫干净（无油污、无切屑、无污物、无灰尘）后，方可下班。

7）对于车间公共场地的设施和物品等，应由值日班组人员负责打扫。

要将上述清扫内容纳入岗位工作职责中进行检查和考核。

（5）清洁

1）将整理、整顿、清扫的工作系统化、制度化和标准化，并由车间全体员工主动、认真和自觉地保持下去。

2）通过清洁活动，营造愉悦的心境，根治脏、乱、差，彻底改善工作环境。

（6）素养

1）将整理、整顿、清扫、清洁的活动延伸到工作的其他层面，使其成为日常工作中良好的工作方法。

2）不断地追求和进取，将守纪律、讲文明、负责任、爱清洁、有条理、讲方法的意识和行为逐渐培养成习惯，进而促使和提高个人的能力和素养。

（7）节约

1）合理利用现有设备，节能降耗，提高劳动效率。

2）提高员工在整理、整顿和生产过程中的成本意识，从点滴做好增产节约。

（8）安全

1）提升员工安全意识，重视预防，降低劳动强度，改善工作环境。

2）减少生产过程中各种设备和人身安全事故的发生，保证员工的身心健康和财产安全。

5. 实习学生的车间行为规范

（1）进车间

1）时间。提前 10 min 进入实习车间。

2）着装。穿着干净整洁的工作服、工作鞋，佩戴胸卡，女生戴工作帽。

（2）行为要求

1）言语文明、礼貌，口齿清楚、音量适中，杜绝粗话和脏话。

2）保持安静，不得大声喧哗、打闹、嬉笑、哼小曲和吹口哨。

3）注意个人卫生、仪表，不随地吐痰和乱扔废物等。

4）不做与实习无关的事情，如吃东西、看读物、玩游戏、听音乐、聊天、打手机等。非休息时不得蹲、坐或倚物站立。

（3）班前准备

1）整理、清点和检查。查岗位上配备的工具、量具、辅具状况和应处位置。

2）润滑、整洁。班前润滑机器设备，清洁工作环境。

3）布置。布置工作地，工具、量具、辅具及工位器具就位。

4）行为要求。积极、认真、主动，同学之间要相互协作，相互支持、帮助，诚恳接受班前检查，及时改进不足之处。

（4）工作阶段

1）开班前会。听取指导教师布置当天工作内容及要求。

2）接受任务。领取图样、工艺文件、任务单等。

3）接活领料。接收上道工序转来的在制品或半成品，或者根据任务领取工件毛坯料，并置于规定位置。

4）技术准备。查阅图样、看工艺，计算必要的技术参数，准备相应的工具、夹具、量具。

5）安全操作。严格遵守安全操作规程，认真操作机器设备。

6）调试和试切削。装夹工件，调整机床，工件试切削，调整参数。

7）质量检验。除操作者在加工过程中的工件检测外，完成本班次首件后，必须立即报专职检验员进行首件检查，首检合格后方可开始正常工作。

8）行为要求。严守操作规程，保证设备和人身安全，遵守工作纪律，认真思考、虚心学习、真正读懂图样，并进行工艺分析、提取尺寸数据、计算切削加工参数，正确操作设备，精心加工，认真检测，保证质量。对首件检验不合格的工件，应立即进行质量分析，找出原因，在最短的时间内排除影响质量的因素，必要时寻求指导教师的帮助。

（5）工作过程

1）监视。监视设备运行状况，对出现的异常情况进行及时处理，以保证安全生产。

2）工件自检。对加工工件进行实时自检，及时进行相应的切削参数调整及刀具的更换，以保证工序产品质量。

3）互检、专检。同时进行相同岗位之间的互检和质检员之间的专检。

4）工具、量具使用。工具、量具应正确使用，并按规定位置码放。

5）工件放置与处理。已加工工件擦拭、去除毛刺，并且避免碰伤、划伤，整齐码放在工位器中。

6）工作地清理。及时清理切屑、油污，实时维护工作场地清洁。

7）行为要求。严守安全操作规程，以保证设备、人身安全。

8）遵守劳动纪律。不做与工作无关的事情（听、看、聊、闹、吃、喝）。严守工作岗位，认真完成工作，不串岗，不脱岗，因正当理由离开岗位需得到指导教师的允许。一般情况下，在休息时间去洗手间。

9）工间休息。按时开始和结束工间休息。根据规定，在休息时停机。

10）数控车床的使用环境。要避免光的直接照射和其他热辐射，避免太潮湿或粉尘过多的场所，特别要避免有腐蚀气体的场所。

11）数控车床的开机、关机顺序，一定要按照机床说明书的规定操作。

12）主轴启动开始切削之前一定关好防护罩门，程序正常运行中严禁开启防护罩门。

13）机床在正常运行时不允许打开电气柜的门。

14）加工程序必须经过严格检验方可进行操作运行。

15）手动对刀时，应注意选择合适的进给量；手动换刀时，刀架距工件要有足够的转位距离不至于发生碰撞。

16）加工过程中，如出现异常现象，可按下急停按钮，以确保人身和设备的安全。

17）机床发生事故，操作者注意保留现场，并向指导教师如实说明情况。

18）未经许可，操作者不得随意动用其他设备。不得任意更改数控系统内部制造厂设定的参数。

（6）工作末段（结束前）

1）结束前的准备。距离实习结束前 20 min，开始整顿、清理、交接等工作。

2）工件处理。工件码放、清理、报检/填单，转至半成品中间库，返还未加工的毛坯料。

3）清理工作地。收拾工具、夹具、量具并归位，归还借用的工具和量具，擦拭机床设备，清除切屑和清扫工作场地。

4）准备交接班。填写相关设备使用情况、本班次工作情况，以及下一班注意问题等内容的交接班记录。

5）行为要求。保持严谨认真负责的工作态度，做好工件报检和入库工作。按照 7S 管理要求和标准进行整理、整顿、清扫，以达到清洁的目的。认真完成交接班的工作。虚心接受下班前的工作情况检查，有问题立刻解决，绝不拖延到下一班。

（7）离开车间

1）检查物品是否收好、放置位置是否正确、机床电源是否关闭、工作箱柜是否上锁。

2）关灯、拉闸，关/锁大门，确保学校的财产安全。

第二篇　数控车床实训技能训练

任务1　阶梯轴零件加工（一）

【知识目标】

1. 掌握 FANUC 系统 G00、G01 指令以及单一固定循环 G90 指令的指令格式、加工轨迹、各个参数的含义及循环起点确定。

2. 掌握数控车削加工中工艺路线的拟订方法。

3. 正确使用单一固定循环指令编写简单零件的粗、精加工程序。

【能力目标】

1. 能综合应用数控车削加工工艺知识，分析典型零件的数控车削加工工艺。

2. 能看懂刀具样本刀片代号的含义。

3. 能正确编写典型零件数控车削加工工序卡。

4. 能正确分析零件表面质量，熟练应用相关量具测量、读数。

5. 掌握尺寸控制方法，完成零件加工。

【任务导入】

任务要求：本任务以典型的阶梯轴零件加工工艺分析为例，从工程实际应用的角度介绍数控车削加工工艺的基本知识和制订的基本原则。

图 2-1 所示为阶梯轴零件图，材料为 LY20 棒料。要求分析其数控车削加工工艺，编制数控加工工序卡并进行加工。

任务分析：本任务加工过程中，加工余量较多呈阶梯分布，若单纯采用 G00 与 G01 指令进行编程，必然导致程序冗长，编程与输入时出错概率增加，采用固定循环指令可使程序简化。本任务重点引入单一固定循环 G90 指令用于简单圆柱的粗加工。

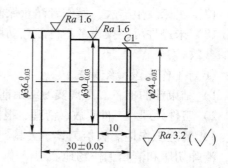

图 2-1　阶梯轴零件图

【相关知识】

1. 编程指令

（1）快速点定位指令 G00　指令功能：该指令使刀具以点定位控制方式快速从刀具所在点到达目标点。

1）指令格式

$$G00 \; X(U)\underline{\quad} \; Z(W)\underline{\quad} \; ;$$

式中　X、Z——终点的绝对坐标；

U、W——终点相对于起点的增量坐标。

2）指令使用说明。

① G00 指令一般用于空行程，G00 指令后不需给定进给量，进给量由参数设定。

② G00 指令刀具的实际运动轨迹并不一定是直线，因机床数控系统而异。

③ G00 指令的刀具运动速度快，容易撞刀，使用在退刀及空行程场合，能减少运动时间，提高效率。

④ G00 指令的目标点不能设置在工件上，一般应离工件有 2 ~ 5 mm 的安全距离，不能在移动中碰到机床、夹具等。

3）应用举例。如图 2-2 所示，假设刀尖运动的目标点为 A 点，在运动轨迹安全的情况下，编程程序如下。

G00 X20 Z2；

（2）插补指令 G01 该指令控制刀具以直线运动方式按指定的进给量从刀具所在点到达目标点。

1）指令格式

$$G01 \ X(U) \underline{\quad} \ Z(W) \underline{\quad} \ F\underline{\quad};$$

式中 X、Z——终点的绝对坐标；

  U、W——终点相对于起点的增量坐标；

    F——进给量。

2）应用举例。如图 2-2 所示，编写刀具沿着 $A \rightarrow B \rightarrow C \rightarrow D$ 轨迹移动的程序段。

绝对坐标方式编程如下。

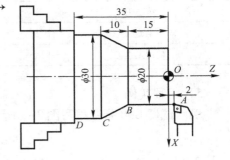

G01 X20 Z - 15 F0.1；   （$A \rightarrow B$）

（G01）X30 Z - 25；   （$B \rightarrow C$；括号内表示可以省略）

（G01）（X30）Z - 35；   （$C \rightarrow D$；括号内表示可以省略）

增量坐标方式编程如下。

G01 W - 17 F0.1；   （$A \rightarrow B$）

（G01）U10 W - 10；   （$B \rightarrow C$）

（G01）（U0）W - 10； （$C \rightarrow D$）

图 2-2 应用举例

（3）单一固定循环指令 G90 单一固定循环可以将一系列连续加工动作，如"切入 - 切削 - 退刀 - 返回"，用一个循环指令完成，从而简化程序。

1）指令格式

$$G90 \ X(U) \underline{\quad} \ Z(W) \underline{\quad} F\underline{\quad};$$

式中 X(U)_Z(W)__——循环切削终点（图 2-3 中的 C 点）处的坐标；

        F__——循环切削过程中的进给量，该值可沿用到后续程序中去，也可沿用循环程序前已经制定的 F 值。

例 G90 X30 Z - 30 F0.1；

2）指令的运动轨迹及工艺说明。圆柱面切削循环（即矩形循环）的执行过程如图 2-3

所示。刀具从循环起点 A 开始以 G00 方式径向移动至指令中的 X 坐标（图中 B 点），再以 G01 的方式沿轴向切削工件外圆至终点坐标处（图中 C 点），然后以 G01 方式沿径向切削端面至循环起点的 X 坐标处（图中 D 点），最后以 G00 方式快速返回循环起点 A 处，准备下个动作。

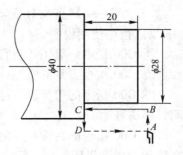

图 2-3　G90 应用举例

G90 指令将 AB、BC、CD、DA 四段插补指令组合成一条循环指令进行编程，达到简化编程的目的。

3）循环起点的确定。循环起点是机床执行循环指令之前刀位点所在的位置，该点既是程序循环的起点，又是程序循环的终点。对于该点，考虑快速进刀的安全性，Z 向离开加工部位 2 ~ 5 mm，在加工外圆表面时，X 向可略大于或等于毛坯外圆直径；加工内孔时，X 向可略小于或等于底孔直径。

4）分层加工终点坐标的确定。粗加工背吃刀量 1 ~ 2 mm（单边量），端面留 0.1 mm 精加工余量，终点 Z 坐标为 - 19.9。精加工背吃刀量根据刀具刀尖圆弧半径的不同，取值 0.2 ~ 0.6 mm。图 2-3 分层加工终点坐标见表 2-1。

表 2-1　图 2-3 分层加工终点坐标

走　刀	终点坐标	程　序　段
粗加工第一刀	37，- 19.9	G90 X37 Z - 19.9 F0.1
第二刀	34，- 19.9	G90 X34 Z - 19.9 F0.1
第三刀	31，- 19.9	G90 X31 Z - 19.9 F0.1
第四刀	28.6，- 19.9	G90 X28.6 Z - 19.9 F0.1
精加工走刀	28，- 20	G90 X28 Z - 20 F0.05

5）编程实例。

例　试用 G90 指令编写图 2-3 所示工件的加工程序。

O0201；	
T0101；	（选择 1 号刀并调用 1 号刀补）
G97 G99 S1000 M03；	（主轴正转，转速 1000r/min）
M08；	（切削液打开）
G00 X44 Z5；	（快速走刀至循环起点）
G90 X37 Z - 19.9 F0.1；	（调用 G90 循环车削圆柱面）
X34；	（模态调用，下同）
X31；	
X28.6；	（X 向留单边 0.3mm 精加工余量）
G90 X28 Z - 20 F0.05 S1500；	（精加工）
G00 X150 Z150；	（退刀）
M30；	（程序结束）

2. 外圆尺寸的修调方法

刀具补偿参数界面中的磨耗值通常用于补偿刀具的磨损量，也常用于补偿加工误差值。

在零件完成粗加工后，虽然进行检测并按照实测值误差进行了补偿，但完成精加工后往往仍然会出现尺寸超差的现象。究其原因，主要如下。

1）对刀误差。

2）粗加工后的表面较粗糙造成检测误差，测量值大于实际值，按此测量值进行精加工往往会造成工件外圆尺寸偏小，无法弥补。

3）粗、精加工中切削力的变化造成实际背吃刀量与理论的偏差。

4）机床精度的影响。

为避免粗加工误差对精加工的影响，通常采用粗加工—半精加工—精加工的加工方案。为减少编程工作量，可通过在磨耗或刀尖圆弧半径补偿界面中预留精加工余量的方法，在粗加工—半精加工后检测工件尺寸并根据实测值修调磨耗值或刀尖圆弧半径补偿值，由于精加工与半精加工加工条件基本一致，从而有效保证了加工精度。

实操中运用磨耗值或刀尖圆弧半径补偿值修调尺寸时，通常磨耗值或刀尖圆弧半径补偿值预留了二次精加工余量，尺寸按中间公差值修调。先按程序完成零件的粗、精加工，然后根据实测值修调磨耗值或刀尖圆弧半径补偿值，在编辑模式中将光标移至调用精加工刀号刀补号（或重新调用刀号刀补号）程序段，切换至自动加工模式循环启动再执行一次精加工即可。

【任务实施】

1. 分析零件图样

（1）零件分析　阶梯轴零件图如图 2-1 所示。

（2）尺寸精度、几何精度和表面粗糙度分析

1）尺寸精度。本任务中精度要求较高的尺寸主要有 $\phi24_{-0.03}^{0}$ mm、$\phi30_{-0.03}^{0}$ mm，外圆 $\phi36_{-0.03}^{0}$ mm；长度尺寸 10 mm、（30±0.05）mm 要求不高。对于尺寸精度要求，主要通过在加工过程中的准确对刀、正确设置刀补及磨耗，以及制订合适的加工工艺等措施来保证。

2）几何精度。本任务中未标注几何公差，几何精度要求不高，通过机床精度及一次装夹加工可以达到要求。

3）表面粗糙度。本任务中，加工后的表面粗糙度值 Ra 为 1.6 μm，可通过选用合适的刀具及其几何参数，正确的粗、精加工路线，合理的切削用量等措施来保证。

2. 加工工艺分析

（1）制订加工方案及加工路线　数控加工常见工艺有：分段粗车，按轮廓精车；分层粗车，按轮廓精车。

本任务采用一次装夹工件完成三个圆柱面加工，先用 G90 分层粗车圆柱面，再用 G01 按轮廓完成三个表面的精加工。

（2）工件定位与装夹　工件采用自定心卡盘进行定位与装夹，工件伸出卡盘端面外长度 65 mm。工件采用 $\phi40$ mmLY20 铝棒加工。

（3）选择刀具及切削用量　本任务刀具材料均为硬质合金，根据教学实际可选用焊接式普通外圆车刀或机械夹固式外圆车刀。切削用量见表 2-2。

表 2-2　切削用量

刀 具 名 称	刀 具 号	加 工 内 容	主轴转速 / （r/min）	进给量 / （mm/r）	背吃刀量 /mm
外圆粗车刀	T0101	手动车端面	1200	0.15	1 ~ 2
		粗车外圆轮廓			
外圆精车刀		精车外圆轮廓	1500	0.05	0.3
切断刀	T0505	切断	1000	0.1	/

（4）量具选择　外圆长度精度不高，选用 0 ~
150 mm 游标卡尺测量；外圆直径有精度要求，用 25 ~
50 mm 的外径千分尺。

3. 编制参考加工程序

（1）建立工件坐标系　根据工件坐标系建立原则：
工件原点一般设在右端面与工件轴线交点处。

（2）轮廓基点坐标　如图 2-4 所示，$A(X22,Z0)$，
$B(X24,Z-1)$，$C(X24,Z-10)$，$D(X30,Z-10)$，
$E(X30,Z-20)$，$F(X36,Z-20)$，$G(X36,Z-30)$。

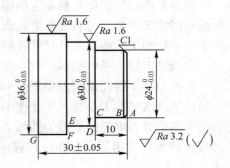

图 2-4　轮廓基点坐标

（3）编制程序（表 2-3）

表 2-3　零件加工参考程序

程序段号	加 工 程 序	程 序 说 明
	O0001	程序名
N10	T0101	换外圆粗车刀
N20	G97 G99 S1200 M03	主轴正转
N30	M08	切削液开
N40	G00 X44 Z5	快速定位至循环起点
N50	G90 X36.6 Z−35 F0.15	粗车圆柱面 $\phi36_{-0.03}^{0}$ mm
N60	X33.6 Z−19.9	粗车圆柱面 $\phi30_{-0.03}^{0}$ mm
N70	X30.6	
N80	X27.6 Z−9.9	粗车圆柱面 $\phi24_{-0.03}^{0}$ mm
N85	X24.6	
N90	G00 X150 Z150	回安全位置
N100	M05	主轴停
N105	M09	切削液关
N110	M00	程序暂停
N120	T0101	调用刀号、刀补号
N130	G97 G99 S1500 M03	主轴变速
N140	M08	切削液开
N150	G00 X22 Z5	快速定位至精加工起刀点

程序段号	加工程序	程序说明
	O0001	程序名
N160	G01 Z0 F0.05	
N170	X24 Z−1	
N180	Z−10	
N190	X30	精车外圆轮廓
N200	Z−20	
N210	X36	
N220	Z−35	
N230	G00 X150 Z150	刀具回安全位置
N240	M05	主轴停
N250	M09	切削液停
N260	M00	程序暂停
N270	T0505	调用切断刀
N280	G97 G99 S1000 M03	主轴正转
N290	M08	切削液开
N300	G00 X44 Z0	切断刀定位
N310	Z−34	移动到切断位置（假定刀宽4mm）
N320	G01 X−1 F0.1	切断
N330	G00 X150 Z150	退刀
N340	M05	主轴停止
N350	M09	切削液关
N360	M30	程序结束

4. 技能训练

（1）加工准备

1）检测坯料尺寸。

2）装夹刀具与工件。

外圆车刀按要求装于刀架的 T01 号刀位。

切断刀按要求装于刀架的 T05 号刀位。

毛坯伸出卡爪长度为 65mm。

3）程序输入。

4）程序模拟。

5）关机、开机回参考点。

（2）对刀　外圆车刀采用试切法对刀，把操作得到的数据输入到 T01 刀具长度补偿存储器中。切断刀采用与外圆刀加工完的端面和外圆接触的方法，把操作得到的数据输入到 T05 刀具长度补偿存储器中。

（3）校刀

（4）零件自动加工及尺寸控制

1）零件自动加工。将程序调到开始位置，选择 MEM（或 AUTO）自动加工方式，调好进给倍率，按数控车床循环启动按钮进行自动加工，首次加工将程序控制调整为单段，快速进给倍率调整为 25%。

2）零件加工过程中尺寸控制。

① 对好刀后，按循环启动按钮执行零件粗加工。

② 粗加工完成后用千分尺测量外圆直径。

③ 修改磨耗（若实测尺寸比编程尺寸大 0.6 mm，磨耗中此时设为零，若实测尺寸比编程尺寸大 0.7 mm，磨耗中此时设为 -0.1 mm，若实测尺寸比编程尺寸大 0.4 mm，磨耗中此时设为 0.2 mm），在修改磨耗时考虑中间公差，中间公差一般取中值。

④ 自动加工执行精加工程序段（从刀号刀补号程序段 N120 开始执行）。

⑤ 测量（若测量尺寸仍大，还可继续修调）。

5. 零件检测与评分

零件加工结束后进行检测。检测结果写在表2-4中。

表2-4　零件评分表

班　级				姓　名		学　号	
任务			阶梯轴零件加工（一）			零件图编号	图2-1
基本检查	编程	序号	检测内容		配分	学生自评	教师评分
		1	切削加工工艺制订正确		5		
		2	切削用量选择合理		5		
		3	程序正确、简单、规范		20		
	操作	4	设备操作、维护保养正确		5		
		5	安全、文明生产		5		
		6	刀具选择、安装正确规范		5		
		7	工件找正、安装正确规范		5		
工作态度		8	行为规范、纪律表现		10		
外圆		9	$\phi24_{-0.03}^{0}$ mm		10		
		10	$\phi30_{-0.03}^{0}$ mm		10		
		11	$\phi36_{-0.03}^{0}$ mm		10		
长度		12	10 mm		5		
		13	（30±0.05）mm		5		
综合得分					100		

6. 加工结束，清理机床

和前面要求一样，每天加工结束，整理工量具，清除机床切屑，做好机床的日常保养和实习车间的卫生，养成良好的文明生产习惯。

【快速链接】

1. 数控车削加工方案的拟订

零件数控车削加工方案的拟订是制订车削工艺规程的重要内容之一，其主要内容包括：选择各加工表面的加工方法、安排工序的先后顺序、确定刀具的走刀路线等。

（1）加工方法的选择 回转体零件的结构形状虽然是多种多样的，但它们都是由平面、内外圆柱面、曲面、螺纹等组成的。每一种表面都有多种加工方法，实际选择时应结合零件的加工精度、表面粗糙度、材料、结构形状、尺寸及生产类型等因素全面考虑。

数控车削内、外回转表面加工方案的确定，应注意以下几点。

1）加工精度为 IT8 ~ IT9 级、表面粗糙度值 $Ra1.6 ~ 3.2~\mu m$、除淬火钢以外的常用金属，可采用普通型数控车床，按粗车、半精车、精车的方案加工。

2）加工精度为 IT6 ~ IT7 级、表面粗糙度值 $Ra0.2 ~ 0.63~\mu m$、除淬火钢以外的常用金属，可采用精密型数控车床，按粗车、半精车、精车、细车的方案加工。

3）加工精度为 IT5 级、表面粗糙度值 $Ra < 0.2~\mu m$、除淬火钢以外的金属，可采用高档精密型数控车床，按粗车、半精车、精车、精密车的方案加工。

（2）加工顺序的安排 在选定加工方法后，接下来就是划分工序和合理安排工序。零件的加工工序通常包括切削加工工序、热处理工序和辅助工序，合理安排好切削加工、热处理和辅助工序的顺序，并解决好工序间的衔接问题，可以提高零件的加工质量、生产率，降低加工成本。在数控车床上加工零件，应按工序集中的原则划分工序，安排零件车削加工顺序一般遵循下列原则。

1）先粗后精。零件各表面的加工顺序按先粗加工，再半精加工，最后精加工和光整加工的次序依次进行，逐步提高表面的加工精度。粗加工将在较短的时间内将工件表面上的大部分加工余量切掉，这样既提高了金属切除率，又满足了精加工余量均匀性要求。若粗车后所留余量的均匀性满足不了精加工的要求时，则要安排半精加工，以便使精加工的余量小而均匀。精加工时，刀具沿着零件的轮廓一次走刀完成，以保证零件的加工精度。如图 2-5 所示，首先进行粗加工，将虚线包围部分切除，然后进行半精加工和精加工。

2）先近后远。这里所说的远与近，是按加工部位相对于对刀点的距离大小而言的。通常在粗加工时，离对刀点近的部位先加工，离对刀点远的部位后加工，以便缩短刀具移动距离，减少空行程时间。例如，加工图 2-6 所示这类直径相差不大的阶梯轴，当第一刀的背吃刀量（图 2-6 中最大背吃刀量可为 3 mm）未超限时，宜按 $\phi34~mm \rightarrow \phi36~mm \rightarrow \phi38~mm$ 的顺序安排加工。

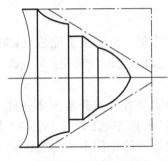

图 2-5 先粗后精

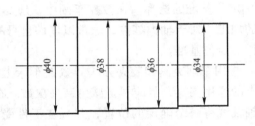

图 2-6 阶梯轴的加工

3）刀具集中。即用一把刀加工完相应各部位，再换另一把刀加工相应的其他部位，以减少空行程和换刀时间。

4）基面先行。用作精基准的表面应优先加工出来，原因是作为定位基准的表面越精确，装夹误差就越小。例如加工轴类零件时，总是先加工中心孔，再以中心孔为精基准加工外圆表面和端面。

（3）确定走刀路线　走刀路线是指刀具从起刀点开始运动，直至加工程序结束所经过的路径，包括切削加工的路径及刀具切入、切出等非切削路径，切削加工的路径包括粗加工的路径和精加工的路径。

1）刀具切入、切出。在数控车床上进行加工时，尤其是精加工时，要妥当考虑刀具的切入、切出路线，尽量使刀具沿轮廓的切线方向切入、切出，以免因切削力突然变化而造成弹性变形，致使光滑连接轮廓上产生表面划伤、形状突变或留下刀痕。

车螺纹时，主轴转速与进给量需要紧密配合，所以必须设置刀具的引入距离和刀具的切出距离，避免因车刀升降速而影响螺距的稳定。

2）确定最短的空行程路线。缩短空行程路线，可以节省整个加工过程的时间。确定最短的走刀路线，除了依靠大量的实践经验外，还应善于分析，必要时可辅以一些简单计算。在手工编制较复杂轮廓的加工程序时，编程者（特别是初学者）有时将每一刀加工完后的刀具返回到换刀点位置，然后再执行后续程序，这样会增加走刀路线的距离，从而大大降低生产率。因此，在不换刀的前提下，执行退刀动作时，不必回到换刀点。安排走刀路线时，应尽量缩短前一刀终点与后一刀起点间的距离，方可满足走刀路线为最短的要求。

3）确定最短的切削进给路线。切削进给路线短，可有效地提高生产率，降低刀具的损耗。在安排粗加工或半精加工的切削进给路线时，应同时兼顾到被加工零件的刚性及加工的工艺性等要求，不要顾此失彼。

4）零件轮廓精加工一次走刀完成。零件的最终轮廓应由最后一刀连续加工而成，这时进、退刀位置要考虑妥当，尽量不要在连续的轮廓中安排切入和切出或换刀及停顿，以免因切削力突然变化而造成弹性变形，致使光滑轮廓上产生表面划痕、形状突变或滞留刀痕等缺陷。零件精加工的走刀路线就是沿着零件轮廓切削，在轮廓的起始端加一进刀段，在轮廓的结束端加一退刀段。如图 2-7 所示，精加工路线为 $MO \rightarrow OA \rightarrow AB \rightarrow BC \rightarrow CN$。

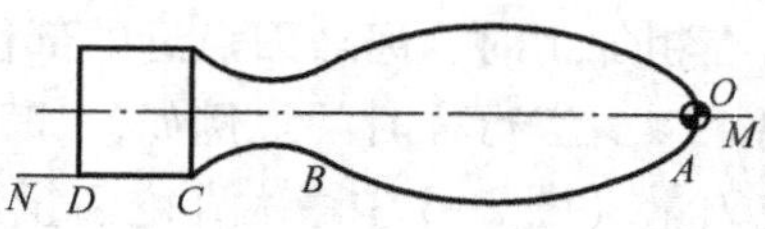

图 2-7　零件的精加工路线

2. 数控车削零件的定位与夹具的选择

（1）定位基准的选择　在数控车削中，应尽量让零件在一次装夹下完成大部分甚至全部表面的加工。对于轴类零件，通常以零件自身的外圆柱面作为定位基准；对于套类零件则以内孔作为定位基准。

（2）常用车削夹具和装夹方法　数控车床上零件的安装方式与普通车床一样，要尽量选择已有的通用夹具，且应尽量减少装夹次数。在数控车床上装夹工件时，应使工件相对于车床主轴轴线有一个确定的位置，并且在工件受到各种外力的作用下，仍能保持其既定位置。数控车床常用的装夹方法见表 2-5。

表2-5　数控车床常用的装夹方法

序　号	装夹方法	特　　点	适用范围
1	自定心卡盘	夹紧力较小，夹持工件时一般不需要找正，装夹速度较快	适于装夹中小型圆柱形、正三边或正六边形工件
2	单动卡盘	夹紧力较大，夹持精度较高，不受卡爪磨损的影响，但夹持工件时需要找正	适于装夹形状不规则或大型的工件
3	两顶尖及鸡心夹头	用两端中心孔定位，容易保证定位精度，但由于顶尖细小，装夹不够牢靠，不宜用大的切削用量进行加工	适于装夹轴类零件
4	一夹一顶	定位精度较高，装夹牢靠	适于装夹轴类零件
5	中心架	配合自定心卡盘或单动卡盘来装夹工件，可以防止弯曲变形	适于装夹细长的轴类零件
6	心轴与弹簧卡头	以孔为定位基准，用心轴装夹加工外表面，也可以外圆为定位基准，采用弹簧卡头装夹加工内表面，工件的位置精度较高	适于装夹内外表面的位置精度要求较高的套类零件

任务2　阶梯轴零件加工（二）

【知识目标】

1. 掌握 FANUC 系统 G00、G01 以及单一固定循环 G90 指令的指令格式、加工轨迹、各个参数的含义及循环起点确定。

2. 掌握数控车削加工中工艺路线的拟订方法。

3. 正确使用单一固定循环指令编写简单零件粗、精加工程序。

4. 掌握零件调头加工程序编制方法。

【能力目标】

1. 能综合应用数控车削加工工艺知识，分析阶梯轴零件数控车削加工工艺。

2. 能正确编写阶梯轴零件数控车削加工工序卡。

3. 能正确分析零件表面质量，熟练应用相关量具测量、读数。

4. 掌握尺寸控制方法，能完成调头阶梯轴零件加工。

5. 掌握零件调头加工方法。

【任务导入】

任务要求：本任务以任务1阶梯轴零件加工（一）为基础，进一步学习调头零件数控车削加工工艺的基本知识和制订的基本原则。

图2-8所示为阶梯轴零件图，材料为LY20棒料。要求分析其数控车削加工工艺，编制数控加工程序并进行加工。

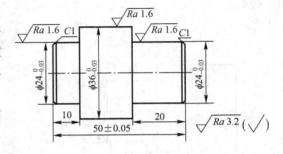

图2-8　阶梯轴零件图

任务分析：本任务加工过程中，通过一次装夹无法完成左侧直径 $\phi24_{-0.03}^{0}$ mm、长度 10 mm 的台阶，需要通过调头二次装夹方可

49

完成。本任务在复习 G00、G01、G90 指令用法的同时，重点引入零件调头的编程、加工方法。

【任务实施】

1. 加工工艺分析

（1）制订加工方案　本任务采用自定心卡盘进行定位与装夹，首先用 G90 分层粗车完成 $\phi 36_{-0.03}^{0}$ mm、$\phi 24_{-0.03}^{0}$ mm 的圆柱面粗加工，再用 G01 按轮廓完成两表面的精加工，然后调头装夹，如图 2-9 所示，手动平端面保证长度尺寸（50 ± 0.05）mm，最后调用调头加工程序完成左侧直径 $\phi 24_{-0.03}^{0}$ mm、长度 10 mm 的圆柱面。工件首次装夹伸出卡盘端面外长度 75 mm。工件采用 $\phi 40$ mmLY20 铝棒加工。

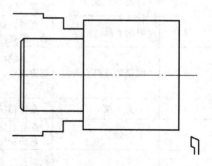

图 2-9　调头装夹示意图

（2）选择刀具及切削用量　本任务刀具材料均为硬质合金，根据教学实际可选用焊接式普通外圆车刀或机械夹固式外圆车刀，切削用量见表 2-6。

表 2-6　切削用量

刀 具 名 称	刀 具 号	加 工 内 容	主轴转速 /（r/min）	进给量 /（mm/r）	背吃刀量 /mm
外圆粗车刀	T0101	手动车端面	1200	0.15	1 ~ 2
		粗车外圆轮廓			
外圆精车刀		精车外圆轮廓	1500	0.05	0.3
切断刀	T0505	切断	1000	0.1	/

（3）量具选择　零件长度选用 0 ~ 150 mm 游标卡尺测量；外圆用 0 ~ 25 mm、25 ~ 50 mm 的外径千分尺测量。

2. 编制参考加工程序

（1）建立工件坐标系　根据工件坐标系建立原则：工件原点一般设在右端面与工件轴线交点处，调头后将工件原点设置在新的右端面工件轴线交点处，并进行编程。

（2）基点坐标　如图 2-10、图 2-11 所示，调头前轮廓基点坐标：$A(X22, Z0)$、$B(X24, Z-1)$、$C(X24, Z-20)$、$D(X36, Z-20)$、$E(X36, Z-50)$。调头后轮廓基点坐标：$F(X24, Z0)$、$G(X24, Z-1)$、$H(X24, Z-10)$、$I(X36, Z-10)$。

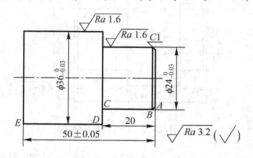

图 2-10　调头前轮廓基点坐标

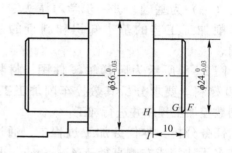

图 2-11　调头后轮廓基点坐标

（3）编制程序（表2-7、表2-8）

表2-7　零件加工参考程序（调头前）

程序段号	加工程序	程序说明
	O0001	程序名
N10	T0101	换外圆粗车刀
N20	G97 G99 S1200 M03	主轴正转
N30	M08	切削液开
N40	G00 X44 Z5	快速定位至循环起点
N50	G90 X36.6 Z−55 F0.15	粗车圆柱面 $\phi 36_{-0.03}^{0}$ mm
N60	X33.6 Z−19.9	粗车圆柱面 $\phi 24_{-0.03}^{0}$ mm
N70	X30.6	
N75	X27.6	
N80	X24.6	
N90	G00 X150 Z150	回安全位置
N100	M05	主轴停
N105	M09	切削液关
N110	M00	程序暂停
N120	T0101	调用刀号、刀补号
N130	G97 G99 S1500 M03	主轴变速
N140	M08	切削液开
N150	G00 X22 Z5	快速定位至精加工起刀点
N160	G01 Z0 F0.05	
N170	X24 Z−1	
N180	Z−20	精车外圆轮廓
N190	X36	
N200	Z−55	
N230	G00 X150 Z150	刀具回安全位置
N240	M05	主轴停
N250	M09	切削液停
N260	M00	程序暂停
N270	T0505	调用切断刀
N280	G97 G99 S1000 M03	主轴正转
N290	M08	切削液开
N300	G00 X44 Z0	切断刀定位
N310	Z−54	移动到切断位置（假定刀宽4mm）
N320	G01 X−1 F0.1	切断
N330	G00 X150 Z150	退刀
N340	M05	主轴停止
N350	M09	切削液关
N360	M30	程序结束

表 2-8 零件加工参考程序（调头后）

程 序 段 号	加 工 程 序	程 序 说 明
	O0002	程序名
N10	T0101	换外圆粗车刀
N20	G97 G99 S1200 M03	主轴正转
N30	M08	切削液开
N40	G00 X44 Z5	快速定位至循环起点
N50	G90 X36. 6 Z – 9. 9 F0. 15	
N60	X33. 6 Z – 9. 9	
N70	X30. 6	粗车圆柱面 $\phi 24^{\ 0}_{-0.03}$ mm
N80	X27. 6	
N85	X24. 6	
N90	G00 X150 Z150	回安全位置
N100	M05	主轴停
N105	M09	切削液关
N110	M00	程序暂停
N120	T0101	调用刀号、刀补号
N130	G97 G99 S1500 M03	主轴变速
N140	M08	切削液开
N150	G00 X22 Z5	快速定位至精加工起刀点
N160	G01 Z0 F0. 05	
N170	X24 Z – 1	
N180	Z – 10	精车外圆轮廓
N190	X44	
N230	G00 X150 Z150	刀具回安全位置
N240	M05	主轴停
N250	M09	切削液停
N260	M30	程序暂停

3. 技能训练

（1）加工准备

1）检测坯料尺寸。

2）装夹刀具与工件。

外圆车刀按要求装于刀架的 T01 号刀位。

切断刀按要求装于刀架的 T05 号刀位。

毛坯伸出卡爪长度为 65 mm。

3）程序输入。

4）程序模拟。

5）关机、开机回参考点。

（2）对刀　外圆车刀采用试切法对刀，把操作得到的数据输入到 T01 刀具长度补偿存储器中。切断刀采用与外圆车刀加工完的端面和外圆接触的方法，把操作得到的数据输入到 T05 刀具长度补偿存储器中。

（3）校刀

（4）零件自动加工及尺寸控制

1）零件自动加工。将程序调到开始位置，选择 MEM（或 AUTO）自动加工方式，调好进给倍率，按数控启动按钮进行自动加工，首次加工将程序控制调整为单段，快速进给倍率调整为 25%。

2）零件加工过程中尺寸控制。

① 对好刀后，按循环启动按钮执行零件粗加工。

② 粗加工完成后用千分尺测量外圆直径。

③ 修改磨耗（若实测尺寸比编程尺寸大 0.6 mm，磨耗中此时设为零，若实测尺寸比编程尺寸大 0.7 mm，磨耗中此时设为 -0.1 mm，若实测尺寸比编程尺寸大 0.4 mm，磨耗中此时设为 0.2 mm），在修改磨耗时考虑中间公差，中间公差一般取中值。

④ 自动加工执行精加工程序段（从刀号刀补程序段 N120 开始执行）。

⑤ 测量（若测量尺寸仍大，还可继续修调）。

4. 零件检测与评分

零件加工结束后进行检测。检测结果写在表 2-9 中。

表 2-9　零件评分表

班　级				姓　名		学　号	
任务			阶梯轴零件加工（二）			零件图编号	图 2-8
基本检查	编程	序号	检测内容		配分	学生自评	教师评分
		1	切削加工工艺制订正确		5		
		2	切削用量选择合理		5		
		3	程序正确、简单、规范		20		
	操作	4	设备操作、维护保养正确		5		
		5	安全、文明生产		5		
		6	刀具选择、安装正确规范		5		
		7	工件找正、安装正确规范		5		
工作态度		8	行为规范、纪律表现		10		
外圆		9	$\phi 24_{-0.03}^{0}$ mm		10		
		10	$\phi 24_{-0.03}^{0}$ mm		10		
		11	$\phi 36_{-0.03}^{0}$ mm		10		
长度		12	10 mm		5		
		13	(50 ± 0.05) mm		5		
综合得分					100		

5. 加工结束，清理机床

和前面要求一样，每天加工结束整理工量具，清除机床切屑，做好机床的日常保养和实习车间的卫生，养成良好的文明生产习惯。

【快速链接】

1. 数控车削刀具及其选用

（1）车刀的类型　数控车削用的车刀一般分为三类：即尖形车刀、圆弧形车刀和成形车刀。

1）尖形车刀。以直线形切削刃为特征的车刀一般称为尖形车刀。这类车刀的刀尖由直线形的主、副切削刃构成，如90°内、外圆车刀，左、右端面车刀，切槽（断）车刀及刀尖倒棱很小的各种外圆和内孔车刀。用这类车刀加工零件时，其零件的轮廓形状主要由一个独立的刀尖切削后得到。

2）圆弧形车刀。圆弧形车刀的特征：构成主切削刃的刀刃形状为一圆度误差或线轮廓度误差很小的圆弧（图2-12）。该圆弧刃上每一点都是圆弧形车刀的刀尖，因此，刀位点不在圆弧上，而在该圆弧的圆心上，编程时要进行刀具半径补偿。圆弧形车刀可以用于车削内、外圆表面，特别适用于车削精度要求较高的凹曲面或大外圆弧面。

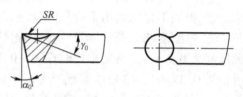

图2-12　圆弧形车刀

3）成形车刀。成形车刀俗称样板车刀，其加工零件的轮廓形状完全由车刀刀刃的形状和尺寸决定。数控车削加工中，常见的成形车刀有小半径圆弧车刀、非矩形车槽刀和螺纹车刀等。在数控加工中，应尽量少用或不用成形车刀，当确有必要选用时，则应在工艺准备的文件或加工程序单上进行详细说明。

常用车刀的种类、形状和用途如图2-13所示。

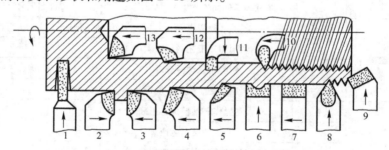

图2-13　常用车刀的种类、形状和用途

1—切断刀　2—90°左偏刀　3—90°右偏刀　4—弯头车刀　5—直头车刀
6—成形车刀　7—宽刃精车刀　8—外螺纹车刀　9—端面车刀　10—内螺纹车刀
11—内槽车刀　12—通孔车刀　13—不通孔车刀

（2）常用车刀的几何参数　刀具切削部分的几何参数对零件的表面质量及切削性能影响极大，应根据零件的形状、刀具的安装位置及加工方法等，正确选择刀具的几何形状及有关参数。

1）尖形车刀的几何参数。尖形车刀的几何参数主要指车刀的几何角度。选择方法与普通车削时基本相同，但应结合数控加工的特点，如走刀路线及加工干涉等，进行全面考虑。

例如，在加工图2-14所示的零件时，要使其左右两个45°锥面由一把车刀加工出来，则车刀的主偏角应取50°～55°，副偏角取50°～52°，这样既保证了刀头有足够的强度，又利于主、副切削刃车削圆锥面时不致发生加工干涉。

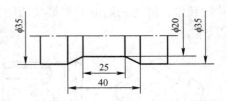

图2-14　尖形车刀几何参数示例

选择尖形车刀不发生干涉的几何角度，可用作图或计算的方法。例如副偏角的大小，大于作图或计算所得不发生干涉的极限角度值6°～8°即可。当确定几何角度困难或无法确定（例如尖形车刀加工接近于半个凹圆弧的轮廓等）时，则应考虑选择其他类型的车刀。

2）圆弧形车刀的几何参数。

① 圆弧形车刀的选用。圆弧形车刀具有宽刃切削（修光）性质，能使精车余量相当均匀而改善切削性能，还能一刀车出跨多个象限的圆弧面，如图2-15所示。

当所示零件的曲面精度要求不高时，可以选择用尖形车刀进行加工；当曲面形状精度和表面粗糙度均有要求时，选择尖形车刀加工就不合适了，因为尖形车刀主切削刃的实际吃刀量在圆弧轮廓段总是不均匀的，如图2-16所示。当尖形车刀主切削刃靠近其圆弧终点时，该位置上的背吃刀量 a_{p1} 将大大超过其圆弧起点位置上的背吃刀量 a_p，致使切削阻力增大，可能产生较大的线轮廓度误差，并增大其表面粗糙度值。

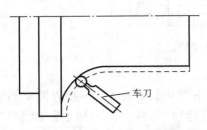

图2-15　圆弧形车刀曲面车削示例

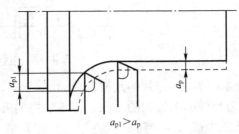

图2-16　尖形车刀切削深度不均匀性示例

② 圆弧形车刀的几何参数。圆弧形车刀的几何参数除了前角及后角外，主要几何参数为车刀圆弧切削刃的形状及半径。选择车刀圆弧半径的大小时，应考虑两点：第一，车刀切削刃的圆弧半径应当小于或等于零件凹形轮廓上的最小曲率半径，以免发生加工干涉；第二，该半径不宜选择太小，否则既难于制造，还会因其刀头强度太弱或刀体散热能力差，使车刀容易损坏。

（3）机夹可转位车刀　根据与刀体的连接固定方式的不同，车刀主要可分为焊接式与机械夹固式两大类。

焊接式车刀将硬质合金刀片用焊接的方法固定在刀体上。这种车刀的优点是结构简单，制造方便，刚性较好。缺点是由于存在焊接应力，使刀具材料的使用性能受到影响，甚至出现裂纹。另外，刀杆不能重复使用，硬质合金刀片不能充分回收利用，造成刀具材料的浪费。

为了减少换刀时间和方便对刀，便于实现机械加工的标准化，数控车削加工时，应尽量采用机夹刀和机夹刀片，常见可转位车刀刀片如图2-17所示。这种车刀就是把经过研磨的可转位多边形刀片用夹紧组件夹在刀杆上。车刀在使用过程中，一旦切削刃磨钝后，通过刀片的转位，即可用新的刀刃继续切削，只有当多边形刀片所有的刀刃都磨钝后，才需要更换刀片。

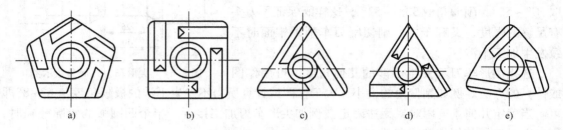

图2-17 常见可转位车刀刀片

1）刀片材质的选择。常见刀片材料有高速钢、硬质合金、涂层硬质合金、陶瓷、立方氮化硼和金刚石等，其中应用最多的是硬质合金和涂层硬质合金刀片。选择刀片材质的主要依据是被加工工件的材料、尺寸精度、表面质量要求、切削载荷的大小以及切削过程有无冲击和振动等。

2）可转位车刀的选用。ISO1832—1985 规定了我国可转位刀片的形状、尺寸精度、结构特点等，可转位车刀的刀片型号由 10 位字符串组成，如图2-18 所示，其中每一位字符串代表刀片某种参数的意义。下面介绍刀片标记的含义及刀片选择有关问题。

C	N	M	G	12	04	08	E	R	—	PF
1	2	3	4	5	6	7	8	9		10

图2-18 可转位车刀的刀片型号

第 1 位——刀片的几何形状。

刀片外形与加工的对象、刀具的主偏角、刀尖角和有效刃数等有关。一般外圆车削常用80°凸三边形（W 型）、四方形（S 型）和 80°棱形（C 型）刀片。仿形加工常用 55°（D 型）、35°（V 型）菱形和圆形（R 型）刀片，常用刀片外形如图2-19 所示。90°主偏角常用三角形（T 型）刀片。不同的刀片形状有不同的刀尖强度，一般刀尖角越大，刀尖强度越大，反之亦然。圆刀片（R 型）刀尖角最大，35°菱形刀片（V 型）刀尖角最小。在选用时，应根据加工条件恶劣与否，按重、中、轻切削有针对性地选择。在机床刚性、功率允许的条件下，大余量、粗加工应选用刀尖角较大的刀片，反之，机床刚性和功率小、余量小、精加工时宜选用较小刀尖角的刀片。

图2-19 常用刀片外形

第 2 位——刀片的后角。

常用的刀片后角有 N 型（0°）、C 型（7°）、P 型（11°）、E 型（20°）等。一般粗加工、半精加工可用 N 型；半精加工、精加工可用 C、P 型，也可用带断屑槽形的 N 型刀片；加工铸铁、硬钢可用 N 型；加工不锈钢可用 C、P 型；加工铝合金可用 P、E 型等；加工弹性恢复性好的材料可选用较大一些的后角；一般孔加工刀片可选用 C、P 型，大尺寸孔可选用 N 型。

第 3 位——刀片的精度。

可转位刀片国家规定了 16 种精度，其中 6 种适合于车刀，代号为 H、E、G、M、N、U。其中 H 最高，U 最低。普通车床粗、半精加工用 U 级；对刀尖位置要求较高的车床或数控车床用 M；更高级要求的用 G。

第 4 位——刀片的紧固方式。

在国家标准中，一般紧固方式有上压式（代码 C）、上压与销孔夹紧（代码 M）、销孔夹紧（代码 P）和螺钉夹紧（代码 S）四种。但这仍没有包括可转位车刀所有的夹紧方式，而且，各刀具商所提供的产品并不一定包括了所有的夹紧方式，因此选用时要查阅产品样本。

第 5 位——切削刃长。

切削刃长是指切削刃的长度，其代号主要根据背吃刀量进行选择，一般通槽形的刀片切削刃长度选大于等于 1.5 倍的背吃刀量，封闭槽形的刀片切削刃长度选大于等于 2 倍的背吃刀量。切削刃长的具体代号及尺寸需查阅相关刀具手册。例如对于形状代号为 C 的刀片而言，切削刃长 07 代表着实际刀片刃长为 7.94 mm。

第 6 位——刀片厚度 S。

刀片厚度代号有 01、T2、02、03、T3、04、05、06、07 和 09，具体的数值需查阅相关刀具资料，如代号 T3 代表着刀片厚度为 3.97 mm。

刀片厚度的选用原则是使刀片有足够的强度来承受切削力，通常是根据背吃刀量与进给量来选用的；刀片材料有时也会影响刀片厚度的选用，如陶瓷材料的刀片要选用较厚的刀片。

第 7 位——刀尖圆弧半径 R。

刀尖圆弧半径 R 代号有 02、04、05、06、08、12、16、20、24 和 32，例如代号 08 代表着刀尖圆弧半径为 0.8 mm。

刀尖的圆弧不仅影响切削效率，而且关系到被加工表面的表面粗糙度及加工精度。从刀尖圆弧半径来看，最大进给量不应超过刀尖圆弧半径的 80%，否则将恶化切削条件。刀尖圆弧半径还与断屑的可靠性有关，为保证断屑，切削余量和进给量有一个最小值。从断屑可靠角度出发，通常对于小余量、小进给车削加工应采用小的刀尖圆弧半径，反之应采用较大的圆弧半径。

粗加工时只要刚性允许应尽可能采用较大刀尖圆弧半径，以提高刀尖的强度，常用刀尖圆弧半径为 1.2 ~ 1.6 mm，粗车时一般进给量可取为刀尖圆弧半径的一半（经验值）。精加工的表面质量受刀尖圆弧半径的影响，一般选用较小刀尖圆弧半径，但在满足使用要求的情况下也可以选用刀尖圆弧半径较大的刀片。

第 8 位——切削刃形状。

切削刃形状用一个英文字母代表。代号"F"表示切削刃形状为尖刃，"E"表示切削刃形状为倒圆的刀刃，"T"表示切削刃形状为倒棱的刀刃，"S"表示切削刃形状为倒圆且倒棱的刀刃。

第 9 位——切削刃方向。

切削刃方向代号有右切（R 型）、左切（L 型）和左右切（N 型）三种，如图 2-20 所示。

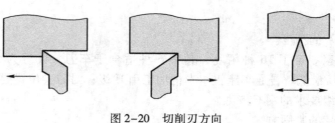

图 2-20　切削刃方向
a) R 型　b) L 型　c) N 型

对于前置刀架而言，切削刃方向以右切为主，右切较难或无法完成的可以选择左切，后置刀架则相反。

第 10 位——断屑槽形。

断屑槽的参数直接影响着切屑的卷曲和折断，目前刀片的断屑槽形式较多，各种断屑槽刀片使用情况不尽相同。槽形根据加工类型和加工对象的材料特性来确定，各供应商表示方法不一样，但思路基本一样：基本槽形按加工类型有精加工（代码 F）、普通加工（代码 M）和粗加工（代码 R）；加工材料按国际标准有钢（代码 P）、不锈钢、合金钢（代码 M）和铸铁（代码 K）。这两种情况一组合就有了相应的槽形。例如 FP 就指用于钢的精加工槽形，MK 是用于铸铁普通加工的槽形等。如果加工向两方向扩展，如超精加工和重型粗加工，以及材料也扩展，如耐热合金、铝合金，有色金属等，就有了超精加工、重型粗加工和加工耐热合金、铝合金等补充槽形，选择时可查阅具体的产品样本。一般可根据工件材料和加工的条件选择合适的断屑槽形和参数，当断屑槽形和参数确定后，主要靠进给量的改变控制断屑。

各刀具制造商刀片型号的标记没有完全统一，具体参考制造商的刀具样本。刀片的选择与相应刀体相匹配。

3）刀杆头部形式的选择。刀杆头部形式按主偏角和直头、弯头分有 15～18 种，各形式规定了相应的代码，国家标准和刀具样本中都一一列出，可以根据实际情况选择。有直角台阶的工件，可选主偏角大于或等于 90°的刀杆。一般粗车可选主偏角 45°～90°的刀杆；精车可选 45°～75°的刀杆；中间切入、仿形车则选 45°～107.5°的刀杆；工艺系统刚性好时可选较小值，工艺系统刚性差时可选较大值。当刀杆为弯头结构时，则既可加工外圆，又可加工端面。

左右手刀柄有 R（右手）、L（左手）、N（左右手）三种。要注意区分左、右刀的方向。选择时要考虑车床刀架是前置式还是后置式、前刀面是向上还是向下、主轴的旋转方向以及需要的进给方向等。

4）刀夹。数控车刀一般通过刀夹（座）装在刀架上。刀夹的结构主要取决于刀体的形状、刀架的外形和刀架对主轴的配置三种因素。刀架对主轴的配置形式只有几种，而刀架与刀夹连接部分的结构形式多，致使刀夹的结构形式很多，用户在选型时，除满足精度要求外，应尽量减少种类、形式，以利于管理。

2. 刀具切削用量的选择

数控车削加工中的切削用量包括：背吃刀量、主轴转速或切削速度、进给速度或进给量。在编制加工程序的过程中，选择好切削用量，使背吃刀量、主轴转速（切削速度）和进给速度（进给量）三者间能互相适应，以形成最佳切削参数，这是工艺处理的重要内容之一。切削用量应结合车削加工的特点，在机床给定的允许范围内选取，其选择方法如下。

（1）背吃刀量（a_p）的确定　在车床主体 – 夹具 – 刀具 – 零件这一系统刚性允许的条件下，尽可能选取较大的背吃刀量，以减少走刀次数，提高生产率。当零件的精度要求较高时，则应考虑留出精加工余量，常取 0.1～0.5 mm。

（2）主轴转速的确定

1）光车时。光车时，主轴转速的确定应根据零件上被加工部位的直径，并按零件和刀具的材料及加工性质等条件所允许的切削速度来确定。在实际生产中，主轴转速可用下式计算

$$n = \frac{1000 v_c}{\pi d}$$

式中　n——主轴转速（r/min）；

　　　v_c——切削速度（m/min）；

　　　d——零件待加工表面的直径（mm）。

2）车螺纹时。车螺纹时，车床的主轴转速将受到螺纹的螺距（或导程）大小、驱动电动机的升降频特性及螺纹插补运算速度等多种因素影响，故对于不同的数控系统，推荐有不同的主轴转速选择范围。例如大多数经济型车床数控系统推荐车螺纹时的主轴转速如下

$$n \leqslant \frac{1200}{P} - K$$

式中　P——工件螺纹的导程（mm）；

　　　K——保险系数，一般取为 80。

（3）进给量（进给速度）f 的确定　进给量是指工件每转一周，车刀沿进给方向移动的距离（mm/r），它与背吃刀量有着较密切的关系。进给量是数控机床切削用量中的重要参数。主要根据零件的加工精度、表面粗糙度要求、刀具及材质选取。最大进给量受机床、刀具、工件系统刚度和进给驱动及控制系统的限制。

当加工精度、表面粗糙度要求较高时，进给量（进给速度）应取小些，一般选取 0.1～0.3 mm/r；粗车时，为缩短切削时间，进给量取大些，一般取为 0.3～0.8 mm/r；切断时宜取 0.05～0.2 mm/r。工件材料较软时，可选用较大的进给量；反之应选较小的进给量。

进给速度是指单位时间里，刀具沿进给方向移动的距离（mm/min）。有些数控车床可以选用进给量（mm/r）表示进给速度。

进给速度的大小直接影响表面粗糙度值和车削效率，因此进给速度的确定应在保证表面质量的前提下，选择较高的进给速度。一般应根据零件的表面粗糙度、刀具及工件材料等因素，查阅切削用量手册选取。需要说明的是切削用量手册给出的是每转进给量，因此要根据 $v_f = f \times n$ 计算进给速度。

（4）选择切削用量时应注意的几个问题　以上切削用量选择是否合理，对于实现优质、高产、低成本和安全操作具有很重要的作用。切削用量选择的一般原则如下。

1）粗车时，一般以提高生产率为主，但也应考虑经济性和加工成本，首先选择大的背吃刀量 a_p；其次选择较大的进给量 f，增大进给量 f 有利于断屑；最后根据已选定的背吃刀量和进给量，并在工艺系统刚性、刀具寿命和机床功率许可的条件下选择一个合理的切削速

度 v_c，减少刀具消耗，降低加工成本。

2）半精车或精车时，加工精度和表面粗糙度要求较高，加工余量不大且均匀，应在保证加工质量的前提下，兼顾切削效率、经济性和加工成本，通常选择较小的背吃刀量 a_p 和进给量 f，并选用切削性能高的刀具材料和合理的几何参数，尽可能提高切削速度，以保证零件加工精度和表面粗糙度。

3）在安排粗、精车用量时，应注意机床说明书给定的允许切削用量范围。对于主轴采用交流变频调速的数控车床，由于主轴在低转速时转矩降低，尤其应注意此时的切削用量选择。数控车削切削用量推荐表见表 2–10。

表 2–10　数控车削切削用量推荐表

工件材料	加工方式	背吃刀量/mm	切削速度/(m/min)	进给量/(mm/r)	刀具材料
碳素钢 $R_m > 600$ MPa	粗加工	57	60～80	0.2～0.4	YT 类
	粗加工	2～3	80～120	0.2～0.4	
	精加工	0.2～0.3	120～150	0.1～0.2	
	车螺纹		70～100	导程	
	钻中心孔		500～800 r/min		W18Cr4V
	钻孔		20～30	0.1～0.2	
	切断（宽度 <5 mm）		70～110	0.1～0.2	YT 类
合金钢 $R_m > 1470$ MPa	粗加工	2～3	50～80	0.2～0.4	YT 类
	精加工	0.1～0.15	60～100	0.1～0.2	
	切断（宽度 <5 mm）		40～70	0.1～0.2	
铸铁 200HBW 以下	粗加工	2～3	50～70	0.2～0.4	YG 类
	精加工	0.1～0.15	70～100	0.1～0.2	
	切断（宽度 <5 mm）		50～70	0.1～0.2	
铝	粗加工	2～3	600～1000	0.2～0.4	YG 类
	精加工	0.2～0.3	800～1200	0.1～0.2	
	切断（宽度 <5 mm）		600～1000	0.1～0.2	
铜	粗加工	2～4	400～500	0.2～0.4	YG 类
	精加工	0.1～0.15	450～600	0.1～0.2	
	切断（宽度 <5 mm）		400～500	0.1～0.2	

总之，切削用量的具体数值应根据机床说明书、切削用量手册、刀具产品样本书并结合实际经验确定。同时，使主轴转速、背吃刀量及进给速度三者能相互适应，以确定合适的切削用量。

任务 3　端面台阶零件加工

【知识目标】

1. 掌握 FANUC 系统端面切削单一固定循环 G94 指令的指令格式、加工轨迹、各个参数的含义及循环起点确定。

2. 掌握确定简单盘类零件加工工艺的方法。

3. 正确使用单一固定循环指令编写简单零件粗、精加工程序。

【能力目标】

1. 能综合应用数控车削加工工艺知识，分析典型零件的数控车削加工工艺。

2. 能正确编写典型零件数控车削加工工序卡。

3. 能正确分析零件表面质量，熟练应用相关量具测量、读数。

4. 掌握尺寸控制方法，完成零件加工。

【任务导入】

任务要求：图 2-21 所示为端面台阶零件图，毛坯为 $\phi40\,mm$ 的 LY20 棒料。要求分析其数控车削加工工艺，编制数控加工工序卡并进行加工。

任务分析：本任务加工过程中，加工余量较多呈阶梯分布，若单纯采用 G90 指令进行编程，必然导致程序冗长，加工效率较低，类似此类长径比较小的零件，采用端面切削单一固定循环 G94 指令可使程序简化，加工效率提高。本任务重点引入单一固定循环 G94 指令。

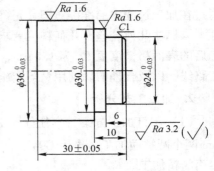

图 2-21　端面台阶零件图

【相关知识】

当车削零件（长径比较小）时，可以使用端面车削循环指令 G94。

1）指令格式

$$G94\ X(U)\ Z(W)\ R\ F;$$

式中　X、Z——端面切削的终点坐标值；

U、W——端面切削的终点相对于循环起点的坐标；

R——端面切削的起点相对于终点在 Z 轴方向的坐标分量。当起点 Z 向坐标小于终点 Z 向坐标时 R 为负，反之为正。

执行 G94 指令，如图 2-22 所示，刀具从循环起点按 1→2→3→4 运动，最后又回到循环起点。G94 轨迹与 G90 轨迹相似，其区别是 G94 沿着 -Z 方向切入，沿着 -X 方向切削，而 G90 沿着 -X 方向切入，沿着 -Z 方向切削。

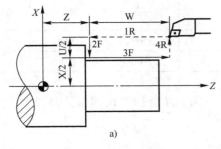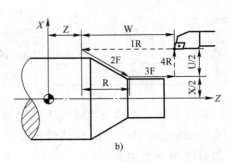

图 2-22　G94 指令切削循环

a）圆柱端面切削循环　b）锥端面切削循环

2）应用举例。用 G94 指令编写加工图 2−23 所示
$\phi30$ mm 外圆的程序。

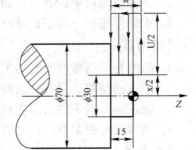

...
G00 X85 Z5；刀具运动到循环起点
G94 X30 Z−5 F0.1；
Z−10；
Z−15；
...

图 2−23　G94 应用举例

【任务实施】

1. 分析零件图样

如图 2−21 所示，本任务中对于尺寸精度的要求，主要
通过在加工过程中的准确对刀、正确设置刀补及磨耗，以及制订合适的加工工艺等措施来保
证。未标注几何公差，几何精度要求不高，通过机床精度及一次装夹加工可以达到要求。加
工后的表面粗糙度值 Ra 为 1.6 μm，可通过选用合适的刀具及其几何参数，正确的粗、精加
工路线，以及合理的切削用量等措施来保证。

2. 加工工艺分析

（1）制订加工方案　本任务采用一次装夹工件，先用 G90 完成 $\phi36_{-0.03}^{\ 0}$ mm 和 $\phi30_{-0.03}^{\ 0}$
mm 两个圆柱面加工，再用 G94 完成 $\phi24_{-0.03}^{\ 0}$ mm 圆柱面加工，最后用 G01 按轮廓完成三个
表面的精加工。

（2）工件定位与装夹　工件采用自定心卡盘进行定位与装夹，工件伸出卡盘端面外长
度 65 mm。工件采用 $\phi40$ mmLY20 铝棒加工。

（3）选择刀具及切削用量　本任务刀具材料均为硬质合金，根据教学实际可选用焊接
式普通外圆车刀或机械夹固式外圆车刀，另外选用机械夹固式端面车刀及焊接切断刀。切削
用量见表 2−11。

表 2−11　切削用量

刀具名称	刀具号	加工内容	主轴转速 /(r/min)	进给量 /(mm/r)	背吃刀量 /mm
外圆粗车刀	T0101	手动车端面	1200	0.15	1～2
		粗车外圆轮廓			
外圆精车刀		精车外圆轮廓	1500	0.05	0.3
切断刀	T0505	切断	1000	0.1	

（4）量具选择　外圆长度精度不高，选用 0～150 mm 游标卡尺测量。外圆直径有精度
要求，用 0～25 mm，25～50 mm 的外径千分尺。

3. 编制参考加工程序

（1）建立工件坐标系　根据工件坐标系建立原则：工件原点一般设在右端面与工件轴
线交点处。

（2）编制程序（表2-12）

表2-12 零件加工参考程序

程序段号	加工程序	程序说明
	O0001	程序名
N10	T0101	换外圆粗车刀
N20	G97 G99 S1200 M03	主轴正转
N30	M08	切削液开
N40	G00 X44 Z5	快速定位至循环起点
N50	G90 X36.6 Z－35 F0.15	G90 粗车圆柱面 $\phi36_{-0.03}^{\ 0}$ mm
N60	X33.6 Z－9.9	粗车圆柱面 $\phi30_{-0.03}^{\ 0}$ mm
N70	X30.6	
N80	G94 X24.6 Z－2 F0.15	G94 粗车圆柱面 $\phi24_{-0.03}^{\ 0}$ mm
N85	Z－4	
N90	Z－5.9	
N95	G00 X150 Z150	回安全位置
N100	M05	主轴停
N105	M09	切削液关
N110	M00	程序暂停
N120	T0101	调用刀号、刀补号
N130	G97 G99 S1500 M03	主轴变速
N140	M08	切削液开
N150	G00 X22 Z5	快速定位至精加工起刀点
N160	G01 Z0 F0.05	
N170	X24 Z－1	
N180	Z－6	
N190	X30	精车外圆轮廓
N200	Z－10	
N210	X36	
N220	Z－35	
N230	G00 X150 Z150	刀具回安全位置
N240	M05	主轴停
N250	M09	切削液停
N260	M00	程序暂停
N270	T0505	调用切断刀
N280	G97 G99 S1000 M03	主轴正转
N290	M08	切削液开
N300	G00 X44 Z0	切断刀定位

程 序 段 号	加 工 程 序	程 序 说 明
	O0001	程序名
N310	Z－34	移动到切断位置
N320	G01 X－1 F0. 1	切断
N330	G00 X150 Z150	退刀
N340	M05	主轴停止
N350	M09	切削液关
N360	M30	程序结束

4. 技能训练

（1）加工准备

1）检测坯料尺寸。

2）装夹刀具与工件。

外圆车刀按要求装于刀架的 T01 号刀位。

切断刀按要求装于刀架的 T05 号刀位。

毛坯伸出卡爪长度为 65 mm。

3）程序输入。

4）程序模拟。

5）关机、开机回参考点。

（2）对刀　外圆车刀采用试切法对刀，把操作得到的数据输入到 T01 刀具长度补偿存储器中。切断刀采用与外圆车刀加工完的端面以及外圆分别接触的方法，把操作得到的数据输入到 T05 刀具长度补偿存储器中。

（3）校刀

（4）零件自动加工及尺寸控制

1）零件自动加工。将程序调到开始位置，选择 MEM（或 AUTO）自动加工方式，调好进给倍率，按数控启动按钮进行自动加工，首次加工将程序控制调整为单段，快速进给倍率调整为 25%。

2）零件加工过程中的尺寸控制。

① 对好刀后，按循环启动按钮执行零件粗加工。

② 粗加工完成后用千分尺测量外圆直径。

③ 修改磨耗（若实测尺寸比编程尺寸大 0.6 mm，磨耗中此时设为零，若实测尺寸比编程尺寸大 0.7 mm，磨耗中此时设为 －0.1 mm，若实测尺寸比编程尺寸大 0.4 mm，磨耗中此时设为 0.2 mm），在修改磨耗时考虑中间公差，中间公差一般取中值。

④ 自动加工执行精加工程序段（从刀号刀补号程序段 N120 开始执行）。

⑤ 测量（若测量尺寸仍大，还可继续修调）。

5. 零件检测与评分

零件加工结束后进行检测。检测结果写在表 2-13 中。

表 2-13　阶梯轴零件评分表

班　级			姓　名		学　号	
任务			端面台阶零件加工		零件图编号	图 2-21
基本检查	编程	序号	检测内容	配分	学生自评	教师评分
		1	切削加工工艺制订正确	5		
		2	切削用量选择合理	5		
		3	程序正确、简单、规范	20		
	操作	4	设备操作、维护保养正确	5		
		5	安全、文明生产	5		
		6	刀具选择、安装正确规范	5		
		7	工件找正、安装正确规范	5		
工作态度		8	行为规范、纪律表现	10		
外圆		9	$\phi24_{-0.03}^{0}$ mm	10		
		10	$\phi30_{-0.03}^{0}$ mm	10		
		11	$\phi36_{-0.03}^{0}$ mm	10		
长度		12	6 mm	5		
		13	(30 ± 0.05) mm	5		
综合得分				100		

6. 加工结束，清理机床

和前面要求一样，每天加工结束，整理工量具，清除机床切屑，做好机床的日常保养和实习车间的卫生，养成良好的文明生产习惯。

任务 4　轴类零件外轮廓复合循环加工

【知识目标】

1. 掌握内、外圆粗精车循环指令 G71、G70 的指令格式、各参数的含义、精加工轮廓的描述及循环起点的确定。

2. 了解影响精加工余量的因素。

3. 能根据加工要求合理确定各参数值，正确应用 G71、G70 指令编写零件粗、精加工程序。

【能力目标】

1. 能根据实际切削状况合理选择切削用量。

2. 正确合理应用磨耗修调尺寸，保证尺寸精度。

3. 能正确编写典型零件数控车削加工工序卡。

4. 能正确分析零件表面质量，熟练应用相关量具测量、读数。

5. 掌握尺寸控制方法，完成零件加工。

【任务导入】

任务要求：如图 2-24 所示，材料为 LY20 棒料。要求分析其数控车削加工工艺，试编制数控加工工序卡并进行加工。

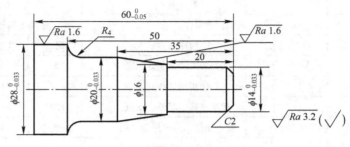

图 2-24　零件加工图

任务分析：本任务加工过程中，加工余量较多呈阶梯分布，包含锥面和圆弧，若单纯采用 G90 指令无法完成，采用固定循环指令 G71 和 G70 可使程序简化。本任务重点引入这两条指令。

【相关知识】

1. 含圆弧面零件的车削工艺知识

（1）含圆弧面零件的加工　在普通车床上加工，可以采用双手控制法、成形刀法、靠模法、专业刀具法等加工方法，但这些方法效率低，加工精度不高，劳动强度大。在数控车床上加工，用圆弧插补指令（G02/G03）编程进行切削，使刀具在指定平面内按给定的进给量 f 做圆弧切削运动，切削出圆弧轮廓形状。

（2）圆弧切削刀具选择。由于外表面有内凹轮廓，选择车刀时要特别注意副偏角的大小，以防止车刀副后刀面与工件已加工表面发生干涉。一般主偏角取 90°～93°，刀尖角取 35°～55°，以保证刀尖位于刀具的最前端，避免刀具过切。如图 2-25 所示，当车刀加工至切点 A 处

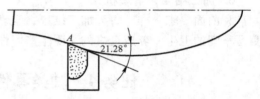

图 2-25　切点处车刀副偏角

时，车刀所需的副偏角达到最大值，值为 21.28°，因此，车刀的副偏角须大于 21.2°，可选择刀片为菱形机夹刀片，安装后主偏角为 93°，副偏角为 32°。

2. 圆弧插补指令 G02/G03

圆弧插补指令使刀具沿着圆弧运动，切出圆弧轮廓。顺时针圆弧切削用 G02，逆时针圆弧切削用 G03。

（1）指令格式

$$\begin{cases} G02 \\ G03 \end{cases} X(U)\_Z(W)\_ \begin{cases} I\_K\_ \\ R\_ \end{cases} F\_;$$

式中　X、Z——圆弧终点绝对值坐标；

U、W——圆弧终点相对圆弧起点的增量坐标；

I、K——圆心相对圆弧起点的增量坐标（IK 编程）；

R——圆弧半径（R 编程）；

F——圆弧插补的进给量。

（2）说明

1）圆弧方向的判定。G02 表示顺时针圆弧（简称顺圆弧）插补；G03 表示逆时针圆弧（简称逆圆弧）插补。圆弧插补顺逆方向的判断方法：向着垂直于圆弧所在平面（如 ZX 平面）的另一坐标轴（如 Y 轴）的负方向看，其顺时针方向圆弧为 G02，逆时针方向圆弧为 G03。在判断车削加工中各圆弧的顺逆方向时，一定要注意刀架的位置及 Y 轴的方向。顺、逆圆弧判别如图 2-26 所示。

2）I__K__表示圆心位置，其值为增量值，I、K 分别为圆弧起点指向圆心的矢量在坐标轴 X 和 Z 方向上对应的分量，如图 2-27 所示。

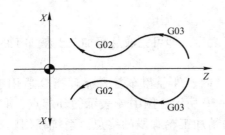

图 2-26　顺、逆圆弧判别

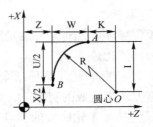

图 2-27　I、K 含义

应用举例如下。

图 2-28a 中的圆弧，编程指令：G02 X50 Z-10 I20 K17；

图 2-28b 中的圆弧，编程指令：G03 X50 Z-24 I-20 K-29；

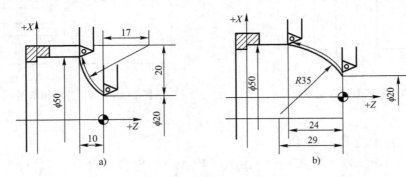

图 2-28　I、K 编程应用举例

3）当已知圆弧半径时，可以选取半径编程的方式。

如图 2-28b 所示：G03 X50 Z-24 R35；

4）指令 F 指定刀具切削圆弧的进给量，若 F 指令缺省，则默认系统设置的进给量或前序程序段中指定的速度。F 为被编程的两个轴的合成进给量。

应用举例：不考虑加工工艺，按图 2-29 所示 A→B→C→D→E→F 走刀轨迹编程。

绝对坐标编程如下。

G03 X34 Z-4 R4；　　　A→B

G01Z-20；　　　B→C

G02 X34 Z-40 R20；　C→D

G01 Z – 58； $D{\rightarrow}E$

G02 X50 Z – 66 R8； $E{\rightarrow}F$

增量坐标编程如下。

G03 U8 W – 4 R4； $A{\rightarrow}B$

G01 W – 16； $B{\rightarrow}C$

G02 U0 W – 20 R20； $C{\rightarrow}D$

G01 W – 18； $D{\rightarrow}E$

G02 U16 W – 8 R8； $E{\rightarrow}F$

3. 复合循环指令

在复合固定循环中，对零件的轮廓定义之后，即可完成从粗加工到精加工的全过程，使程序得到进一步简化。

（1）内、外径粗车复合循环指令 G71 内、外径粗车复合循环指令适用于外圆柱面、内孔需多次走刀才能完成的粗加工，如图 2-30 所示。图中 A 表示循环起点，$A'B$ 表示精加工轮廓段，A' 为精加工轮廓段的起点，B 为精加工轮廓段的终点。系统根据轮廓尺寸形状、精车余量、每次的背切量来等数据自动计算粗车轨迹。

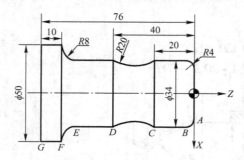

图 2-29 圆弧编程应用举例

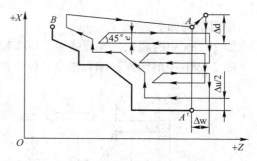

图 2-30 内、外径粗车循环 G71

1）指令格式

        G71 U(Δd)__ R(e)；

        G71 P(ns)__ Q(nf)__ U(Δu)__ W(Δw)__ F(f)__ S(s)__ T(t)；

             Nns ···⌉
                   ⎬精加工轮廓程序段
             Nnf ···⌋

式中 Δd——背吃刀量（半径值），没有正负号；

    e——每次切削的退刀量；

   ns——精加工轮廓程序段中开始程序段的顺序号；

   nf——精加工轮廓程序段中结束程序段的顺序号；

  Δu——X 方向的精车余量（直径值），外圆余量为正，内孔余量为负；

  Δw——Z 方向的精车余量；

F(f)、S(s)、T(t)——粗加工进给量、主轴转速、刀具号。

2）使用说明。使用 G71 循环指令时，首先要确定换刀点循环点 A、切削始点 A' 和切削终点 B 的坐标位置。并注意以下几点。

① 该指令适用于毛坯为棒料，且加工形状必须在 X 和 Z 两个方向都符合单调增大或单调减少。

② 从循环起点 A 到精加工轮廓段 A' 不能有 Z 方向的移动量。

③ 如果没有指定 $S(s)$、$T(t)$，则按进入粗加工前的执行。

④ Nns、Nnf 顺序号不能省略。

3）应用举例。毛坯为 $\phi 50\,mm$ 棒料，按图 2-31 所示尺寸编写外圆粗切循环加工程序。

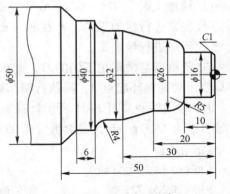

图 2-31　G71 应用举例

设外圆粗加工时的刀具号为 T01，背吃刀量为 1.5 mm，主轴转速为 1200 r/min，进给量为 0.15 mm/r，X 向单边留 0.3 mm 余量，Z 向不留余量。

```
N10 T0101;
N20 G97 G99 S1200M03;
N30 G00 X52 Z2;               （循环起点）
N40 G71 U1.5 R0.5;            （外圆粗车开始）
N50 G71 P60 Q160 U0.6 W0 F0.15;
N60 G00 X14;                  （精加工轮廓开始程序段）
N65 G01 Z0 F0.05;
N70 X16 Z-1;
N80 Z-10;
N90 G03 X26 Z-15 R5;
N100 G01 Z-20;
N110 X32 Z-30;
N120 Z-35;
N130 G02 X40 Z-39 R4;
N140 G01 Z-45;
N150 X50 Z-50;
N160 Z-54;                    （精加工轮廓结束程序段）
```

注意：语句号 N60、N160 不能省略，其他的语句号可省略；循环起点的 X 坐标大于毛坯的直径，并尽量接近毛坯外圆和右端面的交点。

（2）精车循环指令 G70　该指令用于执行 G71、G72、G73 粗加工循环指令后的精加工循环。

1）指令格式

$$G70 \; P(ns)\underline{\quad} \; Q(nf)\underline{\quad};$$

式中　ns——精加工轮廓程序段中开始程序段的段号；
　　　nf——精加工轮廓程序段中结束程序段的段号。

2）使用说明。

① G70 不能单独使用，只能配合 G71、G72、G73 指令使用，完成精加工固定循环。

② 精加工时，G71、G72、G73 指令中的 F、S 代码无效，G70 是以 ns～nf 程序段中的 F、S 代码来进行精加工的，若在 ns～nf 程序段中没有指定 F、S 代码，则以 G70 指令前的 F、S 代码来进行精加工。

③ 若粗车与精车用不同的刀，则在 N（nf）程序段后加退刀和换刀程序段，换好刀后，刀具要运动到循环起点 A，再执行精车循环 G70。

3）应用举例。图 2-31 所示外圆加工，若采用 93°外圆精车刀，刀具号为 T02，精车时主轴转速为 1500 r/min，进给量为 0.05 mm/r。粗、精加工程序如下。

```
N10 T0101；
N20 G97 G99 S1200 M03；
N30 G00 X52 Z2；                 （循环起点）
N40 G71 U1.5 R0.5；              （外圆粗车开始）
N50 G71 P60 Q160 U0.6 W0 F0.15；
N60 G00 X14；                    （精加工轮廓开始程序段）
N65 G01 Z0 F0.05；
N70 X16 Z－1；
N80 Z－10.；
N90 G03 X26 Z－15 R5；
N100 G01 Z－20；
N110 X32 Z－30；
N120 Z－35；
N130 G02 X40 Z－39 R4；
N140 G01 Z－45；
N150 X50 Z－50；
N160 Z－54；                     （精加工轮廓结束程序段）
N170 G00 X150 Z150；             （回换刀点）
N180 M05；
N190 M09；
N200 M00；
N210 T0202；                     （换精车刀）
N170 G97 G99 S1500M03；
N180 G00 X52 Z2；                （循环起点）
N190 G70 P60 Q160；              （精车循环）
N200 G00 X150 Z150；             （退刀）
…
```

【任务实施】

1. 分析零件图样

（1）零件分析　零件加工图如图 2-24 所示。

（2）尺寸精度、几何精度和表面粗糙度分析

1）尺寸精度。本任务中精度要求较高的尺寸主要有 $\phi 28_{-0.033}^{0}$ mm 外圆、$\phi 20_{-0.033}^{0}$ mm 外

圆和 $\phi14^{\ 0}_{-0.033}$ mm 外圆。对于尺寸精度要求，主要通过在加工过程中的准确对刀、正确设置刀补及磨耗，以及制定合适的加工工艺等措施来保证。

2）几何精度。本任务中未标注几何公差，几何精度要求不高，通过机床精度及一次装夹加工可以达到要求。

3）表面粗糙度。本任务中，加工后的表面粗糙度值 Ra 为 1.6 μm，可通过选用合适的刀具及其几何参数，正确的粗、精加工路线，合理的切削用量等措施来保证。

2. 加工工艺分析

（1）制订加工方案及加工路线　本任务采用一次装夹工件用粗车循环 G71 指令依次完成 $C2$ 倒角，$\phi14^{\ 0}_{-0.033}$ mm 外圆，锥面，$\phi20^{\ 0}_{-0.033}$ mm 外圆，$R4$ 圆弧，$\phi28^{\ 0}_{-0.033}$ mm 外圆的粗加工；再用精车循环指令 G70 完成精加工。粗、精加工的循环起点（42，5）。

（2）工件定位与装夹　工件采用自定心卡盘进行定位与装夹，工件伸出卡盘端面外长度 65 mm。工件采用 $\phi40$ mmLY20 铝棒加工。

（3）选择刀具及切削用量　本任务刀具材料均为硬质合金，根据教学实际可选用焊接式普通外圆车刀或机械夹固式外圆车刀。切削用量见表 2-14。

表 2-14　切削用量

刀 具 名 称	刀 具 号	加 工 内 容	主轴转速 /（r/min）	进给量 /（mm/r）	背吃刀量 /mm
外圆粗车刀	T0101	手动车端面	1200	0.15	1～2
		粗车外圆轮廓			
外圆精车刀		精车外圆轮廓	1500	0.05	0.3
切断刀	T0505	切断	1000	0.1	/

（4）量具选择　外圆长度精度不高，选用 0～150 mm 游标卡尺测量；外圆直径有精度要求，用 25～50 mm 的外径千分尺测量。

3. 编制参考加工程序

（1）建立工件坐标系　根据工件坐标系建立原则：工件原点一般设在右端面与工件轴线交点处。

（2）编制程序（表 2-15）

表 2-15　零件加工参考程序

程序段号	加 工 程 序	程 序 说 明
	O0001	程序名
N10	T0101	换外圆粗车刀
N20	G97 G99 S1200 M03	主轴正转
N30	M08	切削液开
N40	G00 X42 Z5	快速定位至循环起点
N50	G71 U1 R1	G71 粗车循环
N60	G71 P70 Q130 U0.6 W0 F0.15	
N70	G00 X10	

程 序 段 号	加 工 程 序	程 序 说 明
	O0001	程序名
N80	G01 Z0 F0.05	G71 粗车循环
N85	X14 Z −2	
N90	Z −20	
N100	X16	
N105	X20 Z −35	
N110	Z −46	
N120	G02 X28 Z −50 R4	
N130	G01 Z −65	
N140	G00 X150 Z150	退刀
N150	M05	
N160	M09	
N170	M00	
N180	T0101	换外圆刀精车
N190	G97 G99 S1500 M03	主轴正转
N200	M08	切削液开
N210	G00 X42 Z5	快速定位至循环起点
N220	G70 P70 Q130	G70 精车循环
N230	G00 X150 Z150	刀具回安全位置
N240	M05	主轴停
N250	M09	切削液停
N260	M00	程序暂停
N270	T0505	调用切断刀
N280	G97 G99 S1000 M03	主轴正转
N290	M08	切削液开
N300	G00 X44 Z0	切断刀定位
N310	Z −64	移动到切断位置
N320	G01 X −1 F0.1	切断
N330	G00 X150 Z150	退刀
N340	M05	主轴停止
N350	M09	切削液关
N360	M30	程序结束

4. 技能训练

（1）加工准备

1）检测坯料尺寸。

2）装夹刀具与工件。

外圆车刀按要求装于刀架的 T01 号刀位。

切断刀按要求装于刀架的 T05 号刀位。

毛坯伸出卡爪长度为 65 mm。

3）程序输入。

4）程序模拟。

5）关机、开机回参考点。

（2）对刀 外圆车刀采用试切法对刀，把操作得到的数据输入到 T01 刀具长度补偿存储器中。切断刀采用与外圆刀加工完的端面和外圆接触的方法，把操作得到的数据输入到 T05 刀具长度补偿存储器中。

（3）校刀

（4）零件自动加工及尺寸控制

1）零件自动加工。将程序调到开始位置，选择 MEM（或 AUTO）自动加工方式，调好进给倍率，按数控启动按钮进行自动加工，首次加工将程序控制调整为单段，快速进给倍率调整为 25%。

2）零件加工过程中尺寸控制。

① 对好刀后，按循环启动按钮执行零件粗加工。

② 粗加工完成后用千分尺测量外圆直径。

③ 修改磨耗（若实测尺寸比编程尺寸大 0.6 mm，磨耗中此时设为零，若实测尺寸比编程尺寸大 0.7 mm，磨耗中此时设为 -0.1 mm，若实测尺寸比编程尺寸大 0.4 mm，磨耗中此时设为 0.2 mm），在修改磨耗时考虑中间公差，中间公差一般取中值。

④ 自动加工执行精加工程序段（从刀号刀补号程序段 N180 开始执行）。

⑤ 测量（若测量尺寸仍大，还可继续修调）。

5. 零件检测与评分

零件加工结束后进行检测。检测结果写在表 2-16 中。

表 2-16 零件评分表

班 级				姓 名		学 号	
任务			轴类零件外轮廓复合循环加工			零件图编号	图 2-24
		序号	检测内容		配分	学生自评	教师评分
基本检查	编程	1	切削加工工艺制订正确		5		
		2	切削用量选择合理		5		
		3	程序正确、简单、规范		20		
	操作	4	设备操作、维护保养正确		5		
		5	安全、文明生产		5		
		6	刀具选择、安装正确规范		5		
		7	工件找正、安装正确规范		5		
工作态度		8	行为规范、纪律表现		10		
外圆		9	$\phi14_{-0.033}^{0}$ mm		10		
		10	$\phi20_{-0.033}^{0}$ mm		10		
		11	$\phi28_{-0.033}^{0}$ mm		10		
长度		12	$60_{-0.05}^{0}$ mm		10		
综合得分					100		

6. 加工结束，清理机床

和前面要求一样，每天加工结束，整理工量具，清除机床切屑，做好机床的日常保养和实习车间的卫生，养成良好的文明生产习惯。

【快速链接】

编程时，通常都将车刀刀尖作为一点来考虑，但实际上刀尖处存在圆弧，如图2-32所示。当用按理论刀尖点编出的程序进行端面、外径、内径等与轴线平行或垂直的表面加工时，是不会产生误差的。但在进行倒角、锥面及圆弧切削时，则会产生少切或过切现象，如图2-33所示。具有刀尖圆弧自动补偿功能的数控系统能根据刀尖圆弧半径计算出补偿量，避免少切或过切现象的产生。

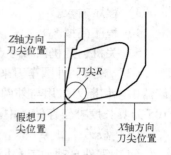

图2-32　刀尖圆弧半径

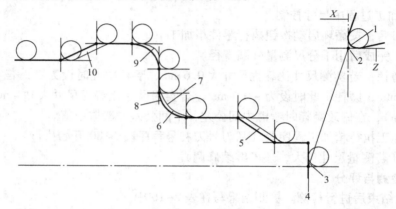

图2-33　少切和过切现象

1—刀尖R　2—假想刀尖位置　3、5、6、9—少切　4—工件轮廓
7—实际加工路径　8—编程（假想刀尖）路径　10—过切

（1）刀具半径补偿指令G41、G42、G40　刀具半径补偿通过G41、G42、G40代码及T代码指定的刀尖圆弧半径补偿号来建立或取消半径补偿。G41为刀具半径左补偿，按程序路径前进方向刀具偏在零件左侧进给；G42为刀具半径右补偿，按程序路径前进方向刀具偏在零件右侧进给；G40为取消刀具半径补偿，按程序路径进给，如图2-34所示。

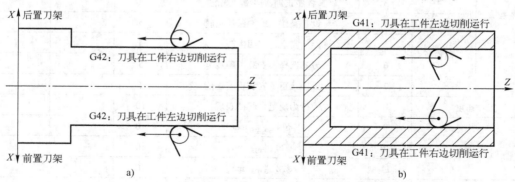

图2-34　左刀补和右刀补
a）车外表面　b）车内表面

74

从图可看出，G41/G42 与刀架位置、工件形状及刀具类型有关。选择方式见表 2-17。

表 2-17　选择方式

刀架情况	车外表面		车内表面	
	右偏刀	左偏刀	右偏刀	左偏刀
前置刀架	G42	G41	G41	G42
后置刀架	G42	G41	G41	G42

指令格式

$$\left\{\begin{matrix} G41 \\ G42 \\ G40 \end{matrix}\right. \left\{\begin{matrix} G00 \\ \\ G01 \end{matrix}\right. X(U)\_\_Z(W)\_\_;$$

式中　X__ Z__是绝对编程时，G00、G01 运动的终点坐标；

　　　U__ W__是增量编程时，G00、G01 运动终点坐标的增量。

刀具半径补偿使用时需注意以下几点。

① 刀具半径补偿的建立和取消不应在 G02、G03 圆弧轨迹程序段上进行。

② 刀具半径补偿建立和取消时，刀具位置的变化是一个渐变的过程。

③ 当输入刀补数据时给的是负值，则 G41、G42 互相转化。

④ G41、G42 指令不要重复规定，否则会产生一种特殊的补偿。

（2）假想刀尖位置序号确定　假想刀尖相对圆弧中心的方位不同，直接影响圆弧车刀补偿计算结果，图 2-35a、b 分别为前置刀架和后置刀架的数控车床假想刀尖位置情况。如果以刀尖圆弧中心作为刀位点进行编程，则应选用 0 或 9 作为刀尖方位号，其他号码都是以假想刀尖编程时采用的。只有在刀具数据库内按刀具实际放置情况设置相应的刀尖位置序号，才能保证正确的刀补。

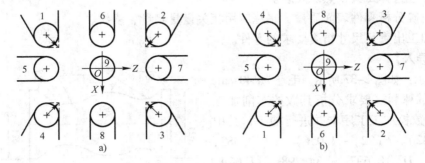

图 2-35　车刀刀尖位置参数的定义
a）前置刀架　b）后置刀架

（3）刀具半径补偿值的设定　刀尖半径补偿值可以通过刀具补偿设定界面设定，T 指令要与刀具补偿编号相对应，并且要输入刀尖位置序号。刀具补偿设定画面中，在刀具代码 T 中的补偿号对应的存储单元中，存放一组数据，除 X 轴、Z 轴的几何长度补偿值外，还有圆弧半径补偿值 R 和假想刀尖位置序号 $T(0\sim9)$，图 2-36 所示的 01 号刀补的刀尖圆弧半径为 0.8 mm，刀尖方位号为 3。

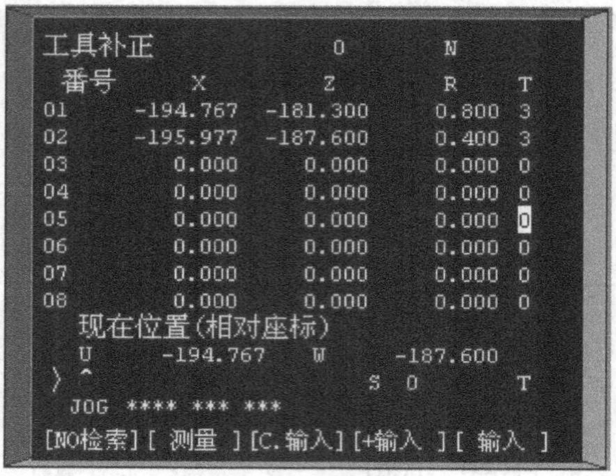

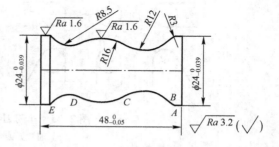

图 2-36　刀具补偿设定界面

任务 5　成形面类零件外轮廓复合循环加工

【知识目标】

1. 掌握 FANUC 系统成形面固定形状粗加工循环指令 G73 的指令格式、加工轨迹、各个参数的含义及循环起点确定。

2. 掌握精加工复合循环指令 G70 的指令格式。

3. 掌握 G73、G70 指令的编程方法和原则。

【能力目标】

1. 能综合应用数控车削加工工艺知识，分析典型零件的数控车削加工工艺。

2. 能合理选择刀具，熟练安装。

3. 能正确分析零件表面质量，熟练应用相关量具测量、读数。

4. 能加工出满足尺寸精度要求的零件。

【任务导入】

任务要求：如图 2-37 所示，毛坯为 $\phi 40$ mm，材料 LY20 的棒料。要求分析其数控车削加工工艺，编制数控加工工序卡并进行加工，其中 $A(24,-1.82)$、$B(22,-4.056)$、$C(17.382,-19.142)$、$D(18.697,-34.298)$、$E(24,-44.874)$。

图 2-37　成形面类零件图

任务分析：本任务加工过程中，零件外轮廓表面不是单调递增的，仅仅采用任务 4 中的 G71 指令无法完成零件的加工，因此本任务重点引入固定形状粗加工循环指令 G73 及精加工复合循环指令 G70 指令，用来完成成形面类零件的加工。

【相关知识】

成形加工复合循环也称为固定形状粗车循环，是按照一定的切削形状，逐渐接近最终形状的循环切削方式，适用于对铸件、锻件毛坯切削，对零件轮廓的单调性没有要求。A_1B 表示精加工轮廓段，A_1 为精加工轮廓段的起点，B 为精加工轮廓段的终点。系统根据零件轮廓尺寸形状、精车余量、退刀量、切削次数等数据自动计算粗车轨迹，每次轨迹都是精车轨迹的偏移，刀具向前移动一次，切削轨迹逐步靠近精车轨迹，最后一次轨迹为按精车余量偏移的精车轨迹。G73 指令循环切削路径如图 2-38 所示。

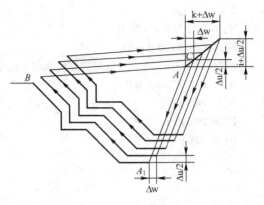

图 2-38　G73 指令循环切削路径

1）指令格式

$$\text{G73 U(i) W(k) R(d)};$$
$$\text{G73 P(ns) Q(nf) U(}\Delta u\text{) W(}\Delta w\text{) F(f)};$$

$$\left.\begin{array}{l} \text{Nns} \quad \cdots \\ \vdots \\ \text{Nnf} \quad \cdots \end{array}\right\} \text{精加工轮廓程序段}$$

式中　i——X 方向毛坯总的切除余量（半径值）；

　　　 k——Z 方向毛坯切除余量；

　　　 d——粗加工次数；

　　　 ns——精加工轮廓程序段中开始程序段的顺序号；

　　　 nf——精加工轮廓程序段中结束程序段的顺序号；

　　　 Δu——X 轴向精加工余量（直径值）；

　　　 Δw——Z 轴向精加工余量；

　　　 f——进给量。

2）使用说明。使用固定形状切削复合循环指令，首先要确定换刀点循环点 A、切削始点 A_1 和切削终点 B 的坐标位置。刀具轨迹平行于工件的轮廓。i 的设定与工件的背吃刀量有关，粗加工次数 d 等于总的粗加工余量除以每次背吃刀量，取整。

3）应用举例。按图 2-39 所示尺寸编写封闭粗、精车切削循环加工程序（毛坯已为半成品）。

N10 T0101；

N20 G97G99S1200 M03；

N30 M08；

N40 G00 X130 Z20；

N50 G73 U40 R20；

N60 G73 P70 Q130 U0.6 W0 F0.15；

N70 G00 X20 Z5；　　　（精加工轮廓开始程序段）

N80 G01 Z-20 F0.05；

N90 X40 Z-30；

N100 Z－50；
N110 G02 X80 Z－70 R20；
N120 G01 X100 Z－80；
N130 X105；　　　　（精加工轮廓结束程序段）
N140 G00 X200 Z200；
N150 M05；
N160 M09；
N170 M00；

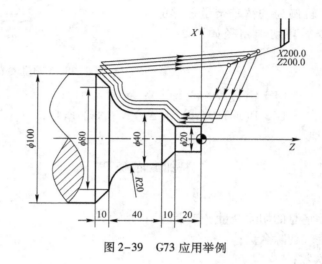

图 2-39　G73 应用举例

【任务实施】

1. 分析零件图样

（1）零件分析　成形面类零件图如图 2-37 所示。

（2）尺寸精度、几何精度和表面粗糙度分析

1）尺寸精度。本任务中精度要求较高的尺寸主要有 $\phi24_{-0.039}^{0}$ mm 的外圆和长度尺寸 $48_{-0.05}^{0}$ mm。对于尺寸精度要求，主要通过在加工过程中的准确对刀、正确设置刀补及磨耗，以及制订合适的加工工艺等措施来保证。

2）几何精度。本任务中未标注几何公差，几何精度要求不高，通过机床精度及一次装夹加工可以达到要求。

3）表面粗糙度。本任务中，加工后的表面粗糙度值 Ra 为 1.6 μm，可通过选用合适的刀具及其几何参数，正确的粗、精加工路线，合理的切削用量等措施来保证。

2. 加工工艺分析

（1）制订加工方案及加工路线　本任务采用一次装夹工件，用 G73 指令依次完成 $\phi24_{-0.039}^{0}$ mm 外圆、$R3$ 圆弧、$R12$ 圆弧、$R16$ 圆弧、$R8.5$ 圆弧和 $\phi24_{-0.039}^{0}$ mm 外圆，再用 G70 指令完成精加工，粗、精加工的循环起点为（70，20）。

（2）工件定位与装夹　工件采用自定心卡盘进行定位与装夹，工件伸出卡盘端面外长度 70 mm。工件采用 $\phi40$ mmLY20 铝棒加工。

（3）选择刀具及切削用量　本任务刀具材料均为硬质合金，根据教学实际可选用焊接式普通外圆车刀或机械夹固式外圆车刀，选刀时主要考虑刀具后刀面在加工过程中不与工件

表面发生干涉。切削用量见表 2-18。

表 2-18　切削用量

刀具名称	刀具号	加工内容	主轴转速 / (r/min)	进给量 / (mm/r)	背吃刀量 /mm
外圆粗车刀	T0101	手动车端面	1200	0.15	1~2
		粗车外圆轮廓			
外圆精车刀		精车外圆轮廓	1500	0.05	0.3
切断刀	T0505	切断	1000	0.1	/

（4）量具选择　零件长度选用 0~150 mm 带表游标卡尺测量，外圆测量选用 0~25 mm、25~50 mm 的外径千分尺。

3. 编制参考加工程序

（1）建立工件坐标系　根据工件坐标系建立原则：工件原点一般设在右端面与工件轴线交点处。

（2）G73 循环参数的确定

1）X 方向毛坯切除余量 i

$$i = \frac{（毛坯尺寸 - 零件最小处尺寸）}{2} = \frac{(40-16)\ mm}{2} = 12\ mm$$

2）粗加工次数 d。可由公式 d = X 方向毛坯切除量 i/单边背吃刀量 a_p 估算。

$$d = \frac{i}{a_p} = \frac{12\ mm}{1\ mm} = 12$$

（3）编制程序（表 2-19）

表 2-19　零件加工参考程序

程序段号	加工程序	程序说明
	O0001	程序名
N10	T0101	换外圆粗车刀
N20	G97 G99 S1200 M03	主轴正转
N30	M08	切削液开
N40	G00 X70 Z20	快速定位至循环起点
N50	G73 U12 R12	
N60	G73 P70 Q110 U0.6 W0 F0.15	
N70	G00 X24 Z5	
N80	G01 Z-1.82 F0.05	
N85	G03 X22 Z-4.056 R3	G73 粗车循环
N90	G02 X17.382 Z-19.142 R12	
N100	G03 X18.697 Z-34.298 R16	
N105	G02 X24 Z-44.874 R8.5	
N110	G01 Z-53	
N120	G00 X150 Z150	刀具回安全位置
N130	M05	主轴停

程序段号	加工程序	程序说明
	O0001	程序名
N140	M09	切削液停
N150	M00	程序暂停
N160	T0101	换外圆精车刀
N170	G97 G99 S1500 M03	主轴正转
N180	M08	切削液开
N190	G00 X70 Z20	快速定位至循环起点
N200	G70 P70 Q110	精车外圆轮廓
N210	G00 X150 Z150	刀具回安全位置
N220	M05	主轴停
N230	M09	切削液停
N240	M00	程序暂停
N250	T0505	调用切断刀
N260	G97 G99 S1000 M03	主轴正转
N270	M08	切削液开
N280	G00 X44 Z0	切断刀定位
N290	Z-52	移动到切断位置
N300	G01 X-1 F0.1	切断
N310	G00 X150 Z150	退刀
N320	M05	主轴停止
N330	M09	切削液关
N340	M30	程序结束

4. 技能训练

（1）加工准备

1）检测坯料尺寸。

2）装夹刀具与工件。

外圆车刀按要求装于刀架的 T01 号刀位。

切断刀按要求装于刀架的 T05 号刀位。

毛坯伸出卡爪长度为 70 mm。

3）程序输入。

4）程序模拟。

5）关机、开机回参考点。

（2）对刀　外圆车刀采用试切法对刀，把操作得到的数据输入到 T01 刀具长度补偿存储器中。切断刀采用与外圆刀加工完的端面和外圆接触的方法，把操作得到的数据输入到 T05 刀具长度补偿存储器中。

（3）校刀

（4）零件自动加工及尺寸控制

1）零件自动加工。将程序调到开始位置，选择 MEM（或 AUTO）自动加工方式，调好进给倍率，按数控启动按钮进行自动加工，首次加工将程序控制调整为单段，快速进给倍率调整为 25%。

2）零件加工过程中尺寸控制。

① 对好刀后，按循环启动按钮执行零件粗加工。

② 粗加工完成后用千分尺测量外圆直径。

③ 修改磨耗（若实测尺寸比编程尺寸大 0.6 mm，磨耗中此时设为零，若实测尺寸比编程尺寸大 0.7 mm，磨耗中此时设为 - 0.1，若实测尺寸比编程尺寸大 0.4 mm，磨耗中此时设为 0.2），在修改磨耗时考虑中间公差，中间公差一般取中值。

④ 自动加工执行精加工程序段（从刀号刀补号程序段 N160 开始执行）。

⑤ 测量（若测量尺寸仍大，还可继续修调）。

5. 零件检测与评分

零件加工结束后进行检测。检测结果写在表 2-20 中。

表 2-20 零件评分表

班　级			姓　名			学　号		
任务			成形面类零件外轮廓复合循环加工			零件图编号		图 2-37
		序号	检测内容			配分	学生自评	教师评分
基本检查	编程	1	切削加工工艺制订正确			5		
		2	切削用量选择合理			5		
		3	程序正确、简单、规范			30		
	操作	4	设备操作、维护保养正确			5		
		5	安全、文明生产			5		
		6	刀具选择、安装正确规范			5		
		7	工件找正、安装正确规范			5		
工作态度		8	行为规范、纪律表现			10		
外圆		9	两处 $\phi24_{-0.039}^{0}$ mm			20		
长度		10	$48_{-0.05}^{0}$ mm			10		
综合得分						100		

6. 加工结束，清理机床

和前面要求一样，每天加工结束，整理工量具，清除机床切屑，做好机床的日常保养和实习车间的卫生，养成良好的文明生产习惯。

任务 6　套类零件加工

【知识目标】

1. 掌握套类零件的结构特点，正确制订套类零件的加工工艺。

2. 合理选择切削用量，正确编写内孔轮廓的加工程序。

【能力目标】

1. 掌握钻孔方法。

2. 能合理选择内孔刀具，熟练安装。

3. 掌握孔加工方法和尺寸控制方法。

4. 能加工出满足尺寸精度要求的零件。

【任务导入】

任务要求：如图 2-40 所示，毛坯为 $\phi40$ mm，材料 LY20 的棒料。要求分析其数控车削加工工艺，编制数控加工程序并进行加工，其中 $A(31.55,0)$、$B(16,-33.745)$。

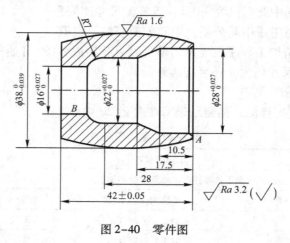

图 2-40　零件图

任务分析：本任务加工过程中，零件内轮廓变化趋势具有单调性，可采用任务 4 中的 G71 指令完成零件的加工，本任务中重点学习内孔尺寸精度控制方法及刀补设定。

【相关知识】

套类零件因支承和配合的需要，一般有内孔。套类零件在车削工艺上与轴类零件大体相似，但套类零件需要加工的形状相对比较复杂。在结构上，内孔是套类零件的最主要特征，因此，套类零件在车削工艺上的特点主要是孔加工。孔加工比外圆加工车削要困难，具体体现在以下几个方面。

① 内孔加工较外圆加工而言，观察刀具切削情况比较困难，尤其在孔小而深时更突出。

② 由于受孔径大小的影响，内孔刀具的刀杆不可能设计得很大，因此刀杆的刚性较差，在加工过程中容易产生振动等现象。

③ 内孔加工尤其是不通孔加工时，排屑较困难。

④ 切削液难以达到切削区域。

⑤ 内孔的测量比较困难。

孔加工的方法通常有钻孔、扩孔、车孔和铰孔。车孔是车削加工的主要内容之一，车孔精度一般可达 IT7 ~ IT8，表面粗糙度值 Ra 为 1.6 ~ 3.2 μm，可用作粗加工，也可用作精加工。这里重点介绍车孔。

（1）内孔车刀　内孔车刀可分为通孔车刀和不通孔车刀两种，如图 2-41 所示。

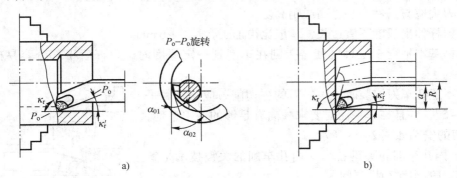

图 2-41　内孔车刀
a）通孔车刀　b）不通孔车刀

1）通孔车刀。切削部分的几何形状与外圆车刀相似，为了减小背向力，防止车孔时振动，主偏角应取得大些，一般在 60°～75°之间，副偏角一般为 15°～30°。为防止内孔车刀后刀面和孔壁摩擦又不使后角磨得太大，一般磨成双后角的形式。

2）不通孔车刀用来车削不通孔或台阶孔，切削部分形状基本与偏刀相似，它的主偏角大于 90°，一般为 92°～95°，后角的要求和通孔车刀一样。不同之处是不通孔车刀的刀尖到刀杆外端的距离小于孔半径，否则无法车平孔的底面。

（2）内孔车刀的选用　常用的内孔车刀有两种不同截面形状的刀柄，圆刀柄和方刀柄，内孔车刀刀柄结构如图 2-42 所示。还有一些特殊用途的车孔刀，如刀柄部有切削液输送孔，柄部装有减振机构和使用重金属制作的刀柄等。

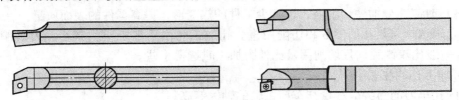

图 2-42　内孔车刀刀柄结构

1）刀柄截面形状的选用。优先选用圆柄车刀。由于圆柄车刀的刀尖高度是刀柄高度的 1/2，且柄部为圆形，有利于排屑，故在加工相同直径的孔时圆柄车刀的刚性明显高于方柄车刀。所以在条件许可时应尽量采用圆柄车刀。在普通车床上因受四方刀架限制，一般多采用正方形矩形柄车刀。如用圆柄车刀，为使刀尖处于主轴中心线高度，当圆柄车刀顶部超过四方刀架使用范围时，可增加辅具后再使用。

2）刀柄截面尺寸的选用。标准内孔车刀已给定了最小加工孔径。对于加工最大孔径范围，一般不超过比它大一个规格的内孔刀所定的最小加工孔径，如特殊需要，也应小于再大一个规格的使用范围。

3）刀柄形式的选用。通常大量使用的是整体钢制刀柄，这时刀杆的伸出量应在刀杆直径的 4 倍以内。当伸出量大于 4 倍或加工刚性差的工件时，应选用带有减振机构的刀柄。如加工很高精度的孔，应选用重金属（如硬质合金）制造的刀柄，如在加工过程中刀尖部需要充分冷却，则应选用有切削液输送孔的刀柄。

（3）内孔车刀的安装

1）刀尖应与工件中心等高或稍高。

2）刀杆伸出长度不宜过长，一般比被加工孔长 5～6 mm。

3）杆基本平行于工件轴线，否则在车削到一定深度时，刀杆后半部分容易碰到工件孔口。

4）不通孔车刀安装时，内偏刀的主切削刃应与孔底平面呈 3°～5°，并且在车平面时要求横向有足够的退刀余地，内孔车刀的安装如图 2-43 所示。

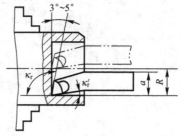

图 2-43　内孔车刀的安装

（4）内孔车削的关键技术　内孔车削的关键技术是解决内孔车刀的刚性和排屑问题。

1）增加内孔车刀的刚性可采取以下措施。

① 尽量增加刀柄的截面积。通常车刀的刀尖位于刀杆的上面，这样刀杆的截面积较小，还不到孔截面积的 1/4；若使内孔车刀的刀尖位于刀杆的中心线上，那么刀杆在孔中的截面积可大大地增加。

② 尽可能缩短刀杆的伸出长度，以增加车刀刀杆刚性，减小切削过程中的振动。

③ 选择不同的刀杆材料。用高速钢或硬质合金制作的刀杆刚性较好，深孔加工时可以选用硬质合金刀杆。

2）解决排屑问题。主要是控制切屑流出方向。精车孔时要求切屑流向待加工表面（前排屑）。为此，采用正刃倾角的内孔车刀；加工不通孔时，应采用负的刃倾角，使切屑从孔口排出。

3）充分加注切削液。切削液有润滑、冷却、清洗、防锈等作用，孔加工（尤其是加工塑性材料）时应充分加注切削液，以减少工件的热变形，提高零件的表面质量。

4）合理选择刀具几何参数和切削用量。孔加工时由于加工空间狭小，刀具刚性不足，所以刀具一般比较锋利，且切削用量比外圆加工时选得小些。

（5）加工孔的注意事项

1）内孔车刀的刀尖应尽量与车床主轴的轴线等高。

2）刀杆的粗细应根据孔径的大小来选择，刀杆粗会碰孔壁，刀杆细则刚性差，刀杆应在不碰孔壁的前提下以尽量大些为宜。

3）刀杆伸出刀架的距离应尽可能短些，以改善刀杆刚性，减少切削过程中可能产生的振动。

4）精车内孔时，应保持刀刃锋利，否则容易产生让刀，把孔车出锥度。

5）精车后应检查内孔尺寸是否符合要求，如有误差应修改后重复精车到要求尺寸。

【任务实施】

1. 分析零件图样

（1）零件分析　零件图如图 2-40 所示。

（2）尺寸精度、几何精度和表面粗糙度分析

1）尺寸精度。本任务中外圆和内孔的尺寸精度要求较高。对于尺寸精度要求，主要通过在加工过程中的准确对刀、正确设置刀补及磨耗，以及制订合适的加工工艺等措施来保证。

2）几何精度。本任务中未标注几何公差，几何精度要求不高，通过机床精度及一次装

夹加工可以达到要求。

3）表面粗糙度。本任务中，内孔的表面粗糙度可通过选用合适的刀具及其几何参数，正确的粗、精加工路线，合理的切削用量等措施来保证。

2. 加工工艺分析

（1）制订加工方案及加工路线　首先用外圆车刀手动车端面，采用手动方式钻孔，接着做内孔粗、精加工，然后外轮廓粗、精加工，最后割断。加工工艺及切削用量见表2-21。

表2-21　加工工艺及切削用量

工步号	工步内容	刀具号	切削用量		
			背吃刀量/mm	进给量/（mm/r）	主轴转速/（r/min）
1	手动车端面	T0101	0.2	0.1	1200
2	手动钻孔，长度47 mm	/	/	/	300
3	粗车内孔	T0202	1	0.1	800
4	精车内孔	T0202	0.2	0.05	1200
5	粗车外圆	T0101	1.5	0.15	1200
6	精车外圆	T0101	0.3	0.05	1500
7	切断	T0505	/	0.1	1000

（2）工件定位与装夹　工件采用自定心卡盘进行定位与装夹，工件伸出卡盘端面外长度65 mm。工件采用 ϕ40 mm LY20 铝棒加工。

（3）选择刀具、量具、夹具等　本任务刀具材料均为硬质合金，根据教学实际可选用焊接式或机械夹固式。工、量、刀具清单见表2-22。

表2-22　工、量、刀具清单

工、量、刀具清单						零件图号	图2-40
种　类	序　号	名　称	规　格	精度		单位	数量
工具	1	自定心卡盘				个	1
	2	卡盘扳手				副	1
	3	刀架扳手				副	1
	4	钻夹头				个	1
	5	莫氏锥套	1~6 号			套	1
	6	垫片				块	若干
量具	1	外径千分尺	25~50 mm	0.01 mm		把	1
	2	内径百分表	0~35 mm	0.01 mm		把	1
	3	游标卡尺	0~150 mm	0.01 mm		把	1
	4	表面粗糙度样板				套	1
刀具	1	外圆刀	93°			把	1
	2	镗刀	93°			把	1
	3	切断刀				把	1

3. 编制参考加工程序

（1）建立工件坐标系　根据工件坐标系建立原则：工件原点一般设在右端面与工件轴线交点处。

（2）基点坐标　镗刀的循环起点设置在（X14.8，Z5），如图 2-44 所示，基点坐标 $C(X30,Z0)$，$D(X28,Z-1)$，$E(X28,Z-10.5)$，$F(X22,Z-17.5)$，$G(X22,Z-28)$，$H(X16,Z-33.745)$，$I(X16,Z-42)$。

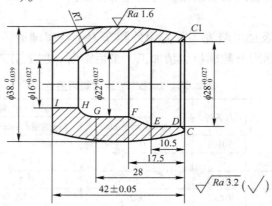

图 2-44　轮廓基点坐标

（3）编制程序（表 2-23）

表 2-23　零件加工参考程序

程序段号	加工程序	程序说明
	O0001	程序名
N10	T0202	换镗刀
N20	G97 G99 S800 M03	主轴正转
N30	M08	切削液开
N40	G00 X14.8 Z5	快速定位至循环起点
N50	G71 U1 R0.1	内孔粗加工
N60	G71 P70 Q120 U-0.4 W0 F0.1	
N70	G00 X30	
N80	G01 Z0 F0.05	
N85	X28 Z-1	
N90	Z-10.5	
N100	X22 Z-17.5	
N105	Z-28	
N110	G03 X16 Z-33.745 R7	
N120	G01 Z-44	
N130	G00 X150 Z150	退刀
N140	M05	主轴停止
N150	M09	切削液关
N160	M00	程序暂停
N170	T0202	调镗刀
N180	G97 G99 S800 M03	主轴正转
N190	M08	切削液开
N200	G00 X14.8 Z5	定位到循环起点
N210	G70 P70 Q120	内孔精加工

程序段号	加 工 程 序	程 序 说 明
	O0001	程序名
N220	G00 X150 Z150	刀具回安全位置
N230	M05	主轴停
N240	M09	切削液停
N250	M00	程序暂停
N260	T0101	调外圆刀
N270	G97 G99 S1000 M03	主轴正转
N280	M08	切削液开
N290	G00 X70 Z20	定位到循环起点
N300	G73 U4 R4	
N310	G73 P320 Q350 U0.6 W0 F0.15	
N320	G00 X31.55 Z5	外圆粗加工
N330	G01 Z0 F0.05	
N340	G03 X31.55 Z-42 R70	
N350	G01 Z-47	
N360	G00 X150 Z150	刀具回安全位置
N370	M05	主轴停
N380	M09	切削液停
N390	M00	程序暂停
N400	T0101	外圆刀
N410	G97 G99 S1200 M03	主轴正转
N420	M08	切削液开
N430	G00 X70 Z20	定位到循环起点
N440	G70 P320 Q350	外圆精加工
N450	G00 X150 Z150	刀具回安全位置
N460	M05	主轴停
N470	M09	切削液停
N480	M00	程序暂停
N490	T0505	调切断刀
N500	G97 G99 S1000 M03	主轴正转
N510	M08	切削液开
N520	G00 X44 Z0	定位到起刀点
N530	Z-46	切断位置
N540	G01 X-1 F0.1	切断
N550	G00 X150 Z150	刀具回安全位置
N560	M05	主轴停
N570	M09	切削液停
N580	M30	程序结束

4. 技能训练

（1）加工准备

1）检测坯料尺寸。

2）装夹刀具与工件。

外圆车刀按要求安装于刀架的 T01 号刀位。

镗刀按要求安装于刀架 T02 号刀位。

切断刀按要求安装于刀架的 T05 号刀位。

毛坯伸出卡爪长度 65 mm。

3）程序输入。

4）程序模拟。

5）关机、开机回参考点。

（2）对刀　外圆车刀采用试切法对刀，把操作得到的数据输入到 T01 刀具长度补偿存储器中。镗刀在钻头钻好的底孔基础上试切对刀，把操作得到的数据输入到 T02 刀具长度补偿存储器中。

切断刀采用与外圆车刀加工完的端面和外圆接触的方法，把操作得到的数据输入到 T05 刀具长度补偿存储器中。

（3）校刀　检验 T01、T02、T05 刀具对刀正确与否。

（4）零件自动加工及尺寸控制

1）零件自动加工。将程序调到开始位置，选择 MEM（或 AUTO）自动加工方式，调好进给倍率，按数控启动按钮进行自动加工，首次加工将程序控制调整为单段，快速进给倍率调整为 25%。

2）零件加工过程中尺寸控制。

① 内孔粗加工完成后，用内径百分表进行测量内孔尺寸，对好刀后，按循环启动按键进行自动加工。

② 修改磨耗（若实测尺寸比编程尺寸小 0.4 mm，磨耗中此时设为零，若实测尺寸比编程尺寸小 0.6 mm，磨耗中此时设为 +0.2 mm，若实测尺寸比编程尺寸小 0.3 mm，磨耗中此时设为 -0.1 mm），在修改磨耗时考虑中间公差，中间公差一般取中值。

③ 自动加工执行精加工程序段。

④ 测量（若测量尺寸内孔仍小，还可继续修调）。

⑤ 外圆尺寸控制方法略。

5. 零件检测与评分

零件加工结束后进行检测。检测结果写在表 2-24 中。

表 2-24　零件评分表

班　级				姓名		学　号	
任务			套类零件加工			零件图编号	图 2-40
基本检查	编程操作	序号	检 测 内 容		配分	学生自评	教师评分
		1	切削加工工艺制订正确		5		
		2	切削用量选择合理		5		
		3	程序正确、简单、规范		20		
		4	设备操作、维护保养正确		5		
		5	安全、文明生产		5		
		6	刀具选择、安装正确规范		5		
		7	工件找正、安装正确规范		5		

班　级				姓名		学　　号	
任务		套类零件加工				零件图编号	图2-40
工作态度	8	行为规范、纪律表现				10	
外圆	9	$\phi 38_{-0.039}^{0}$ mm				10	
	10	$\phi 16_{0}^{+0.027}$ mm				10	
	11	$\phi 22_{0}^{+0.027}$ mm				10	
	12	$\phi 28_{0}^{+0.027}$ mm				5	
长度	13	(42 ± 0.05) mm				5	
综合得分						100	

6. 加工结束，清理机床

和前面要求一样，每天加工结束，整理工量具，清除机床切屑，做好机床的日常保养和实习车间的卫生，养成良好的文明生产习惯。

任务7　普通三角形圆柱外螺纹加工

【知识目标】

1. 掌握普通螺纹的数控加工工艺。
2. 掌握螺纹加工指令 G32、G92、G76 的指令格式及应用。
3. 会编写外沟槽程序。
4. 会编写外螺纹加工程序。

【能力目标】

1. 掌握外螺纹车刀对刀及加工方法。
2. 能控制外螺纹的尺寸精度。
3. 能使用螺纹环规检测外螺纹尺寸。
4. 能加工出满足尺寸精度要求的零件。

【任务导入】

任务要求：如图 2-45 所示，毛坯为 $\phi 40$ mm，材料 LY20 的棒料。要求分析其数控车削加工工艺，编写数控加工程序并进行加工，其中 $A(20, -46)$。

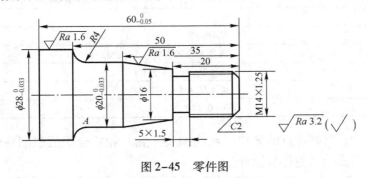

图 2-45　零件图

任务分析：本任务加工过程中，零件外轮廓的加工，可采用任务 4 中的 G71 指令完成

89

零件的加工，在此不做过多介绍，本任务重点学习螺纹编程和加工方法，在加工技能上训练学生外螺纹车刀（简称外螺纹刀）装刀、对刀及螺纹尺寸控制。

【相关知识】

1. 螺纹车削的加工方法

（1）低速车削普通螺纹

1）直进法。车削时只朝 X 方向进给，在几次行程后，把螺纹加工到所需尺寸和表面粗糙度，如图 2-46a 所示。

2）左右切削法。车螺纹时，除了朝 X 方向进行切削外，同时还进行了 Z 方向左右的微量进给，经过几次切削后，把螺纹加工到尺寸，如图 2-46b 所示。

3）斜进法。当螺距较大螺纹槽较深，切削余量较大时，为了粗车方便，除了朝 X 方向进行切削外，同时还进行了 Z 方向左或右某一个方向的微量进给，经过几次切削后，把螺纹加工到尺寸，如图 2-46c 所示。

（2）高速车削普通外螺纹　高速车削螺纹时，只能采用直进法对螺纹进行加工，否则会影响螺纹精度。

2. 螺纹车削相关的几何尺寸

普通圆柱螺纹的主要尺寸如图 2-47 所示，其计算公式见表 2-25。

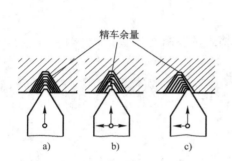

图 2-46　低速车螺纹的方法
a）直进法　b）左右切削法　c）斜进法

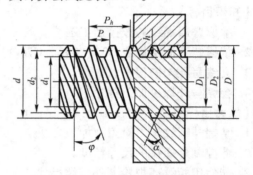

图 2-47　普通圆柱螺纹的主要尺寸

表 2-25　普通圆柱螺纹的主要尺寸的计算公式

名　称	计算公式
螺纹螺距	P
原始三角形高度	$H = 0.866P$
螺纹大径（D、d）	螺纹大径的基本尺寸 = 公称直径
螺纹中径（D_2、d_2）	$d_2 = D_2 = d - 0.6495P$
螺纹小径（D_1、d_1）	$d_1 = D_1 = d - 1.0825P$
螺纹的牙型高度（h）	$h = 0.54P$

1）大径 d、D。与外螺纹的牙顶（或内螺纹牙底）相重合的假想圆柱面的直径。这个直径是螺纹的公称直径（管螺纹除外）。

2）小径 d_1、D_1。与外螺纹的牙底（或内螺纹牙顶）相重合的假想圆柱面的直径。常用作危险剖面的计算直径。

3）中径 d_2、D_2。是一假想的与螺栓同心的圆柱直径，此圆柱周向切割螺纹，使螺纹在此圆柱面上的牙厚和牙间距相等。

4）螺距 P。螺距是相邻两螺牙在中径线上对应两点间的轴向距离，是螺纹的基本参数。

说明如下。

1）高速车削外螺纹时，受车刀挤压后会使螺纹大径尺寸胀大，因此车螺纹前的外圆直径，应比螺纹大径小。根据一般经验公式，螺纹顶径在车外圆时应车小 $(0.1 \sim 0.13)P$（P 为螺距），通常可小 $0.2\,mm$。

2）车削内螺纹时，因为车刀切削时的挤压作用，内孔直径会缩小（车削塑性材料较明显），所以车削内螺纹前的孔径应比内螺纹小径略大些，实际生产中，普通螺纹在车内螺纹前的孔径尺寸，可以用下列近似公式计算。

车削塑性金属的内螺纹时

$$D_{孔} \approx d - P$$

车削脆性金属的内螺纹时

$$D_{孔} \approx d - 1.05P$$

3. 引入距离和引出距离

车螺纹时，刀具沿螺纹方向的进给应与工件主轴旋转保持严密的速比关系。但在实际车削螺纹开始时，伺服系统不可避免地有一个加速过程，结束前也相应有一个减速的过程。为了能在伺服电动机正常运转的情况下切削螺纹，应注意在两端设置足够的升速进刀段 δ_1 和降速退刀段 δ_2，即在 Z 轴方向有足够的切入、切出的空刀量，如图 2-48 所示。

δ_1 和 δ_2 的数值与机床拖动系统的动态特性有关，还与螺纹的螺距和转速有关。一般 $\delta_1 = n \times p/180$；$\delta_2 = n \times P/400$（$n$ 为主轴转速，P 为螺纹导程）。一般取 δ_1 为 $2 \sim 5\,mm$，δ_2 为 δ_1 的 1/2。若螺纹退尾处没有退刀槽时，其 $\delta_2 = 0$。这时，该处的收尾形状由数控系统的功能设定或确定。

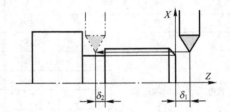

图 2-48　切削螺纹时的引入、引出距离

4. 螺纹切削起始位置的确定

在一个螺纹的整个切削过程中，螺纹起点的 Z 坐标值应始终设定为一个固定值，否则会使螺纹"乱扣"。

根据螺纹成形原理，螺纹切削起始位置由两个因素决定：一是螺纹轴向起始位置；二是螺纹周向起始位置。

（1）单线螺纹　通常车螺纹，从粗车到精车需要刀具多次在同一轨迹上进行切削。由于螺纹切削是从检测主轴上的位置编码器一转后开始的，因此，无论进行几次螺纹切削，工件圆周上的切削始点都是相同的，螺纹切削的轨迹是相同的。即轴向上，每次切削时的起始点 Z 坐标都应当是同一个坐标值。

（2）多线螺纹的切削　在数控车床上多线螺纹常用的切削方法：通过改变螺纹切削时刀具起点的 Z 坐标来确定各线螺纹的位置。当加工另一条螺纹时，刀具轴向切削起始点 Z 坐标偏移一个螺距 P。

5. 走刀次数和进给量的计算

加工螺距较大、牙型较深的螺纹时，通常是采用多次走刀、分层切削的办法进行加工的。每次的切削量按递减规律自动分配。螺纹加工的走刀次数与背吃刀量可参考表 2-26。

表 2-26 常用螺纹切削的走刀次数与背吃刀量 （单位：mm）

常用螺纹切削的进给次数与背吃刀量								
米 制 螺 纹								
螺距		1	1.5	2	2.5	3	3.5	4
牙深		0.649	0.974	1.299	1.624	1.949	2.273	2.598
背吃刀量及切削次数（直径值）	1 次	0.7	0.8	0.9	1	1.2	1.5	1.5
	2 次	0.4	0.6	0.6	0.7	0.7	0.7	0.8
	3 次	0.2	0.4	0.6	0.6	0.6	0.6	0.6
	4 次		0.16	0.4	0.4	0.4	0.6	0.6
	5 次			0.1	0.4	0.4	0.4	0.4
	6 次				0.15	0.4	0.4	0.4
	7 次					0.2	0.2	0.4
	8 次						0.15	0.3
	9 次							0.2
寸 制 螺 纹								
牙/in		24 牙	18 牙	16 牙	14 牙	12 牙	10 牙	8 牙
牙深		0.678	0.904	1.016	1.162	1.355	1.626	2.033
背吃刀量及切削次数（直径值）	1 次	0.8	0.8	0.8	0.8	0.9	1	1.2
	2 次	0.4	0.6	0.6	0.6	0.6	0.7	0.7
	3 次	0.16	0.3	0.5	0.5	0.6	0.6	0.6
	4 次		0.11	0.14	0.3	0.4	0.4	0.5
	5 次				0.13	0.21	0.4	0.5
	6 次						0.16	0.4
	7 次							0.17

6. 螺纹切削固定循环 G92

螺纹切削固定循环指令 G92 把"切入—螺纹切削—退刀—返回"4 个动作作为一个循环，如图 2-49 所示，该指令可切削圆柱螺纹和圆锥螺纹。

1）指令格式

　　　　G92 X（U）Z（W）R　F；

式中　X（U）、Z（W）——螺纹切削的终点坐标值；

　　　R——螺纹部分半径之差，即螺纹切削起始点与切削终点的半径差。加工圆柱螺纹时，R=0。加工圆锥螺纹时，当 X 向切削起始点坐标小于切削终点坐标时，R 为负，反之为正；

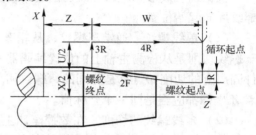

图 2-49　螺纹切削循环 G92

循环起点定义在（M + 4,5）处；

螺纹车削 Z 方向预留 5 mm 加速段，沿着退刀槽中间退刀；

螺纹背吃刀量为 1.2P。

2）应用举例。

例1 用 G92 指令加工图 2-50 所示的螺纹。

```
…
G00 X34 Z5；              刀具定位到循环起点
G92 X29.2 Z - 26 F1.5；   螺纹车削循环第一次进给
X28.6；                   第二次进给
X28.3；                   第三次进给
X28.2；                   第四次进给
X28.2；                   光刀
G00 X150 Z150；           刀具回换刀点
…
```

例2 用 G92 加工图 2-51 所示 M24 ×4/2-7g 圆柱螺纹。

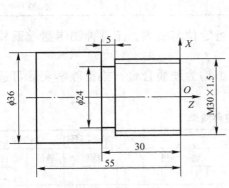

图 2-50　G92 指令应用举例

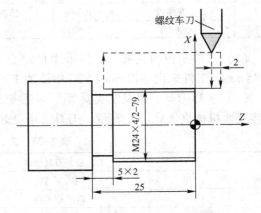

图 2-51　双线螺纹加工应用举例

双线及多线螺纹的加工方法，其实与单线螺纹的加工方法差不多，只不过双线螺纹在加工完第一条螺纹后，Z 坐标向右移动一个螺距，然后加工第二条螺纹，直至完成。

```
…
G00 X28 Z5；              快速靠近工件
G92 X23.1 Z - 22 F4；     加工第一头螺纹
X22.5；
X21.9；
X21.7；
X21.6；
G00 X28 Z7；             重新定位,向右移动一个螺距
G92 X23.1 Z22 F4；       加工第二头螺纹
X22.5；
```

X21.9;

X21.7;

X21.6;

…

【任务实施】

1. 加工工艺分析

（1）制订加工方案及加工路线 首先用外圆车刀手动车端面，接着进行外圆粗、精加工，螺纹处圆柱段外径尺寸加工到比公称直径略小 0.2 mm，然后加工退刀槽，车螺纹，最后切断。加工工艺及切削用量见表 2-27。

表 2-27 加工工艺及切削用量

工步号	工步内容	刀具号	切削用量		
			背吃刀量/mm	进给量/(mm/r)	主轴转速/(r/min)
1	手动车端面	T0101	0.2	0.1	1200
2	粗车外圆	T0101	1.5	0.15	1200
3	精车外圆	T0101	0.3	0.05	1500
4	车退刀槽	T0505	/	0.1	1000
5	车螺纹	T0303	依次递减	由导程决定	500
6	切断	T0505	/	/	1000

（2）工件定位与装夹 工件采用自定心卡盘进行定位与装夹，工件伸出卡盘端面外长度 85 mm。工件采用 ϕ40 mm LY20 铝棒加工。

（3）选择刀具、量具、夹具等 本任务刀具材料均为硬质合金，根据教学实际可选用焊接式或机械夹固式。工、量、刀具清单见表 2-28。

表 2-28 工、量、刀具清单

工、量、刀具清单					零件图号	图 2-45
种 类	序 号	名 称	规 格	精度	单位	数量
工具	1	自定心卡盘			个	1
	2	卡盘扳手			副	1
	3	刀架扳手			副	1
	4	垫片			块	若干
量具	1	外径千分尺	0～25 mm/25～50 mm	0.01 mm	把	2
	2	螺纹环规	M14×1.25		副	1
	3	游标卡尺	0～150 mm	0.01 mm	把	1
刀具	1	外圆刀	93°		把	1
	2	螺纹刀	60°		把	1
	3	切断刀			把	1

2. 编制参考加工程序

（1）建立工件坐标系 根据工件坐标系建立原则：工件原点一般设在右端面与工件轴线交点处。

（2）编制程序（表 2-29） 外圆粗精加工程序见任务 5，此处只列出车退刀槽、车螺纹程序。

表 2-29 零件加工参考程序

程序段号	加工程序	程序说明
	O0001	程 序 名
N10	T0505	换切断刀
N20	G97 G99 S1000 M03	主轴正转
N30	M08	切削液开
N40	G00 X18 Z0	快速定位至起刀点
N50	Z-20	至切槽位置
N60	G01 X11 F0.1	
N70	X18	
N80	Z-19	切槽
N85	X11	
N90	X18	
N100	G00 X150 Z150	退刀
N105	M05	主轴停止
N110	M09	切削液关
N120	M00	程序暂停
N130	T0303	调螺纹刀
N140	G97 G99 S500 M03	主轴正转
N150	M08	切削液开
N160	G00 X18 Z5	定位到循环起点
N170	G92 X13.2 Z-17.5 F1.25	螺纹第一次进给
N180	X12.7	第二次
N190	X12.6	第三次
N200	X12.5	第四次
N210	X12.5	光刀
N220	G00 X150 Z150	刀具回安全位置
N230	M05	主轴停
N240	M09	切削液停
N250	M30	程序暂停

3. 技能训练

（1）加工准备

1）检测坯料尺寸。

2）装夹刀具与工件。

外圆车刀按要求安装于刀架的 T01 号刀位。

螺纹刀按要求安装于刀架 T03 号刀位。

切断刀按要求安装于刀架的 T05 号刀位。

毛坯伸出卡爪长度为 85 mm。

3）程序输入。

4）程序模拟。

5）关机、开机回参考点。

（2）对刀　外圆车刀采用试切法对刀，把操作得到的数据输入到 T01 刀具长度补偿存储器中。

螺纹刀 Z 方向对刀时，刀尖和端面在一条直线上，可用钢直尺贴靠，X 方向对刀和切断刀一样，把操作得到的数据输入到 T03 刀具长度补偿存储器中。

切断刀采用与外圆刀加工完的端面和外圆接触的方法，把操作得到的数据输入到 T05 刀具长度补偿存储器中。

（3）校刀　检验 T01、T03、T05 刀具对刀正确与否。

（4）零件自动加工及尺寸控制

1）零件自动加工。将程序调到开始位置，选择 MEM（或 AUTO）自动加工方式，调好进给倍率，按数控启动按钮进行自动加工，首次加工将程序控制调整为单段，快速进给倍率调整为 25%。

2）螺纹检测。对于一般标准外螺纹，都采用螺纹环规测量，如图 2-52 所示。在测量外螺纹时，如果螺纹环规"通过端"（T）正好旋进，而"Z 端"（Z）旋不进去，则说明所加工的螺纹符合要求，反之不合格。除了利用螺纹环规检测外，还可以利用其他量具进行测量，如用螺纹千分尺测量螺纹中径、用三针测量法测量螺纹中径等。

图 2-52　螺纹环规

螺纹加工完成后可以通过观察螺纹牙型判断螺纹加工质量以便及时采取措施，当螺纹牙顶未锋利时，增加刀的切入量反而会使螺纹大径增大，增大量视材料塑性而定，当螺纹牙顶已被车削锋利时，增加刀的切入量则大径成比例减小，根据这一特点要正确对待螺纹的切入量，防止报废。

（5）车削螺纹时常见问题

1）车刀安装得过高或过低。车刀安装过高，则吃刀到一定深度时，车刀的后刀面顶住工件，增大摩擦力，甚至把工件顶弯；车刀安装过低，则切屑不易排出，车刀背向力的方向是工件中心，使吃刀量不断自动趋向加深，从而把工件抬起，出现啃刀。此时，应及时调整车刀高度，使其刀尖与工件的轴线等高。在粗车和半精车时，刀尖位置应比工件的中心高出 1%D（D 表示被加工工件直径）。

2）工件装夹不牢。工件装夹时伸出过长或本身的刚性不能承受车削时的切削力，因而产生过大的挠度，改变了车刀与工件的中心高度（工件被抬高），形成背吃刀量增加，出现啃刀。此时应把工件装夹牢固，可使用尾座顶尖等，以增加工件刚性。

3）牙型不正确。车刀安装不正确，没有采用螺纹样板对刀，刀尖产生倾斜，造成螺纹的半角误差；车刀刃磨时刀尖测量有误差，产生不正确牙型；车刀磨损，引起切削力增大，顶弯工件，出现啃刀。

4）刀片与螺距不符。当采用定螺距刀片加工螺纹时，刀片加工范围与工件实际螺距不符，会造成牙型不正确甚至发生撞刀事故。

5）切削速度过高。进给伺服系统无法快速地响应，造成乱牙现象发生。因此，一定要了解机床的加工性能，而不能盲目地追求高速、高效加工。

6）螺纹表面粗糙。主要原因是车刀刃磨得不光滑，切削液使用不适当，切削参数和工作材料不匹配，以及系统刚性不足导致切削过程产生振动等。

4. 零件检测与评分

零件加工结束后进行检测。检测结果写在表 2-30 中。

表 2-30 零件评分表

班　　级				姓　名		学　号	
任务			普通三角形圆柱外螺纹加工			零件图编号	图 2-45
		序号	检 测 内 容		配分	学生自评	教师评分
基本检查	编程	1	切削加工工艺制订正确		5		
		2	切削用量选择合理		5		
		3	程序正确、简单、规范		20		
	操作	4	设备操作、维护保养正确		5		
		5	安全、文明生产		5		
		6	刀具选择、安装正确规范		5		
		7	工件找正、安装正确规范		5		
工作态度		8	行为规范、纪律表现		10		
外圆		9	$\phi 28 _{-0.033}^{\ 0}$ mm		10		
		10	$\phi 20 _{-0.033}^{\ 0}$ mm		10		
		11	M14×1.25		10		
长度		12	$60 _{-0.05}^{\ 0}$ mm		10		
综合得分					100		

5. 加工结束，清理机床

和前面要求一样，每天加工结束，整理工量具，清除机床切屑，做好机床的日常保养和实习车间的卫生，养成良好的文明生产习惯。

【快速链接】

1. 车削外沟槽用外沟槽刀

1）车削精度不高和宽度较窄的沟槽，可采用一次直进法车出，如图 2-53a 所示。如果精度要求较高，可采用二次直进法，即第一次切槽时，槽壁两侧留精车余量，第二次用等刀宽修正。

2）车削有精度要求、宽度较宽的沟槽，可采用多次直进法切割，在槽壁两侧和槽底留一定的精车余量，然后根据槽宽、槽深进行精车，如图 2-53b 所示。

3）外斜沟槽可按图 2-53c 所示方式进行切削。

2. 槽的加工指令

1）直线插补指令 G01。

2）暂停指令 G04。

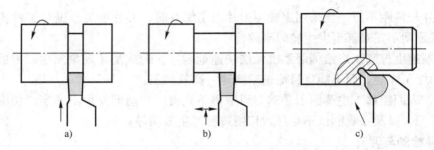

图 2-53 外沟槽的车削

a) 窄直沟槽的车削　　b) 宽直沟槽的车削　　c) 外斜沟槽的车削

用于车削沟槽时，为了提高槽底的表面加工质量，在加工到槽底时，暂停适当时间。

指令格式

$$G04 \begin{Bmatrix} P\_ \\ X\_ \end{Bmatrix};$$

式中　地址码 X 后面可用带小数点的数；

　　　地址码 P 后面不允许用带小数点的数。

应用举例：用 G01 车图 2-54 所示的槽，槽刀宽为 4 mm，
工件坐标零点在右端面中心。

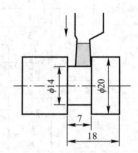

```
...
G00 X22 Z-18;
G01 X14 F30;
G04 X0.5;      槽底暂停 0.5 s
G01 X22 F100;
    Z-15;
G01 X14 F30;
G04 X0.5;      槽底暂停 0.5 s
X22 F100;
...
```

图 2-54　G01 车槽应用举例

任务 8　普通三角形圆柱内螺纹加工

【知识目标】

1. 掌握普通螺纹的数控加工工艺。

2. 会编写内螺纹数控加工程序。

【能力目标】

1. 掌握内螺纹车刀对刀及加工方法。

2. 能控制内螺纹的尺寸精度。

3. 能使用螺纹塞规检测外螺纹尺寸。

4. 能加工出满足尺寸精度要求的零件。

98

【任务导入】

任务要求：如图 2-55 所示，毛坯为 $\phi 40\,mm$，材料 LY20 的棒料。要求分析其数控车削加工工艺，编制数控加工程序并进行加工，其中 $A(31.55,0)$。

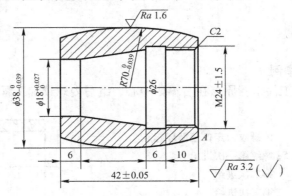

图 2-55　零件图

任务分析：本任务加工过程中，零件外轮廓的加工，可采用任务 6 中的 G73 指令完成零件的加工，在此不做过多介绍，本任务中重点学习内螺纹编程和加工方法，在加工技能上训练学生内螺纹车刀（简称内螺纹刀）装刀、对刀及内螺纹尺寸控制。

【相关知识】

1. 内沟槽的车削方法

车内槽用内沟槽刀，车削方法与外沟槽方法相似。宽度较小和要求不高的内沟槽，可用主切削刃宽度等于槽宽的内沟槽刀采用直进法一次车出，如图 2-56a 所示。要求较高或较宽的内沟槽，可采用直进法分几次车出，粗车时，槽壁和槽底留精车余量然后根据槽宽、槽深进行精车，如图 2-56b 所示。若内沟槽深度较浅，宽度很大，可用内圆粗车刀先车出凹槽，再用内沟槽刀车沟槽两端垂直面，如图 2-56c 所示。

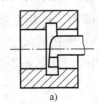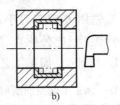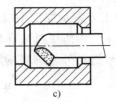

　　　a)　　　　　　　　　　b)　　　　　　　　　　c)

图 2-56　内沟槽的加工方式

2. 车内沟槽应用举例

如图 2-57 所示，内沟槽刀刀宽 4 mm，工件坐标原点在右端面中心，编写内沟槽加工程序。

…

G00 X22 Z5；

G01 Z-16 F0.1；

X26；

G04 X0.5；　　　槽底暂停 0.5 s

G01 X22；

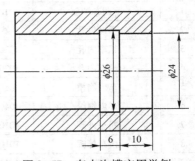

图 2-57　车内沟槽应用举例

```
Z - 14;
```
G01 X26;

G04 X0.5;　　　槽底暂停 0.5 s

G01 X22;

Z5

...

3. 车内螺纹应用举例

如图 2-58 所示，工件坐标原点在右端面中心，编写内螺纹加工程序。

...

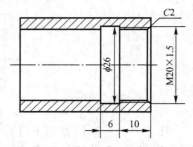

G00 X16 Z5;　　　　　内螺纹刀定位至循环起点

G92 X19.3 Z-13 F1.5;螺纹第一次进给

X19.9;　　　　　　　第二次进给

X20.2;　　　　　　　第三次进给

X20.3;　　　　　　　第四次进给

X20.3;　　　　　　　光刀

G00 X150 Z150;　　　退刀

...

图 2-58　车内螺纹应用举例

编写内螺纹程序注意点如下。

1）内螺纹刀循环起点 X 方向通常定位在比底孔尺寸略小 2~3 mm 处，Z 方向定位在孔外 5 mm 处。

2）内螺纹牙深为 1.2P。

3）螺纹刀的进给量每次逐渐递减。

【任务实施】

1. 加工工艺分析

（1）制订加工方案及加工路线　首先用外圆车刀手动车端面，然后手动钻孔，接着进行内孔粗、精加工，内螺纹处底孔尺寸加工到比公称直径小一个螺距的尺寸，然后加工内沟槽，车螺纹，最后进行外轮廓粗精加工、切断。加工工艺及切削用量见表 2-31。

表 2-31　加工工艺及切削用量

工步号	工步内容	刀具号	切削用量		
			背吃刀量/mm	进给量/(mm/r)	主轴转速/(r/min)
1	手动车端面	T0101	0.2	0.1	1200
2	手动钻孔	/	/	/	300
3	粗车内孔	T0202	1	0.1	800
4	精车内孔	T0202	0.2	0.05	1200
5	车内沟槽	T0606	/	0.1	500
6	车内螺纹	T0404	依次递减	根据导程	500
7	粗车外圆	T0101	1.5	0.15	1200
8	精车外圆	T0101	0.3	0.05	1500
9	切断	T0505	/	0.1	1000

（2）工件定位与装夹　工件采用自定心卡盘进行定位与装夹，工件伸出卡盘端面外长度 65 mm。工件采用 ϕ40 mm LY20 铝棒加工。

（3）选择刀具、量具、夹具等　本任务刀具材料均为硬质合金，根据教学实际可选用焊接式或机械夹固式。工、量、刀具清单见表 2-32。

表 2-32　工、量、刀具清单

工、量、刀具清单						零件图号	图 2-55
种　　类	序　　号	名　　称	规　　格	精度	单位	数量	
工具	1	自定心卡盘			个	1	
	2	卡盘扳手			副	1	
	3	刀架扳手			副	1	
	4	垫片			块	若干	
量具	1	外径千分尺	0～25 mm/25～50 mm	0.01 mm	把	2	
	2	螺纹塞规	M24×1.5		副	1	
	3	内径百分表	0～35 mm	0.01 mm	套	1	
	4	游标卡尺	0～150 mm	0.01 mm	把	1	
刀具	1	外圆刀	93°		把	1	
	2	镗刀	93°		把	1	
	3	内沟槽刀			把	1	
	4	内螺纹刀	60°		把	1	
	5	切断刀			把	1	
	6	麻花钻	ϕ14 mm		把	1	

2. 编制参考加工程序

（1）建立工件坐标系　根据工件坐标系建立原则：工件原点一般设在右端面与工件轴线交点处。

（2）编制程序（表 2-33）　外圆粗精加工程序见任务 6，此处只列出内孔粗精加工、车内沟槽、车内螺纹程序。

表 2-33　零件加工参考程序

程序段号	加 工 程 序	程 序 说 明
	O0001	程　序　名
N10	T0202	换镗刀
N20	G97 G99 S800 M03	主轴正转
N30	M08	切削液开
N40	G00 X14.8 Z5	快速定位至循环起点
N50	G71 U1 R1	
N60	G71 P70 Q105 U－0.4 W0 F0.1	
N70	G00 X26.5	
N80	G01 Z0 F0.05	
N85	X22.5 Z－2	
N90	Z－16	
N100	X18 Z－36	
N105	Z－44	

程序段号	加 工 程 序	程 序 说 明
	O0001	程 序 名
N110	G00 X150 Z150	刀具回安全位置
N120	M05	主轴停
N130	M09	切削液停
N140	M00	程序暂停
N150	T0202	调镗刀
N160	G97 G99 S800 M03	主轴正转
N170	M08	切削液开
N180	G00 X14.8 Z5	快速定位至循环起点
N190	G70 P70 Q105	内孔精加工
N200	G00 X150 Z150	刀具回安全位置
N210	M05	主轴停
N220	M09	切削液停
N230	M00	程序暂停
N240	T0606	调内沟槽刀
N250	G97 G99 S800 M03	主轴正转
N260	M08	切削液开
N270	G00 X21 Z5	
N280	Z-16	
N290	G01 X26 F0.1	
N300	X21	
N310	Z-14	车内沟槽
N320	X26	
N330	X21	
N340	Z5	
N350	G00 X150 Z150	刀具回安全位置
N360	M05	主轴停
N370	M09	切削液停
N380	M00	程序暂停
N390	T0404	调螺纹刀
N400	G97 G99 S500 M03	主轴正转
N410	M08	切削液开
N420	G00 X20 Z5	内螺纹刀至循环起点
N430	G92 X23.3 Z-13 F1.5	第一次进给
N440	X23.9	第二次
N450	X24.2	第三次
N460	X24.3	第四次
N470	G00 X150 Z150	刀具回安全位置
N480	M05	主轴停
N490	M09	切削液停
N500	M00	程序暂停

程序段号	加工程序	程序说明
	O0001	程序名
N510	T0505	调切断刀
N520	G97 G99 S1000 M03	主轴正转
N530	M08	切削液开
N540	G00 X44 Z0	定位到起刀点
N550	Z-46	切断位置
N560	G01 X-1 F0.1	切断
N570	G00 X150 Z150	刀具回安全位置
N580	M05	主轴停
N590	M09	切削液停
N600	M30	程序结束

3. 技能训练

（1）加工准备

1）检测坯料尺寸。

2）装夹刀具与工件。

外圆车刀按要求安装于刀架的 T01 号刀位。

镗刀按要求安装于刀架 T02 号刀位。

内螺纹刀按要求安装于刀架 T04 号刀位。

切断刀按要求安装于刀架的 T05 号刀位。

内沟槽刀按要求安装于刀架 T06 号刀位。

毛坯伸出卡爪长度为 65 mm。

3）程序输入。

4）程序模拟。

5）关机、开机回参考点。

（2）对刀

（3）校刀　检验 T01、T02、T04、T05、T06 刀具对刀正确与否。

（4）零件自动加工及尺寸控制

1）零件自动加工。将程序调到开始位置，选择 MEM（或 AUTO）自动加工方式，调好进给倍率，按数控启动按钮进行自动加工，首次加工将程序控制调整为单段，快速进给倍率调整为 25%。

2）螺纹检测。对于一般标准内螺纹，都采用螺纹塞规来测量，如图 2-59 所示。在测量内螺纹时，如果其"通过端"（T）正好旋进，而"Z 端"（Z）旋不进去，则说明所加工的螺纹符合要求，反之不合格。内螺纹尺寸精度控制补偿基本和外螺纹一样，只是补偿方向和外螺纹相反。

4. 零件检测与评分

零件加工结束后进行检测。检测结果写在表 2-34 中。

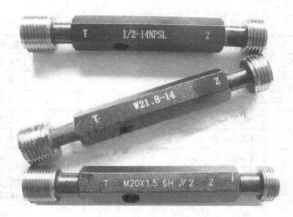

图 2-59　螺纹塞规

表 2-34　零件评分表

班　级				姓名		学　号	
任务			普通三角形圆柱内螺纹加工		零件图编号		图 2-55
基本检查	编程操作	序号	检测内容		配分	学生自评	教师评分
		1	切削加工工艺制订正确		5		
		2	切削用量选择合理		5		
		3	程序正确、简单、规范		20		
		4	设备操作、维护保养正确		5		
		5	安全、文明生产		5		
		6	刀具选择、安装正确规范		5		
		7	工件找正、安装正确规范		5		
工作态度		8	行为规范、纪律表现		10		
外圆和螺纹		9	$\phi 38_{-0.039}^{0}$ mm		10		
		10	$\phi 18_{+0}^{+0.027}$ mm		10		
		11	M24 × 1.5		10		
长度		12	(42 ± 0.05) mm		10		
综合得分					100		

5. 加工结束，清理机床

和前面要求一样，每天加工结束，整理工量具，清除机床切屑，做好机床的日常保养和实习车间的卫生，养成良好的文明生产习惯。

任务 9　综合类零件加工（一）

【知识目标】

1. 掌握综合类零件的数控加工工艺。

2. 会识读零件图样。

3. 了解数控加工刀具、数控加工工序卡等工艺文件。

4. 会编写综合件加工程序。

【能力目标】

1. 掌握一般轴类零件加工方法。

2. 掌握尺寸控制及螺纹精度控制方法。

3. 能加工出满足尺寸精度要求的零件。

【任务导入】

任务要求：如图 2-60 所示，毛坯为 $\phi40$ mm，材料 LY20 的棒料。要求分析其数控车削加工工艺，编制数控加工程序并进行加工。

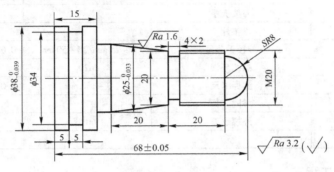

图 2-60　零件图

任务分析：在前面单项训练的基础上进行综合训练，真正训练学生数控编程及加工综合能力。

【任务实施】

1. 分析零件图样

如图 2-60 所示，本任务中尺寸精度主要通过准确对刀、正确设置刀补及磨耗，以及制订合理的加工工艺等措施来保证。表面粗糙度值主要通过选用合适的刀具及其几何参数，正确的粗精加工路线，合理的切削用量等措施来保证。

2. 加工工艺分析

（1）制订加工方案及加工路线　首先用外圆车刀手动车端面，然后进行外轮廓的粗精加工，外螺纹处圆柱段外圆尺寸加工至比公称直径略小 0.2 mm 处，接着进行槽加工和车螺纹，最后切断。加工工艺及切削用量见表 2-35。

表 2-35　加工工艺及切削用量

工步号	工步内容	刀具号	切削用量		
			背吃刀量/mm	进给量/（mm/r）	主轴转速/（r/min）
1	手动车端面	T0101	0.2	0.1	1200
2	外圆粗加工	T0101	1.5	0.15	1200
3	外圆精加工	T0101	0.3	0.05	1500
4	加工槽	T0505	/	0.1	1000
5	车外螺纹	T0303	依次递减	根据导程	500
6	切断	T0505	/	0.1	1000

（2）工件定位与装夹　工件采用自定心卡盘进行定位与装夹，工件伸出卡盘端面外长度 90 mm 左右。工件采用 $\phi40$ mm LY20 铝棒加工。

105

（3）选择刀具、量具、夹具等 本任务刀具材料均为硬质合金，根据教学实际可选用焊接式或机械夹固式。工、量、刀具清单见表2-36。

表2-36 工、量、刀具清单

工、量、刀具清单					零件图号	图2-60
种 类	序 号	名 称	规 格	精度	单位	数量
工具	1	自定心卡盘			个	1
	2	卡盘扳手			副	1
	3	刀架扳手			副	1
	4	垫片			块	若干
量具	1	外径千分尺	0~25 mm/25~50 mm	0.01 mm	把	2
	2	螺纹环规	M20		副	1
	3	游标卡尺	0~150 mm	0.01 mm	把	1
刀具	1	外圆刀	93°		把	1
	2	外螺纹刀	60°		把	1
	3	切断刀			把	1

3. 编制参考加工程序

（1）建立工件坐标系 根据工件坐标系建立原则：工件原点一般设在右端面与工件轴线交点处。

（2）编制程序（表2-37）

表2-37 零件加工参考程序

程序段号	加工程序	程序说明
	00001	程 序 名
N10	T0101	换外圆刀
N20	G97 G99 S1200 M03	主轴正转
N30	M08	切削液开
N40	G00 X70 Z20	快速定位至循环起点
N50	G73 U20 R14	
N60	G73 P70 Q140 U0.6 W0 F0.15	
N70	G00 X0 Z5	
N80	G01 Z0 F0.05	
N85	G03 X16 Z-8 R8	
N90	G01 X19.8	
N100	Z-28	外圆粗加工
N105	X20	
N110	X25 Z-48	
N120	Z-53	
N130	X38	
N140	Z-73	
N150	G00 X150 Z150	刀具回安全位置
N160	M05	主轴停
N170	M09	切削液停

程序段号	加 工 程 序	程 序 说 明
	O0001	程 序 名
N180	M00	程序暂停
N190	T0101	调外圆刀
N200	G97 G99 S1500 M03	主轴正转
N210	M08	切削液开
N220	G00 X70 Z20	快速定位至循环起点
N230	G70 P70 Q140	外圆精加工
N240	G00 X150 Z150	刀具回安全位置
N250	M05	主轴停
N260	M09	切削液停
N270	M00	程序暂停
N280	T0505	调切槽刀
N290	G97 G99 S1000 M03	主轴正转
N300	M08	切削液开
N310	G00 X24 Z5	
N320	Z − 28	
N330	G01 X16 F0. 1	
N340	X40	
N350	G00 Z − 63	切槽
N360	G01 X34 F0. 1	
N370	X40	
N380	Z − 62	
N390	X34	
N400	X40	
N410	G00 X150 Z150	刀具回安全位置
N420	M05	主轴停
N430	M09	切削液停
N440	M00	程序暂停
N450	T0303	调螺纹刀
N460	G97 G99 S500 M03	主轴正转
N470	M08	切削液开
N480	G00 X24 Z5	刀具到循环起点
N490	G92 X19. 2 Z − 26 F2. 5	螺纹加工第一次进给
N500	X18. 6	第二次进给
N510	X18. 1	第三次进给
N520	X17. 7	第四次进给
N530	X17. 6	第五次进给
N540	X17. 6	第六次进给
N550	G00 X150 Z150	刀具回安全位置

程序段号	加工程序	程序说明
	O0001	程 序 名
N560	M05	主轴停
N570	M09	切削液停
N580	M00	程序暂停
N590	T0505	调切断刀
N600	G97 G99 S1000 M03	主轴正转
N610	M08	切削液开
N620	G00 X44 Z0	切断
N630	Z－72	
N640	G01 X－1 F0.1	
N650	G00 X150 Z150	刀具回安全位置
N660	M05	主轴停
N670	M09	切削液停
N680	M30	程序结束

4. 技能训练

（1）加工准备

1）检测坯料尺寸。

2）装夹刀具与工件。

外圆车刀按要求安装于刀架的 T01 号刀位。

外螺纹刀按要求安装于刀架 T03 号刀位。

切断刀按要求安装于刀架的 T05 号刀位。

毛坯伸出卡爪长度为 90 mm。

3）程序输入。

4）程序模拟。

5）关机、开机回参考点。

（2）对刀

（3）校刀　检验 T01、T03、T05 刀具对刀正确与否。

（4）零件自动加工及尺寸控制

1）零件自动加工。将程序调到开始位置，选择 MEM（或 AUTO）自动加工方式，调好进给倍率，按数控启动按钮进行自动加工，首次加工将程序控制调整为单段，快速进给倍率调整为 25%。

2）尺寸控制。尺寸控制方法依然按照前面任务中方法进行。

5. 零件检测与评分

零件加工结束后进行检测。检测结果写在表 2-38 中。

6. 加工结束，清理机床

和前面要求一样，每天加工结束，整理工量具，清除机床切屑，做好机床的日常保养和实习车间的卫生，养成良好的文明生产习惯。

表 2-38 零件评分表

班 级					姓名		学 号	
任务			综合类零件加工（一）				零件图编号	图 2-60
基本检查		序号	检测内容			配分	学生自评	教师评分
	编程	1	切削加工工艺制订正确			5		
		2	切削用量选择合理			5		
		3	程序正确、简单、规范			20		
	操作	4	设备操作、维护保养正确			5		
		5	安全、文明生产			5		
		6	刀具选择、安装正确规范			5		
		7	工件找正、安装正确规范			5		
工作态度		8	行为规范、纪律表现			10		
外圆和螺纹		9	$\phi 38 _{-0.039}^{0}$ mm			10		
		10	$\phi 25 _{-0.033}^{0}$ mm			10		
		11	M20			10		
长度		12	(68±0.05) mm			10		
综合得分						100		

任务 10 综合类零件加工（二）

【知识目标】

1. 掌握综合类零件的数控加工工艺。

2. 会识读零件图样。

3. 了解数控加工刀具、数控加工工序卡等工艺文件。

4. 会编写综合件加工程序。

【能力目标】

1. 掌握一般轴类零件加工方法。

2. 掌握尺寸控制及螺纹精度控制方法。

3. 能加工出满足尺寸精度要求的零件。

【任务导入】

任务要求：如图 2-61 所示，毛坯为 $\phi40$ mm，材料 LY20 的棒料，RT 圆弧起点（26，22.775），终点（30.776，28.041）。要求分析其数控车削加工工艺，编制程序并进行加工。

任务分析：在前面单项训练的基础上进行综合训练，在任务 9 基础上，引入内孔加工，进一步训练学生数控编程及加工综合能力。

【任务实施】

1. 分析零件图样

如图 2-61 所示，本任务中尺寸精度主要通过准确对刀、正确设置刀补及磨耗，以及制订合理的加工工艺等措施来保证。表面粗糙度值主要通过选用合适的刀具及其几何参数，正确的粗精加工路线，合理的切削用量等措施来保证。

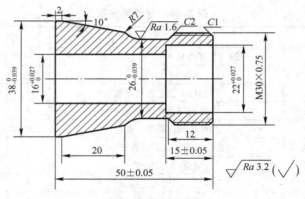

图 2-61 零件图

2. 加工工艺分析

（1）制订加工方案及加工路线　所有外轮廓表面和内孔均在一次装夹中完成，首先用外圆车刀手动车端面，然后手动钻孔，深度为 60 mm，接着进行内孔的粗、精加工，内孔加工完成后，进行外轮廓的粗、精加工，外螺纹处圆柱段外圆尺寸加工至比公称直径略小 0.2 mm 处，接着进行车螺纹，最后切断。加工工艺及切削用量见表 2-39。

表 2-39　加工工艺及切削用量

工步号	工步内容	刀具号	切削用量		
			背吃刀量/mm	进给量/（mm/r）	主轴转速/（r/min）
1	手动车端面	T0101	0.2	0.1	1200
2	手动钻孔	/	/	/	300
3	内孔粗加工	T0202	1	0.1	800
4	内孔精加工	T0202	0.2	0.05	1200
5	外圆粗加工	T0101	1.5	0.15	1200
6	外圆精加工	T0101	0.3	0.05	1500
7	车外螺纹	T0303	依次递减	根据导程	500
8	切断	T0505	/	0.1	1000

（2）工件定位与装夹　工件采用自定心卡盘进行定位与装夹，工件伸出卡盘端面外长度 75 mm。工件采用 ϕ40 mm LY20 铝棒加工。

（3）选择刀具、量具、夹具等　本任务刀具材料均为硬质合金，根据教学实际可选用焊接式或机械夹固式。工、量、刀具清单见表 2-40。

表 2-40　工、量、刀具清单

工、量、刀具清单					零件图号	图 2-60
种　类	序　号	名　称	规　格	精度	单位	数量
工具	1	自定心卡盘			个	1
	2	卡盘扳手			副	1
	3	刀架扳手			副	1
	4	莫氏锥套	1~6 号		套	1
	5	钻夹头			个	1
	6	垫片			块	若干

工、量、刀具清单					零件图号	图 2-60
种　类	序　号	名　称	规　格	精度	单位	数量
量具	1	外径千分尺	0～25 mm/25～50 mm	0.01 mm	把	2
	2	螺纹环规	M30×0.75		副	1
	3	内径百分表	10～35 mm	0.01 mm	把	1
	4	游标卡尺	0～150mm	0.01 mm	把	1
刀具	1	外圆刀	93°		把	1
	2	外螺纹刀	60°		把	1
	3	镗刀	60°		把	1
	4	切断刀			把	1
	5	麻花钻	φ14 mm		把	1

3. 编制参考加工程序

（1）建立工件坐标系　根据工件坐标系建立原则：工件原点一般设在右端面与工件轴线交点处。

（2）编制程序（表2-41）

表 2-41　零件加工参考程序

程序段号	加工程序	程序说明
	00001	程　序　名
N10	T0202	换内孔刀
N20	G97 G99 S800 M03	主轴正转
N30	M08	切削液开
N40	G00 X14.8 Z5	快速定位至循环起点
N50	G71 U1 R0.1	
N60	G71 P70 Q90 U-0.4 W0 F0.15	
N70	G00 X22	
N80	G01 Z-15 F0.05	内孔粗加工
N85	X16	
N90	Z-52	
N100	G00 X150 Z150	刀具回安全位置
N105	M05	主轴停
N110	M09	切削液停
N120	M00	程序暂停
N130	T0202	调内孔刀
N140	G97 G99 S800 M03	主轴正转
N150	M08	切削液开
N160	G00 X14.8 Z5	快速定位至循环起点
N170	G70 P70 Q90	内孔精加工
N180	G00 X150 Z150	刀具回安全位置
N190	M05	主轴停
N200	M09	切削液停
N210	M00	程序暂停

程序段号	加工程序	程序说明
	O0001	程 序 名
N220	T0101	外圆粗加工
N230	G97 G99 S1200 M03	主轴正转
N240	M08	切削液开
N250	G00 X70 Z20	快速定位至循环起点
N260	G73 U7 R5	
N270	G73 P280 Q360 U0.6 W0 F0.15	
N280	G00 X27.8 Z5	
N290	G01 Z0 F0.05	
N300	X29.8 Z-1	
N310	Z-10	
N320	X26 Z-12	外圆粗加工
N330	Z-22.775	
N340	G03 X30.776 Z-28.0411 R7	
N350	G01 X38 Z-48	
N360	Z-55	
N370	G00 X150 Z150	
N380	M05	主轴停
N390	M09	切削液停
N400	M00	程序暂停
N410	T0101	调外圆刀
N420	G97 G99 S1500 M03	主轴正转
N430	M08	切削液开
N440	G00 X70 Z20	快速定位至循环起点
N450	G70 P280 Q360	外圆精加工
N460	G00 X150 Z150	刀具回安全位置
N470	M05	主轴停
N480	M09	切削液停
N490	M00	程序暂停
N500	T0303	调螺纹刀
N510	G97 G99 S500 M03	主轴正转
N520	M08	切削液开
N530	G00 X34 Z5	刀具到循环起点
N540	G92 X29.5 Z-15 F0.75	螺纹加工第一次进给
N550	X29.2	第二次进给
N560	X29.1	第三次进给
N570	X29.1	第四次进给
N580	G00 X150 Z150	刀具回安全位置
N590	M05	主轴停

程序段号	加 工 程 序	程 序 说 明
	O0001	程 序 名
N600	M09	切削液停
N610	M00	程序暂停
N640	T0505	调切断刀
N650	G97 G99 S1000 M03	主轴正转
N660	M08	切削液开
N670	G00 X44 Z0	切断
N680	Z－72	
N690	G01 X－1 F0.1	
N700	G00 X150 Z150	刀具回安全位置
N710	M05	主轴停
N720	M09	切削液停
N730	M30	程序结束

4. 技能训练

（1）加工准备

1）检测坯料尺寸。

2）装夹刀具与工件。

外圆车刀按要求安装于刀架的 T01 号刀位。

镗刀按要求安装于刀架的 T02 号刀位。

外螺纹刀按要求安装于刀架 T03 号刀位

切断刀按要求安装于刀架的 T05 号刀位。

毛坯伸出卡爪长度为 75 mm。

3）程序输入。

4）程序模拟。

5）关机、开机回参考点。

（2）对刀

（3）校刀　检验 T01、T02、T03、T05 刀具对刀正确与否。

（4）零件自动加工及尺寸控制

1）零件自动加工。将程序调到开始位置，选择 MEM（或 AUTO）自动加工方式，调好进给倍率，按数控启动按钮进行自动加工，首次加工将程序控制调整为单段，快速进给倍率调整为 25%。

2）尺寸控制。外圆尺寸控制和螺纹尺寸控制方法依然按照前面任务中方法进行。

5. 零件检测与评分

零件加工结束后进行检测。检测结果写在表 2-42 中。

6. 加工结束，清理机床

和前面要求一样，每天加工结束，整理工量具，清除机床切屑，做好机床的日常保养和实习车间的卫生，养成良好的文明生产习惯。

表 2-42　零件评分表

班　级				姓名		学　号		
任务			综合类零件加工（二）			零件图编号		图 2-61
基本检查	编程	序号	检 测 内 容		配分	学生自评		教师评分
		1	切削加工工艺制订正确		5			
		2	切削用量选择合理		5			
		3	程序正确、简单、规范		20			
	操作	4	设备操作、维护保养正确		5			
		5	安全、文明生产		5			
		6	刀具选择、安装正确规范		5			
		7	工件找正、安装正确规范		5			
工作态度		8	行为规范、纪律表现		10			
外圆和螺纹		9	$\phi 38_{-0.039}^{0}$ mm		5			
		10	$\phi 26_{-0.039}^{0}$ mm		5			
		11	$\phi 16_{0}^{+0.027}$ mm		5			
		12	$\phi 22_{0}^{+0.027}$ mm		5			
		13	M30×0.75		10			
长度		14	（15±0.05）mm		5			
		15	（50±0.05）mm		5			
综合得分					100			

第三篇 数控车床中、高级职业技能鉴定训练

任务1 中级工实操考试综合训练（一）

【知识目标】

1. 掌握综合类零件的数控加工工艺。
2. 会识读零件图样。
3. 了解数控加工刀具、数控加工工序卡等工艺文件。
4. 会编写综合件加工程序。

【能力目标】

1. 掌握一般轴类零件加工方法。
2. 掌握尺寸控制及螺纹精度控制方法。
3. 能加工出满足尺寸精度要求的零件。

【任务导入】

任务要求：如图 3-1 所示，毛坯尺寸为 $\phi50\,mm \times 85\,mm$，材料为 45 钢。要求分析其数控车削加工工艺，编制数控加工工序卡并进行加工。

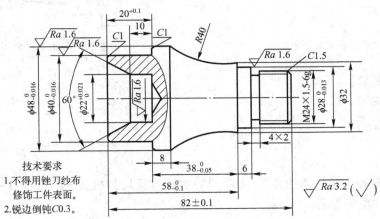

图 3-1 零件图

任务分析：本任务引入零件的外轮廓分两端加工，需要二次装夹，引导学生合理制订加工工艺，进一步训练学生数控编程及加工综合能力。

【任务实施】

1. 分析零件图样

如图 3-1 所示，本任务中尺寸精度主要通过准确对刀、正确设置刀补及磨耗，以及制订合理的加工工艺等措施来保证。表面粗糙度值主要通过选用合适的刀具及其几何参数，正

确的粗、精加工路线，合理的切削用量等措施来保证。

2. 加工工艺分析

（1）加工路线　外轮廓分两次装夹加工，左端内孔和外圆在一次装夹中完成，右侧外轮廓、外沟槽、外螺纹在调头装夹中完成。即装夹毛坯，手动钻内孔，粗、精加工内孔，粗、精车外轮廓；再调头装夹，粗、精车外轮廓，切槽，车螺纹。

加工路线如下。

1）加工左侧装夹示意图如图 3-2 所示。

夹住毛坯车端面，保证毛坯伸出长度大于 40 mm。

手动钻孔。

粗车左侧 $\phi 22_{\ 0}^{+0.021}$ mm 内孔。

精车左侧 $\phi 22_{\ 0}^{+0.021}$ mm 内孔。

粗车左侧 $\phi 40_{\ -0.016}^{\ 0}$ mm 和 $\phi 48_{\ -0.016}^{\ 0}$ mm 外圆。

精车左侧 $\phi 40_{\ -0.016}^{\ 0}$ mm 和 $\phi 48_{\ -0.016}^{\ 0}$ mm 外圆。

2）调头夹住 $\phi 40_{\ -0.016}^{\ 0}$ mm 外圆，校正，加工右侧装夹示意图如图 3-3 所示。

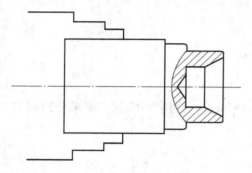

图 3-2　加工左侧装夹示意图

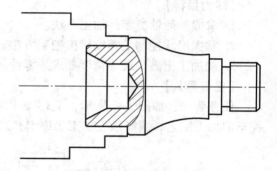

图 3-3　加工右侧装夹示意图

车端面控制总长。

外轮廓粗加工。

外轮廓精加工。

切槽。

车螺纹。

（2）刀具选择　第三篇任务 1、2 用到的六把刀具均为机夹式，如图 3-4 ～ 图 3-10 所示。刀杆和刀片型号见表 3-1。

表 3-1　任务 1.2 的刀杆和刀片型号

刀 具 名 称	刀 具 号	刀 杆 型 号	刀 片 型 号
外圆刀	T01	MVJNR2020K16C	VNMG160404NN
镗刀	T02	S12M - SDUCR07D	DCMT070202 - PS
外螺纹刀	T03	SER2020K16	16ERAG60GR520
内螺纹刀	T04	SNR0013M16D	16IRAG60GR520
内沟槽刀	T06	SNGR12M08	8GR200NS530
切断刀	T05	MGEHR2020 - 3	MGMN300 - M

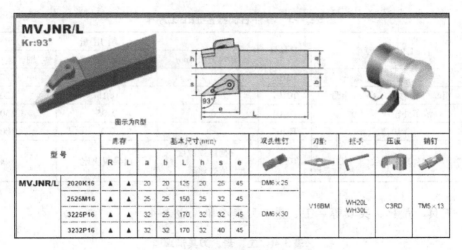

图 3-4 外圆刀参数示意图

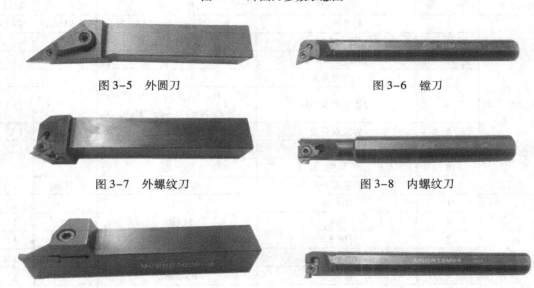

图 3-5 外圆刀

图 3-6 镗刀

图 3-7 外螺纹刀

图 3-8 内螺纹刀

图 3-9 切断刀

图 3-10 内沟槽刀

（3）加工工序卡　零件左侧数控加工工序卡见表 3-2。零件后侧数控加工工序卡见表 3-3。

表 3-2　零件左侧数控加工工序卡

工步号	工 步 内 容	刀具号	切削用量		
			背吃刀量/mm	进给量/（mm/r）	主轴转速/（r/min）
1	手动车端面	T0101	0.2	0.1	1200
2	手动钻孔（φ18 mm 麻花钻）				300
3	内孔粗加工留 0.4 mm 余量	T0202	1	0.1	800
4	内孔精加工至尺寸	T0202	0.2	0.05	1200
5	外圆粗加工留 0.6 mm 余量	T0101	1.5	0.15	1200
6	外圆精加工至尺寸	T0101	0.3	0.05	1500

表 3-3　零件右侧数控加工工序卡

工步号	工步内容	刀具号	切削用量		
			背吃刀量/mm	进给量/(mm/r)	主轴转速/(r/min)
1	手动车端面保证总长	T0101	0.2	0.1	1200
2	粗车外轮廓留 0.6 mm 余量	T0101	1.5	0.15	1200
3	精车外轮廓至尺寸	T0101	0.3	0.05	1500
4	切槽	T0505		0.1	1000
5	车外螺纹	T0303	根据螺纹深度依次递减	由导程决定	500

（4）工具、量具、夹具等　工、量、刀具清单见表 3-4。

表 3-4　工、量、刀具清单

类别	序号	名称	规格	精度	数量
量具	1	外径千分尺	0 ~ 25 mm、25 ~ 50 mm	0.01 mm	各 1
	2	游标卡尺	0 ~ 150 mm	0.02 mm	1
	3	深度游标卡尺	0 ~ 150 mm	0.02 mm	1
	4	游标万能角度尺	0 ~ 320°	2′	1
	5	螺纹塞规和环规	M30 × 1.5 − 6g/7H、M24 × 1.5 − 6g/7H		各 1
	6	钟式百分表	0 ~ 10 mm	0.01 mm	1 套
	7	螺纹样板	30°、60°、40°		1 块
	8	R 规	R_1 ~ R_{25}		1
	9	内径百分表	0 ~ 33 mm	0.01 mm	1
刃具	1	中心钻	Q235		1
	2	钻头	ϕ18 mm		1
	3	外圆车刀	κ_r≥93°、κ_r'≥55°		1
	4	端面车刀	45°		1
	5	圆弧刀	R < 3 mm		1
	6	外切槽刀	刀宽≤4 mm、长≥9 mm		1
	7	外三角螺纹车刀	刀尖角 60°		1
	8	内三角螺纹车刀	刀尖角 60°，刀杆长度≥30 mm，内螺纹小径≤22 mm		1
	9	不通孔镗刀	D≥ϕ23 mm，L≥55 mm		自定
	10	内切槽刀	D≥ϕ25 mm、L≥30 mm		1
操作工具	1	铜皮	0.05 ~ 0.5 mm		自定
	2	铜棒			自定
	3	活扳手	12 "寸"		1
	4	垫刀块			自定
	5	相应配套钻套	莫氏		1 套
	6	钻夹头	1 ~ 13 莫氏 4#		1
	7	回转顶尖	莫氏 4#、5#		各 1
	8	清除铁屑用的钩子			1

类 别	序 号	名 称	规 格	精 度	数量
编写工艺 自备工具	1	铅笔			自备
	2	钢笔			自备
	3	橡皮			自备
	4	绘图工具			自备
	5	函数计算器			自备

3. 编制参考加工程序

零件左、右端分别编写加工程序，且分别进行对刀。

（1）加工左端内孔和外轮廓

1）建立工件坐标系。加工左侧内孔和外轮廓时，夹住毛坯外圆，保证伸出大于40 mm。根据工件坐标系建立原则：工件原点一般设在右端面与工件轴线交点处。

2）编制程序（表3-5）。

表3-5 零件加工参考程序（左）

程序段号	加工程序	程序说明
	O0001	程 序 名
N10	T0202	调镗刀
N20	G97 G99 S800 M03	主轴正转
N30	M08	切削液开
N40	G00 X18 Z5	快速定位至循环起点
N50	G71 U1 R0.1	内孔粗加工
N60	G71 P70 Q90 U−0.4 W0 F0.1	
N70	G00 X33.5	
N80	G01 Z0 F0.05	
N85	X22 Z−10	
N90	Z−20	
N100	G00 X150 Z150	刀具回安全位置
N105	M05	主轴停
N110	M09	切削液停
N120	M00	程序暂停
N130	T0202	调内孔刀
N140	G97 G99 S800 M03	主轴正转
N150	M08	切削液开
N160	G00 X18 Z5	快速定位至循环起点
N170	G70 P70 Q90	内孔精加工
N180	G00 X150 Z150	刀具回安全位置
N190	M05	主轴停
N200	M09	切削液停
N210	M00	程序暂停
N220	T0101	调外圆刀
N230	G97 G99 S1200 M03	主轴正转

程序段号	加工程序	程序说明
	O0001	程 序 名
N240	M08	切削液开
N250	G00 X70 Z20	快速定位至循环起点
N260	G73 U5 R4	
N270	G73 P280 Q340 U0.6 W0 F0.15	
N280	G00 X38 Z5	
N290	G01 Z0 F0.05	
N300	X40 Z-1	外圆粗加工
N310	Z-20	
N320	X46	
N330	X48 Z-21	
N340	Z-33	
N350	G00 X150 Z150	刀具回安全位置
N360	M05	主轴停
N370	M09	切削液停
N380	M00	程序暂停
N390	T0101	调外圆刀
N400	G97 G99 S1500 M03	主轴正转
N410	M08	切削液开
N420	G00 X70 Z20	快速定位至循环起点
N430	G70 P280 Q340	外圆精加工
N440	G00 X150 Z150	快速定位至循环起点
N450	M05	外圆精加工
N460	M09	刀具回安全位置
N470	M30	程序结束

（2）加工右端外轮廓

1）建立工件坐标系。加工右侧外轮廓时，夹住零件左侧 $\phi 48_{-0.016}^{0}$ mm 外圆，手动车端面保证总长。根据工件坐标系建立原则：工件原点一般设在右端面与工件轴线交点处。

2）编制程序（表3-6）。

表3-6 零件加工参考程序（右）

程序段号	加工程序	程序说明
	O0002	程 序 名
N10	T0101	调外圆刀
N20	G97 G99 S1200 M03	主轴正转
N30	M08	切削液开
N40	G00 X70 Z20	快速定位至循环起点
N50	G73 U13 R10	
N60	G73 P70 Q130 U0.6 W0 F0.15	外圆粗加工
N70	G00 X20.8	

程序段号	加工程序	程序说明
	OO002	程序名
N80	G01 Z0 F0.05	
N85	X23.8 Z-1.5	
N90	Z-18	
N100	X28	外圆粗加工
N105	Z-24	
N110	X32	
N120	G02 X48 Z-54 R40	
N130	G01 X50	
N140	G00 X150 Z150	刀具回安全位置
N150	M05	主轴停
N160	M09	切削液停
N170	M00	程序暂停
N180	T0101	调外圆刀
N190	G97 G99 S1500 M03	主轴正转
N200	M08	切削液开
N210	G00 X70 Z20	快速定位至循环起点
N220	G70 P70 Q130	外圆精加工
N230	G00 X150 Z150	刀具回安全位置
N240	M05	主轴停
N250	M09	切削液停
N260	M00	程序暂停
N270	T0505	调切断刀
N280	G97 G99 S1000 M03	主轴正转
N290	M08	切削液开
N300	G00 X32 Z0	快速定位至起点
N310	Z-18	刀具至割槽位置
N320	G01 X20 F0.1	割槽
N330	X32	退刀
N340	G00 X150 Z150	刀具回安全位置
N350	M05	主轴停
N360	M09	切削液停
N370	M00	程序暂停
N380	T0303	调外螺纹刀
N390	G97 G99 S500 M03	主轴正转
N400	M08	切削液开
N410	G00 X28 Z5	刀具至循环起点
N420	G92 X23.2 Z-16 F1.5	螺纹加工第一次进给
N430	X22.6	第二次进给
N440	X22.3	第三次进给

程序段号	加 工 程 序	程 序 说 明
	O0002	程 序 名
N450	X22.2	第四次进给
N460	X22.2	光刀
N470	G00 X150 Z150	刀具回安全位置
N480	M05	主轴停
N490	M09	切削液停
N500	M30	程序结束

4. 技能训练

（1）加工准备

1）检测坯料尺寸。

2）装夹刀具与工件。

外圆车刀按要求安装于刀架的 T01 号刀位。

镗刀按要求安装于刀架的 T02 号刀位。

外螺纹刀按要求安装于刀架 T03 号刀位

切断刀按要求安装于刀架的 T05 号刀位。

3）程序输入。

4）程序模拟。

5）关机、开机回参考点。

（2）对刀

（3）校刀 检验 T01、T02、T03、T05 刀具对刀正确与否。

（4）零件自动加工及尺寸控制

1）零件自动加工。将程序调到开始位置，选择 MEM（或 AUTO）自动加工方式，调好进给倍率，按数控启动按钮进行自动加工，首次加工将程序控制调整为单段，快速进给倍率调整为 25%。

2）尺寸控制。外圆尺寸控制和螺纹尺寸控制方法依然按照前面任务中方法进行。

5. 零件检测与评分

零件加工结束后进行检测。检测结果写在表 3-7 中。

表 3-7 零件评分表

班　级				姓　名		学　号	
任务			中级工考工件综合训练（一）			零件图编号	图 3-1
基本检查	编程	序号	检 测 内 容		配分	学生自评	教师评分
		1	切削加工工艺制订正确		5		
		2	切削用量选择合理		5		
		3	程序正确、简单、规范		20		
	操作	4	设备操作、维护保养正确		5		
		5	安全、文明生产		5		
		6	刀具选择、安装正确规范		5		
		7	工件找正、安装正确规范		5		

班　　级			姓名		学　　号	
任务		中级工考工件综合训练（一）			零件图编号	图 3-1
工作态度	8	行为规范、纪律表现		5		
外圆和螺纹	9	$\phi 48_{-0.016}^{0}$ mm		5		
	10	$\phi 40_{-0.016}^{0}$ mm		5		
	11	$\phi 28_{-0.013}^{0}$ mm		5		
	12	$\phi 22_{0}^{+0.021}$ mm		5		
	13	M24 × 1.5		5		
长度	14	$20_{0}^{+0.1}$ mm		5		
	15	$38_{-0.05}^{0}$ mm		5		
	16	$58_{-0.1}^{0}$ mm		5		
	17	(82 ± 0.1) mm		5		
综合得分				100		

6. 加工结束，清理机床

和前面要求一样，每天加工结束，整理工量具，清除机床切屑，做好机床的日常保养和实习车间的卫生，养成良好的文明生产习惯。

任务 2　中级工实操考试综合训练（二）

【知识目标】

1. 掌握综合类零件的数控加工工艺。

2. 会识读零件图样。

3. 了解数控加工刀具、数控加工工序卡等工艺文件。

4. 会编写综合件加工程序。

【能力目标】

1. 掌握综合类零件加工方法。

2. 掌握尺寸控制及螺纹精度控制方法。

3. 掌握内外沟槽加工方法。

4. 能加工出满足尺寸精度要求的零件。

【任务导入】

任务要求：如图 3-11 所示，毛坯尺寸为 $\phi50$ mm × 85 mm，材料为 45 钢。要求分析其数控车削加工工艺，编制数控加工程序并进行加工。

任务分析：本任务零件需调头加工，需要二次装夹，引导学生合理制订加工工艺，在任务 1 的基础上引入内螺纹的加工，进一步训练学生数控编程及加工综合能力。

【任务实施】

1. 分析零件图样

如图 3-11 所示，本任务中尺寸精度主要通过准确对刀、正确设置刀补及磨耗，以及制订合理的加工工艺等措施来保证。表面粗糙度值主要通过选用合适的刀具及其几何参数，正确的粗精加工路线，合理的切削用量等措施来保证。

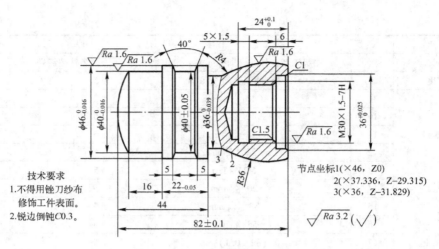

图 3-11 零件图

2. 加工工艺分析

（1）加工路线　外轮廓分两次装夹加工，左端外轮廓及沟槽在一次装夹中完成，右侧外轮廓、内孔、内沟槽、内螺纹在调头装夹中完成。即夹住毛坯，粗精车左侧外轮廓，车外沟槽；再调头装夹，手动钻内孔，粗、精加工内孔，内沟槽，最后车内螺纹。

加工路线如下。

1）加工左侧装夹示意图如图 3-12 所示。

夹住毛坯，保证伸出长度 55 mm，车左侧端面。

粗车左侧 $\phi 40_{-0.016}^{0}$ mm 和 $\phi 46_{-0.016}^{0}$ mm 外圆。

精车左侧 $\phi 40_{-0.016}^{0}$ mm 和 $\phi 46_{-0.016}^{0}$ mm 外圆。

粗车外沟槽。

精车外沟槽。

2）调头夹住 $\phi 40_{-0.016}^{0}$ mm 外圆，校正，加工右侧装夹示意图如图 3-13 所示。

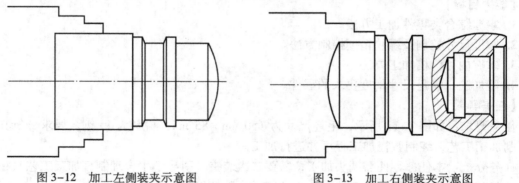

图 3-12　加工左侧装夹示意图　　　图 3-13　加工右侧装夹示意图

车端面控制总长。

手动钻底孔，深度 30 mm。

外轮廓粗加工。

外轮廓精加工。

内孔粗加工。

内孔精加工。

车内沟槽。

车内螺纹。

（2）刀具选择　本任务用到的刀具有外圆刀、切断刀、镗刀、内螺纹刀、内沟槽刀，刀具型号和任务 1 一致。

（3）加工工序卡　零件左侧数控加工工序卡见表 3-8。零件右侧数控加工工序卡见表 3-9。

表 3-8　零件左侧数控加工工序卡

工步号	工步内容	刀具号	切削用量		
			背吃刀量/mm	进给量/（mm/r）	主轴转速/（r/min）
1	手动车端面	T0101	0.2	0.1	1200
2	粗车外轮廓留 0.6mm 余量	T0101	1.5	0.15	1200
3	精车外轮廓至尺寸	T0101	0.3	0.05	1500
4	粗车外沟槽留 0.2mm 余量	T0303		0.1	1000
5	精车外沟槽至尺寸	T0303		0.1	1000

表 3-9　零件右侧数控加工工序卡

工步号	工步内容	刀具号	切削用量		
			背吃刀量/mm	进给量/（mm/r）	主轴转速/（r/min）
1	手动车端面保证总长	T0101	0.2	0.1	1200
2	手动钻孔（φ18mm 麻花钻）				300
3	粗车外轮廓留 0.6mm 余量	T0101	1.5	0.15	1200
4	精车外轮廓至尺寸	T0101	0.3	0.05	1500
5	内孔粗加工留 0.4mm 余量	T0202	1	0.1	800
6	内孔精加工至尺寸	T0202	0.2	0.05	800
7	车内沟槽	T0606		0.1	1000
8	车内螺纹	T0404	根据螺纹深度依次递减	由导程决定	500

（4）工、量、刀具清单（表 3-10）

表 3-10　工、量、刀具清单

类别	序号	名称	规格	精度	数量
量具	1	外径千分尺	0~25mm、25~50mm	0.01mm	各 1
	2	游标卡尺	0~150mm	0.02mm	1
	3	深度游标卡尺	0~150mm	0.02mm	1
	4	游标万能角度尺	0~320°	2′	1
	5	螺纹塞规和环规	M30×1.5-6g/7H、M24×1.5-6g/7H		各 1
	6	钟式百分表	0~10mm	0.01mm	1 套
	7	螺纹样板	30°、60°、40°		1 块
	8	R 规	R1~R25		1
	9	内径千分尺	5~25mm，25~50mm	0.01mm	各 1

类　别	序　号	名　　称	规　　格	精　　度	数量
刃具	1	中心钻	Q235		1
	2	钻头	$\phi 18$ mm、$\phi 22$ mm		各1
	3	外圆车刀	$\kappa_r \geqslant 93°$、$\kappa_r' \geqslant 55°$		1
	4	端面车刀	45°		1
	5	圆弧刀	$R < 3$ mm		1
	6	外切槽刀	刀宽≤4 mm、长≥9 mm		1
	7	外三角螺纹车刀	刀尖角60°		1
	8	内三角螺纹车刀	刀尖角60°，刀杆长度≥30 mm，内螺纹小径≤22 mm		1
	9	不通孔镗刀	$D \geqslant \phi 23$ mm、$L \geqslant 55$ mm		自定
	10	内切槽刀	$D \geqslant \phi 25$ mm、$L \geqslant 30$ mm		1
操作工具	1	铜皮	0.05 ~ 0.5 mm		自定
	2	铜棒			自定
	3	活扳手	12 "寸"		1
	4	垫刀块			自定
	5	相应配套钻套	莫氏		1套
	6	钻夹头	1 ~ 13 莫氏 4#		1
	7	回转顶尖	莫氏 4#、5#		各1
	8	清除铁屑用的钩子			1
编写工艺自备工具	1	铅笔			自备
	2	钢笔			自备
	3	橡皮			自备
	4	绘图工具			自备
	5	函数计算器			自备

3. 编制参考加工程序

零件左、右端分别编写加工程序，且分别进行对刀。

（1）加工左侧外轮廓和外沟槽

1）建立工件坐标系。加工左侧外轮廓和外沟槽时，夹住毛坯外圆，伸出 55 mm。根据工件坐标系建立原则：工件原点一般设在右端面与工件轴线交点处。

2）编制程序（表3-11）。

表3-11　零件加工参考程序（左）

程序段号	加工程序	程序说明
	O0001	程　序　名
N10	T0101	换外圆刀
N20	G97 G99 S1200 M03	主轴正转
N30	M08	切削液开

程序段号	加 工 程 序	程 序 说 明
	O0001	程 序 名
N40	G00 X70 Z20	快速定位至循环起点
N50	G73 U5 R4	
N60	G73 P70 Q90 U0.6 W0 F0.15	
N70	G00 X0 Z5	
N80	G01 Z0 F0.05	
N85	G03 X40 Z－6 R40	G73 外轮廓粗加工
N90	G01 Z－22	
N100	X46	
N105	Z－46	
N106	G00 X150 Z150	刀具回安全位置
N110	M05	主轴停
N120	M09	切削液停
N130	M00	程序暂停
N140	T0101	换外圆刀
N150	G97 G99 S1500 M03	主轴正转
N160	M08	切削液开
N170	G00 X70 Z20	快速定位至循环起点
N175	G70 P70 Q105	外轮廓精加工
N180	G00 X150 Z150	刀具回安全位置
N190	M05	主轴停
N200	M09	切削液停
N210	M00	程序暂停
N220	T0303	调外螺纹刀
N230	G97 G99 S1000 M03	主轴正转
N240	M08	切削液开
N250	G00 X48 Z10	
N260	Z－32.09	
N270	G01 X40.4 F0.1	
N280	X48	
N290	Z－35	
N300	X40.4	粗加工槽
N310	X48	
N320	Z－37.91	
N330	X40.3	
N340	Z－32.09	
N350	G00 X150 Z150	刀具回安全位置
N360	M05	主轴停
N370	M09	切削液停
N380	M00	程序暂停
N390	T0303	调外螺纹刀
N400	G97 G99 S1000 M03	主轴正转

程序段号	加工程序	程序说明
	O0001	程 序 名
N410	M08	
N420	G00 X48 Z10	
N430	Z−31	
N440	G01 X46 F0.1	
N450	X40.2 Z−32.09	
N460	X48	精加工槽
N470	Z−39	
N480	X46	
N490	X40 Z−37.91	
N500	Z−32.09	
N510	X48	
N520	G00 X150 Z150	刀具回安全位置
N530	M05	主轴停
N540	M09	切削液停
N550	M30	程序结束

（2）加工右端外轮廓及内孔

1）建立工件坐标系。加工右侧外轮廓和内孔时，夹住零件左侧 $\phi 40^{\ 0}_{-0.016}$ mm 外圆，手动车端面保证总长。根据工件坐标系建立原则：工件原点一般设在右端面与工件轴线交点处。

2）编制程序（表3-12）。

表3-12 零件加工参考程序（右）

程序段号	加工程序	程序说明
	O0002	程 序 名
N10	T0101	调外圆刀
N20	G97 G99 S1200 M03	主轴正转
N30	M08	切削液开
N40	G00 X70 Z20	快速定位至循环起点
N50	G73 U7 R5	
N60	G73 P70 Q105 U0.6 W0 F0.15	
N70	G00 X46 Z5	
N80	G01 Z0 F0.05	
N85	G03 X37.336 Z−29.315 R36	G73 外轮廓粗加工
N90	G02 X36 Z−31.829 R4	
N100	G01 Z−38	
N105	X50	
N110	G00 X150 Z150	刀具回安全位置
N120	M05	主轴停
N130	M09	切削液停
N140	M00	程序暂停
N150	T0101	调外圆刀

程序段号	加工程序	程序说明
	O0001	程 序 名
N160	G97 G99 S1500 M03	主轴正转
N170	M08	切削液开
N180	G00 X70 Z20	快速定位至循环起点
N190	G70 P70 Q130 U7 R5	外轮廓精加工
N200	G00 X150 Z150	刀具回安全位置
N210	M05	主轴停
N220	M09	切削液停
N230	M00	程序暂停
N240	T0202	调镗刀
N250	G97 G99 S800 M03	主轴正转
N260	M08	切削液开
N270	G00 X18 Z5	快速定位至循环起点
N280	G71 U1 R0.1	
N290	G71 P300 Q360 U−0.4 W0 F0.1	
N300	G00 X38	
N310	G01 Z0 F0.05	
N320	X36 Z−1	G71 内孔粗加工
N330	Z−6	
N340	X30.5	
N350	X28.5 Z−7	
N360	Z−26	
N370	G00 X150 Z150	刀具回安全位置
N380	M05	主轴停
N390	M09	切削液停
N400	M00	程序暂停
N410	T0202	调镗刀
N420	G97 G99 S800 M03	主轴正转
N430	M08	切削液开
N440	G00 X18 Z5	快速定位至循环起点
N450	G70 P300 Q360	内孔精加工
N460	G00 X150 Z150	刀具回安全位置
N470	M05	主轴停
N480	M09	切削液停
N490	M00	程序暂停
N500	T0606	调内沟槽刀
N510	G97 G99 S800 M03	主轴正转
N520	M08	切削液开
N530	G00 X27.5 Z5	快速定位至起刀点
N540	Z−24	
N550	G01 X31.5 F0.1	切内沟槽
N560	X27.5	
N570	Z5	

程序段号	加工程序	程序说明
	O0002	程 序 名
N580	G00 X150 Z150	刀具回安全位置
N590	M05	主轴停
N600	M09	切削液停
N610	M00	程序暂停
N620	T0404	调内螺纹刀
N630	G97 G99 S800 M03	主轴正转
N640	M08	切削液开
N650	G00 X18 Z5	刀具至循环起点
N660	G92 X29.3 Z−21 F1.5	螺纹加工第一次进给
N670	X29.9	第二次进给
N680	X30.2	第三次进给
N690	X30.3	第四次进给
N700	G00 X150 Z150	刀具回安全位置
N710	M05	主轴停
N720	M09	切削液停
N730	M30	程序结束

4. 技能训练

（1）加工准备

1）检测坯料尺寸。

2）装夹刀具与工件。

外圆车刀按要求安装于刀架的 T01 号刀位。

镗刀按要求安装于刀架的 T02 号刀位。

外螺纹刀按要求安装于刀架 T03 号刀位

内螺纹刀按要求安装于刀架 T04 号刀位。

切断刀按要求安装于刀架的 T05 号刀位。

内沟槽刀按要求安装于刀架的 T06 号刀位。

3）程序输入。

4）程序模拟。

5）关机、开机回参考点。

（2）对刀

（3）校刀　检验 T01、T02、T03、T04、T05、T06 刀具对刀正确与否。

（4）零件自动加工及尺寸控制

1）零件自动加工。将程序调到开始位置，选择 MEM（或 AUTO）自动加工方式，调好进给倍率，按数控启动按钮进行自动加工，首次加工将程序控制调整为单段，快速进给倍率调整为 25%。

2）尺寸控制。外圆尺寸控制和螺纹尺寸控制方法依然按照前面任务中方法进行。

5. 零件检测与评分

零件加工结束后进行检测。检测结果写在表 3–13 中。

表 3-13 零件评分表

班 级			姓 名		学 号	
任务			中级工考工件综合训练（二）		零件图编号	图3-11
基本检查		序号	检测内容	配分	学生自评	教师评分
	编程	1	切削加工工艺制订正确	5		
		2	切削用量选择合理	5		
		3	程序正确、简单、规范	20		
	操作	4	设备操作、维护保养正确	5		
		5	安全、文明生产	5		
		6	刀具选择、安装正确规范	5		
		7	工件找正、安装正确规范	5		
工作态度		8	行为规范、纪律表现	10		
外圆和螺纹		9	$\phi 46_{-0.016}^{0}$ mm	5		
		10	$\phi 40_{-0.016}^{0}$ mm	5		
		11	$\phi 36_{-0.039}^{0}$ mm	5		
		12	$\phi 40 \pm 0.05$ mm	5		
		13	$\phi 36_{0}^{+0.025}$ mm	5		
		14	$M30 \times 1.5 - 7H$	5		
长度		15	$22_{-0.05}^{0}$ mm	2		
		16	$24_{0}^{+0.1}$ mm	3		
		17	(82 ± 0.1) mm	5		
综合得分				100		

6. 加工结束，清理机床

和前面要求一样，每天加工结束，整理工量具，清除机床切屑，做好机床的日常保养和实习车间的卫生，养成良好的文明生产习惯。

任务 3　高级工实操考试综合训练（一）

【知识目标】

1. 掌握配合类零件的数控加工工艺。
2. 会识读零件图样。
3. 掌握椭圆宏程序编写方法。
4. 掌握配合类零件数控加工程序的编写方法。

【能力目标】

1. 会编写配合件加工工艺卡片。
2. 掌握尺寸控制及螺纹精度控制方法。
3. 能加工出满足尺寸精度要求的配合件。

【任务导入】

任务要求：如图3-14、图3-15所示，毛坯尺寸为$\phi 50$mm$\times 90$mm，材料为45钢。要求分析其数控车削加工工艺，编制数控加工工序卡并进行加工。

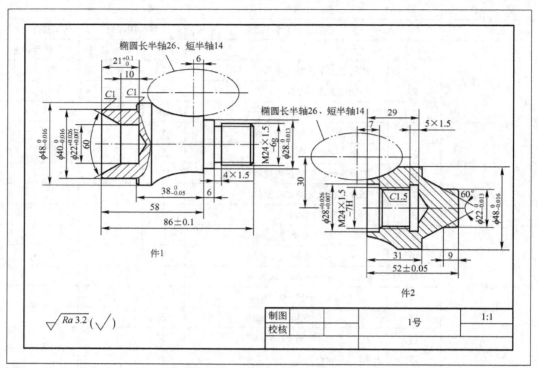

图 3-14　零件图

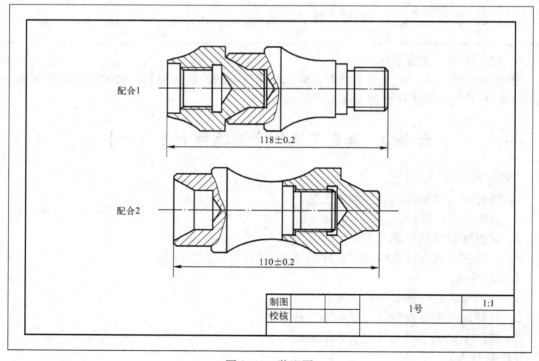

图 3-15　装配图

132

任务分析：本任务在前面中级工练习的基础上引入椭圆的加工方法，引导学生合理制订加工工艺，进一步训练学生配合件的加工工艺，培养学生复杂零件数控编程及加工综合能力。

【任务实施】

1. 分析零件图样

如图 3-14 所示，本任务中尺寸精度主要通过准确对刀、正确设置刀补及磨耗，以及制订合理的加工工艺等措施来保证。表面粗糙度值主要通过选用合适的刀具及其几何参数，正确的粗精加工路线，合理的切削用量等措施来保证。

2. 制作工艺卡片

根据加工工艺原则：先内后外、先粗后精、先近后远。以此原则编写程序的工艺卡片见表 3-14 ~ 表 3-17。

表 3-14 工艺卡片（件 1 左端）

工序号	工 序	刀 具	主轴转速/(r/min)	进给量/(mm/r)	背吃刀量/mm
1	车端面	端面车刀	800	手动	0.5
2	钻孔	$\phi18$ mm 钻头	500	手动	9
3	粗镗内孔	$\phi16$ mm 镗刀	600	0.12	1
4	精镗内孔	$\phi16$ mm 镗刀	800	0.08	0.3
5	粗车外轮廓	93°外圆车刀	800	0.15	1
6	精车外轮廓	93°外圆车刀	1200	0.08	0.3
7	切断	$b=3$ mm 切断刀	500	0.05	3
8	车总长	端面车刀	1000	手动	0.2

表 3-15 工艺卡片（件 1 右端）

工序号	工 序	刀 具	主轴转速/(r/min)	进给量/(mm/r)	背吃刀量/mm
1	粗车右端外圆	93°外圆车刀	800	0.15	1
2	精车右端外圆	93°外圆车刀	1500	0.08	0.3
3	车螺纹退刀槽	$b=3$ mm 切断刀	500	0.05	3
4	车螺纹	外螺纹刀	800	1.5	1.95

表 3-16 工艺卡片（件 2 左端）

工序号	工 序	刀 具	主轴转速/(r/min)	进给量/(mm/r)	背吃刀量/mm
1	车端面	端面车刀	800	手动	0.5
2	钻孔	$\phi18$ mm 钻头	500	手动	9
3	粗镗内孔	$\phi16$ mm 镗刀	600	0.12	1
4	精镗内孔	$\phi16$ mm 镗刀	800	0.08	0.3
5	车内螺纹退刀槽	$b=5$ mm 内沟槽刀	400	0.05	5
6	车内螺纹	内螺纹刀	600	1.5	1.65
7	切断	$b=3$ mm 切断刀	500	0.05	3
8	车总长	端面车刀或93°外圆车刀	1000	手动	0.2

将件 1、件 2 按配合 2 的样式配合。

表 3-17 工艺卡片（配合）

工序号	工　序	刀　具	主轴转速/（r/min）	进给量/（mm/r）	背吃刀量/mm
1	钻中心孔	中心钻	1000	手动	1.5
2	粗车外轮廓	93°外圆车刀	800	0.15	1
3	精车外轮廓	93°外圆车刀	1500	0.08	0.3
4	粗车外轮廓（椭圆）	93°外圆车刀	800	0.12	0.8
5	精车外轮廓（椭圆）	93°外圆车刀	1500	0.08	0.3

3. 编写程序

（1）件一左端程序

1）车削端面。

2）钻孔用 $\phi18\,mm$ 钻头，钻孔深度大于 21 mm，钻孔工艺简图
如图 3-16 所示。

3）内轮廓粗加工程序表见表 3-18。

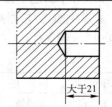

图 3-16　钻孔工艺简图

表 3-18　内轮廓粗加工程序表

工艺简图	刀具简图
程序内容	程序说明
O0011	程序号（O0001 ~ O9999）
G97 G99 M03 S600	主轴正转，转速为 600 r/min
T0202	换 2 号镗刀
G00 X16	快速定位至粗加工循环起点，先进 X 再进 Z 避免撞刀
Z2	
G71 U1 R0.5	内轮廓单边递减可使用 G71 复合循环指令。设背吃刀量 U 为 1 mm，退刀量 R 为 0.5 mm
G71 P10 Q20 U - 0.3 F0.12	P10：精加工程序第一个程序段的段号。Q20：精加工程序最后一个程序段的段号。U：直径方向预留量。F0.12：粗加工进给量。内轮廓粗加工值预留量一定为负
N10 G00 X34.7	快速定位，内轮廓由 N10 ~ N20 描述
G01 Z0 F1	慢速定位，内轮廓起始点，进给量为 1 mm/r
X22 Z - 11 F0.08	车削 60°的锥孔，慢速车削，精加工进给量为 0.08 mm/r
N20 Z - 21	车削 $\phi22\,mm$ 的内孔
G00 Z200	退刀至安全换刀点，内孔加工退刀时一定要先退 Z，再退 X，否则会撞刀
X200	
M05	主轴停止
M00	程序暂停，检测粗加工结果，根据结果进行磨耗的调整

4）内轮廓精加工程序表见表 3-19。

表 3-19　内轮廓精加工程序表

工艺简图	刀具简图
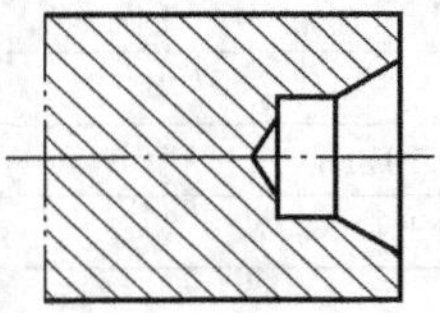	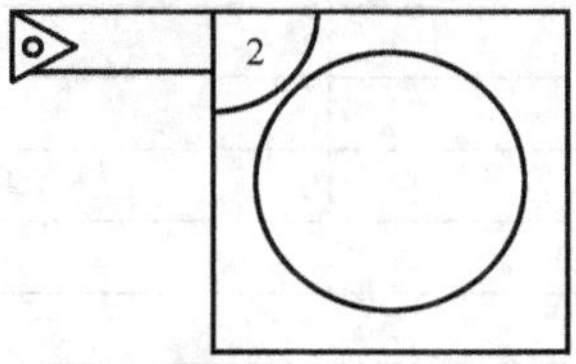

程序内容	程序说明
T0202	换 2 号镗刀
M03 S800	主轴正转，转速为 800 r/min
G00 X16	快速定位至粗加工循环起点，先进 X 再进 Z 避免撞刀
Z2	
G70 P10 Q20	定义精车循环，精车各内孔表面
G00 Z200	退刀至安全换刀点
X200	
M05	主轴停止
M00	程序暂停，检测精加工结果，根据结果进行磨耗的调整

5）外轮廓粗加工程序表见表 3-20。

表 3-20　外轮廓粗加工程序表

工艺简图	刀具简图
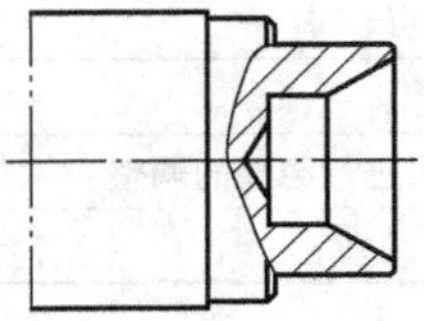	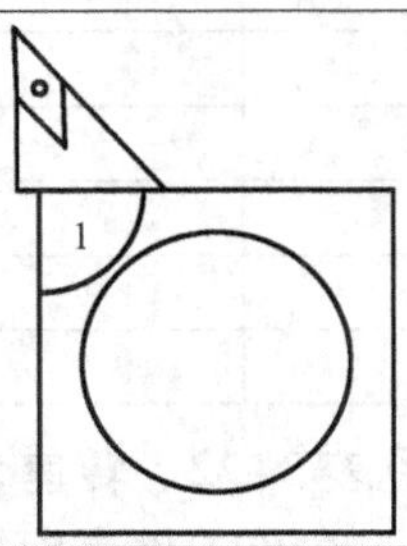

程序内容	程序说明
T0101	换 1 号 93°外圆车刀
M03 S800	主轴正转，转速 800 r/min
G00 X52 Z2	快速定位至粗加工循环起点
G71 U1 R0.5	外轮廓单边递增，使用 G71 复合循环指令。设背吃刀量 U 为 1 mm，退刀量 R 为 0.5 mm
G71 P30 Q40 U0.3 F0.15	P30：精加工程序第一个程序段的段号。Q40：精加工程序最后一个程序段的段号。U：直径方向预留量。F0.15：粗加工进给量。粗加工直径方向预留量一定为正
N30 G00 X38	快速定位，外轮廓由 N30 ~ N40 描述
G01 Z0 F1	慢速定位，外轮廓起始点，进给量为 1 mm/r

工 艺 简 图	刀 具 简 图
X40 Z-1 F0.08	车削 C1 外圆倒角，慢速进刀，精加工进给量为 0.08 mm/r
Z-20	车削 φ40 mm 外圆
X46	车削台阶端面
X48 W-1	车削 C1 外圆倒角
N40 W-10	车削 φ48 mm 外圆，长度为 10 mm
G00 X200 Z200	快速退刀，回安全换刀点
M05	主轴停止
M00	程序暂停，检测粗加工结果，根据结果进行磨耗的调整

6）外轮廓精加工程序表见表 3-21。

表 3-21 外轮廓精加工程序表

工 艺 简 图	刀 具 简 图
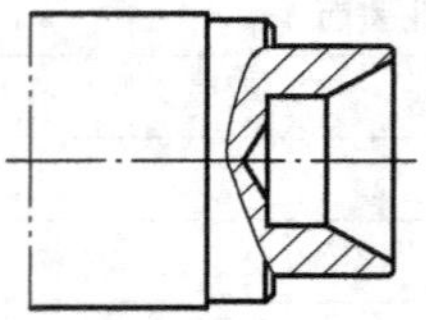 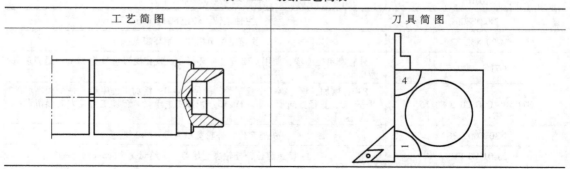	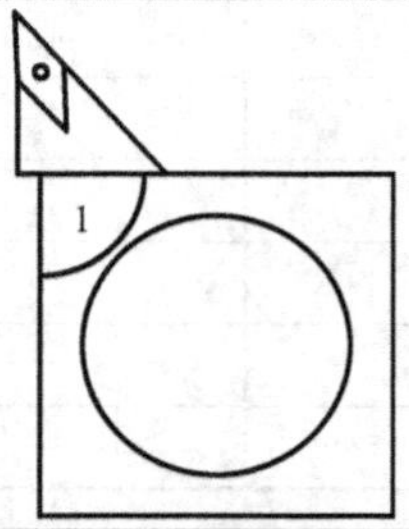

程序内容	程序说明
T0101	换 1 号 93° 外圆车刀
M03 S1500	主轴正转，转速为 1500 r/min
G00 X52 Z2	快速定位至精加工循环起点
G70 P30 Q40	定义精车循环，精车各外圆表面
G00 X200 Z200	快速退刀，回安全换刀点
M05	主轴停止
M00	程序暂停，检测精加工结果，根据结果进行磨耗的调整
M30	程序结束

7）切断工艺简表见表 3-22。转速 500 r/min 手动切断，留 4 mm 不要切断，把刀退回安全位置，用手掰下工件，防止工件表面损坏。

表 3-22 切断工艺简表

工 艺 简 图	刀 具 简 图

8）车总长，调头，用端面车刀或93°外圆车刀控制总长86 mm。车总长工艺简表见表3-23。

表3-23 车总长工艺简表

工 艺 简 图	刀 具 简 图
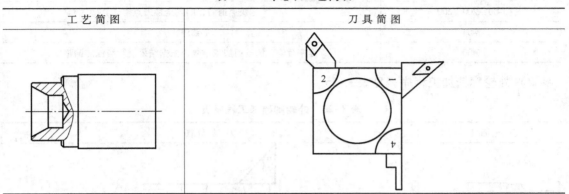	

（2）件一右端程序

1）外轮廓粗加工程序表见表3-24。

表3-24 外轮廓粗加工程序表

工 艺 简 图	刀 具 简 图

程序内容	程序说明
O0012	程序号（O0001～O9999）
G97 G99 M03 S800	主轴正转，转速为800 r/min
T0101	换1号93°外圆车刀
G00 X52 Z2	快速定位至粗车循环起刀点
G71 U1 R0.5	外轮廓单边递增，使用G71复合循环指令。设背吃刀量U为1 mm，退刀量R为0.5 mm
G71 P10 Q20 U0.3 F0.15	P10：精加工程序第一个程序段的段号。Q20：精加工程序最后一个程序段的段号。U：直径方向预留量，粗加工直径方向预留量一定为正。F0.15：粗加工进给量
N10 G00 X20.8	快速定位，内轮廓由N10～N20描述
G01 Z0 F1	慢速定位，外轮廓起始点，进给量为1 mm/r
X23.8 Z-1.5F0.08	车削C1.5外圆倒角，慢速进刀，精加工进给量为0.08 mm/r
Z-22	车削φ23.8 mm外圆，因此处是M24螺纹，外径车小0.2 mm
X28	车削台阶端面
N20 W-6	车削φ28 mm外圆，长度为6 mm

工 艺 简 图	刀 具 简 图
G00 X200 Z200	快速退刀，回安全换刀点
M05	主轴停止
M00	程序暂停，测量粗加工结果，根据结果进行磨耗的调整

2）外轮廓精加工程序表见表3-25。

表3-25　外轮廓精加工程序表

工 艺 简 图	刀 具 简 图

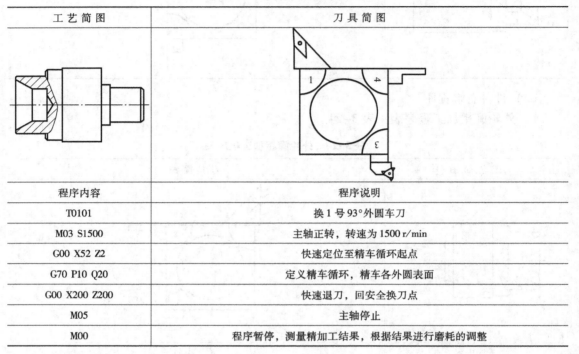

程序内容	程序说明
T0101	换1号93°外圆车刀
M03 S1500	主轴正转，转速为1500 r/min
G00 X52 Z2	快速定位至精车循环起点
G70 P10 Q20	定义精车循环，精车各外圆表面
G00 X200 Z200	快速退刀，回安全换刀点
M05	主轴停止
M00	程序暂停，测量精加工结果，根据结果进行磨耗的调整

3）车退刀槽程序表见表3-26。

表3-26　车退刀槽程序表

工 艺 简 图	刀 具 简 图

程序内容	程序说明
T0404	换4号切断刀 b=3 mm
M03 S600	主轴正转，转速为600 r/min

工 艺 简 图	刀 具 简 图
G00 Z−22	快速定位至 Z 方向起点
G01 X30 F1	慢速定位至 X 方向起点
G01 X21 F0.05	切槽
X31 F1	慢速退刀至安全点
Z−21	慢速定位至第二刀切槽 Z 方向起点
X21 F0.05	切槽
X31 F1	慢速退刀至安全点
G00 X200	退刀至安全换刀点，切槽退刀时先退 X，再退 Z，避免撞刀
Z200	
M05	主轴停止
M00	程序暂停

4）车螺纹程序表见表 3-27。

表 3-27　车螺纹程序表

工 艺 简 图	刀 具 简 图
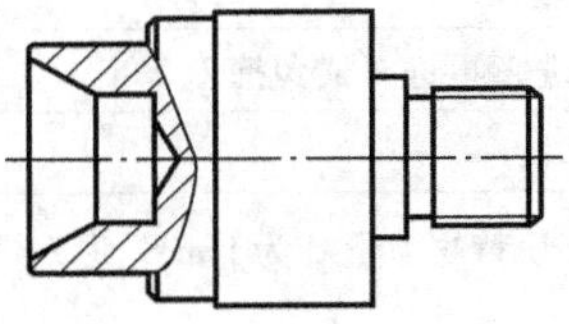	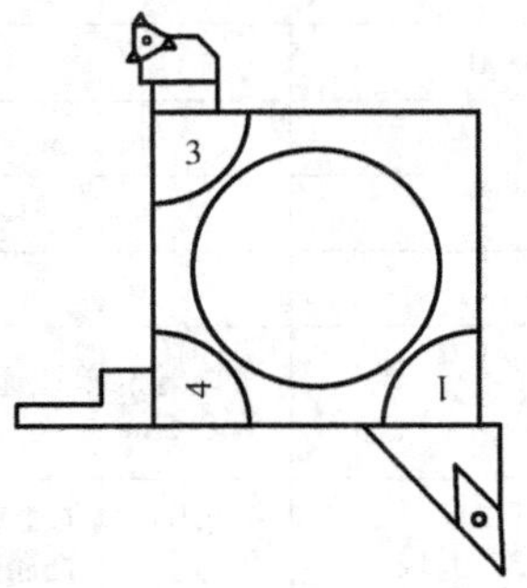

程序内容	程序说明
T0303	换 3 号外螺纹刀
M03 S800	主轴正转，转速为 800 r/min
G00 X30 Z3	快速定位至螺纹切削循环起点，螺纹加工起点 Z 的数值一定是螺距的倍数
G92 X23 Z−20 F1.5	外螺纹车削底径余量：$1.3P = 1.3 \times 1.5$ mm $= 1.95$ mm。第一次螺纹车削循环，余量分配为 1 mm
X22.3	第二次螺纹车削循环，余量分配为 0.7 mm
X22.05	第三次螺纹车削循环，余量分配为 0.25 mm
X22.05	第四次螺纹车削循环，余量分配为 0 mm
G00 X200 Z200	快速退刀，回安全换刀点
M05	主轴停止
M00	程序暂停，检测螺纹是否合格。要求通规进，止规止，如不合格，调整磨耗及螺纹加工程序，再进行加工，直至螺纹合格为止
M30	程序结束

（3）件二左端内轮廓程序

1）车端面。

2）钻孔用 $\phi18\,\mathrm{mm}$ 钻头，钻孔深度大于 29 mm。钻孔工艺简图如图 3–17 所示。

3）内轮廓粗加工程序表见表 3–28。

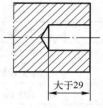

图 3–17　钻孔工艺简图

表 3–28　内轮廓粗加工程序表

工 艺 简 图	刀 具 简 图

程序内容	程序说明
O0013	程序号（O0001 ~ O9999）
G97 G99 M03 S600	主轴正转，转速为 600 r/min
T0202	内轮廓粗加工换 2 号镗刀
G00 X16	快速定位至粗加工循环起点，先进 X 再进 Z 避免撞刀
Z2	
G71 U1 R0.5	内轮廓单边递减可使用 G71 复合循环指令。设背吃刀量 U 为 1 mm，退刀量 R 为 0.5 mm
G71 P10 Q20 U – 0.3 F0.12	P10：精加工程序第一个程序段的段号。Q20：精加工程序最后一个程序段的段号。U：直径方向预留量。F0.12：粗加工进给量。内轮廓加工直径方向预留量一定为负
N10 G00 X30	快速定位，内轮廓由 N10 ~ N20 描述
G01 Z0 F1	慢速定位，内轮廓起始点，进给量为 1 mm/r
X28 Z – 1 F0.08	车削 C1 内孔倒角，慢速进刀，精加工进给量为 0.08 mm/r
Z – 7	车削 $\phi28\,\mathrm{mm}$ 内孔
X25.35	车削内孔台阶面
X22.35 W – 1.5	车削 C1.5 内孔倒角。内螺纹小径 = 大径 – 1.1P = 24 mm – 1.1 × 1.5 mm = 22.35 mm
N20 Z – 29	车削 $\phi22.35\,\mathrm{mm}$ 内孔
G00 Z200	退刀至安全换刀点，内孔加工退刀时一定要先退 Z，再退 X，否则会撞刀
X200	
M05	主轴停止
M00	程序暂停，检测粗加工结果，根据结果进行磨耗的调整

4）内轮廓精加工程序表见表3-29。

表3-29　内轮廓精加工程序表

工艺简图	刀具简图
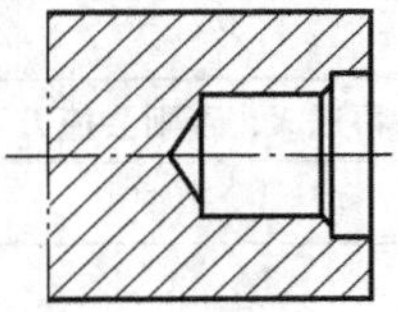 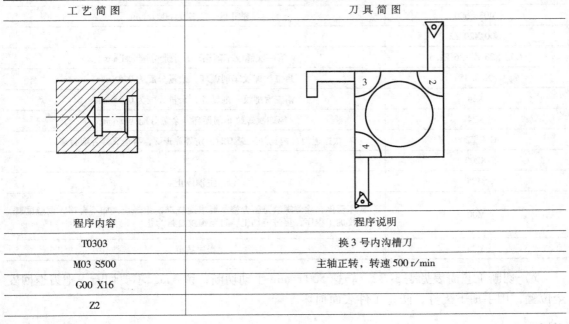	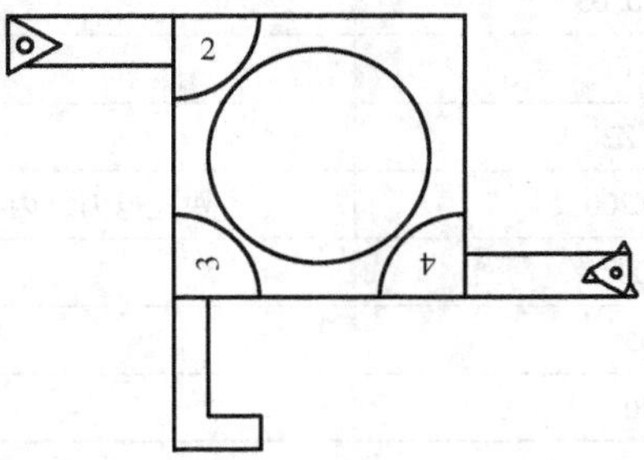

程序内容	程序说明
T0202	换2号镗刀
M03 S800	主轴正转，转速为800 r/min
G00 X16	
Z2	
G70 P10 Q20	定义精车循环，精车各内孔表面
G00 Z200	退刀至安全换刀点，内孔加工退刀时一定要先退 Z，再退 X，否则会撞刀
X200	
M05	主轴停止
M00	程序暂停，检测精加工结果，根据结果进行磨耗的调整

5）车内螺纹退刀槽程序表见表3-30。

表3-30　车内螺纹退刀槽程序表

工艺简图	刀具简图

程序内容	程序说明
T0303	换3号内沟槽刀
M03 S500	主轴正转，转速500 r/min
G00 X16	
Z2	

工 艺 简 图	刀 具 简 图
G01 Z − 29 F1	慢速定位至 Z 方向起点，进给量 1 mm/r
X25 F0.05	切槽
X20 F1	慢速退刀至 X 安全点
G01 Z2	慢速退刀至 Z 安全点
G00 Z200	快速退刀，内孔加工退刀时一定要先退 Z，再退 X，否则会撞刀
X200	
M05	主轴停止
M00	程序暂停

6）车内螺纹程序表见表 3-31。

表 3-31　车内螺纹程序表

工艺简图	刀具简图
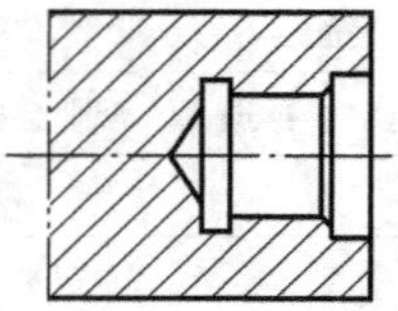	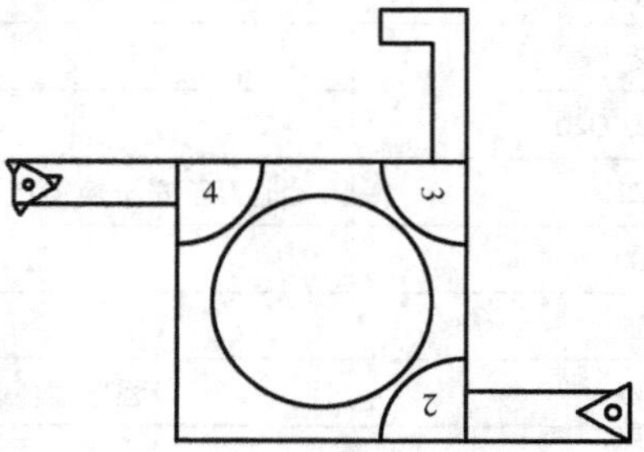

程序内容	程序说明
T0404	换 4 号内螺纹刀
M03 S600	主轴正转，转速为 600 r/min
G00 X20 Z2	
G92 X23 Z − 26 F1.5	第一次螺纹车削循环，余量分配为 1 mm
X23.85	第二次螺纹车削循环，余量分配为 0.85 mm
X24	第三次螺纹车削循环，余量分配为 0.15 mm
X24	第四次螺纹车削循环，余量分配为 0 mm
G00 Z200	快速退刀，内孔加工退刀时一定要先退 Z，再退 X，否则会撞刀
X200	
M05	主轴停止
M00	程序暂停，检测螺纹是否合格。要求通规进，止规止，如不合格，调整磨耗及螺纹加工程序，再进行加工，直至螺纹合格为止
M30	程序结束

7）切断工艺简表见表 3-32。转速 500 r/min 手动切断，留 4 mm 不要切断，把刀退回安全位置，用手掰下工件，防止工件表面损坏。

表 3–32　切断工艺简表

工 艺 简 图	刀 具 简 图
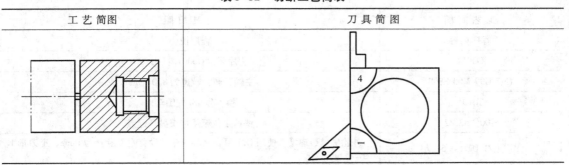	

8）车总长工艺简表见表 3–33。调头，用端面车刀或 93°外圆车刀控制总长 52 mm。

表 3–33　车总长工艺简表

工 艺 简 图	刀 具 简 图
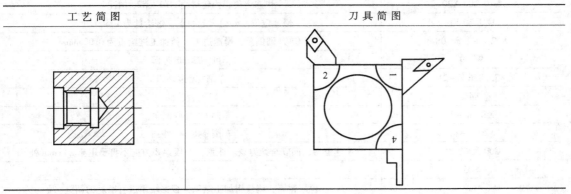	

（4）件一件二配合加工

1）钻中心孔，ϕA3 钻头，钻出锥度即可，因工件伸出较长所以装夹需要一顶一夹。钻中心孔工艺简表见表 3–34。

表 3–34　钻中心孔工艺简表

工 艺 简 图	刀 具 简 图
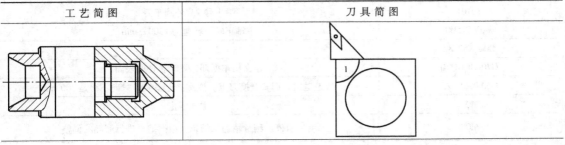	略

2）外轮廓粗加工程序表见表 3–35。

表 3–35　外轮廓粗加工程序表

工 艺 简 图	刀 具 简 图

工 艺 简 图	刀 具 简 图
程序内容	程序说明
O0014	程序号（O0001～O9999）
G97 G99 M03 S800	主轴正转，转速为 800 r/min
T0101	换 1 号 93°外圆车刀
G00 X52 Z2	快速定位至粗加工循环起点
G71 U1 R0.5	外轮廓单边递增，使用 G71 复合循环指令。设背吃刀量 U 为 1 mm，退刀量 R 为 0.5 mm
G71 P10 Q20 U0.3 F0.15	P10：精加工程序第一个程序段的段号。Q20：精加工程序最后一个程序段的段号。U：直径方向预留量。F0.15：粗加工进给量。外轮廓粗加工直径预留量一定为正
N10 G00 X20	快速定位，内轮廓由 N10～N20 描述
G01 Z0 F1	慢速定位，外轮廓起始点，进给量为 1 mm/r
X22 Z-1 F0.08	车削 C1 外圆倒角，慢速进刀，精加工进给量为 0.08 mm/r
W-9	车削 φ22 mm 外圆
X35.856 Z-21	车削 60°锥外圆
X46	车削台阶面
X48 W-1	车削 C1 外圆倒角
N20 Z-81	车削 φ48 mm 外圆
G00 X200 Z5	快速退刀，回安全换刀点。注意：上顶尖 Z 方向不再是退至 200 mm 处
M05	主轴停止
M00	程序暂停，测量粗加工结果，根据结果进行磨耗的调整

3）外轮廓精加工程序表见表 3-36。

表 3-36　外轮廓精加工程序表

工 艺 简 图	刀 具 简 图
程序内容	程序说明
T0101	换 1 号 93°外圆车刀
M03 S1500	主轴正转，转速为 1500 r/min
G00 X52 Z2	
G70 P10 Q20	定义精车循环，精车各外圆表面
G00 X200 Z5	快速退刀，回安全换刀点。注意：上顶尖 Z 方向不再是 200 mm
M05	主轴停止
M00	程序暂停，测量精加工结果，根据结果进行磨耗的调整

4）外轮廓粗加工（椭圆）程序表见表3-37。

表 3-37 外轮廓粗加工（椭圆）程序表

工 艺 简 图	刀 具 简 图
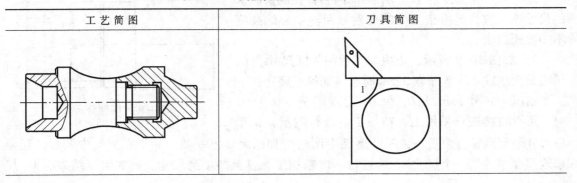	

程序内容	程序说明
T0101	换 1 号 93°外圆车刀
M03 S800	主轴正转，转速为 800 r/min
G00 X52 Z－32	快速定位至粗车循环起刀点
G73 U8 R10	用 G73 循环指令粗加工轮廓。U：粗切时径向切除的总余量（半径值）。R：循环次数
G73 P30 Q40 U0.3 F0.12	P30：精加工程序第一个程序段的段号。Q40：精加工程序最后一个程序段的段号。U：直径方向预留量。F0.12：粗加工进给量。外轮廓粗加工直径方向预留量一定为正
N30 G00 X50	快速定位，外轮廓由 N30～N40 描述
#100 = －32	工件原点到椭圆起点的距离
N100 #101 =58 +#100	N100：程序段。#101：椭圆中心 Z 到椭圆起点的距离
#102 =14 * SQRT[1－#101 * #101/676]	椭圆方程
#103 =30－#102	椭圆 X 坐标方程值
G01 X[2 * #103] Z#100 F0.08	#103 为半径，X 就是 2×#103。#100 为 Z 向距离
#100 = #100－0.1	#100 为变量，每次变量 0.1 mm
IF［#100GE－84］GOTO100	如果#100≥－84 则返回 N100 程序段
N40 X50	
G00 X200 Z5	快速退刀，回安全换刀点
M05	主轴停止
M00	程序暂停，无须测量

5）外轮廓精加工（椭圆）程序表见表3-38。

表 3-38 外轮廓精加工（椭圆）程序表

工 艺 简 图	刀 具 简 图

工 艺 简 图	刀 具 简 图
程序内容	程序说明
T0101	换 1 号 93°外圆车刀
M03 S1500	主轴正转，转速为 1500 r/min
G00 X52 Z - 32	快速定位至粗车循环起刀点
G70 P30 Q40	定义精车循环，精车各外圆表面
G00 X200 Z5	快速退刀，回安全换刀点
M05	主轴停止
M30	程序结束

4. 常见问题分析

1）如图 3-18 所示，当粗加工后的内孔尺寸 D 的预留量大于或小于等于 0.3 mm 时应该如何处理呢？

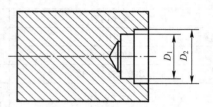

情况一：内孔尺寸 D_1 和 D_2 的预留量 >0.3 mm 时，可以直接进行精加工，精加工后进行测量，精车后尺寸还有余量且余量一致时在磨耗中调整（如果余量不一致除了在磨耗中调整外还要修改程序中的某一个尺寸），再进行一次

图 3-18　问题分析 1

精加工，直至加工到尺寸。例如粗车结束后 D_1 尺寸为 $\phi19.6$ mm，D_2 的尺寸为 $\phi23.5$ mm，因精车 2 个直径的余量不一致，那么磨耗可以不需要调整而在程序中把 $\phi24$ mm 的尺寸改成 $\phi24.1$ mm，精车后测量 D_1 尺寸为 $\phi19.85$ mm，D_2 的尺寸为 $\phi23.9$ mm，可以在磨耗中输入 0.16，程序中把 $\phi24.1$ mm 改成 $\phi24.05$ mm，再精车一次，测量尺寸为 $\phi20.01$ mm 和 $\phi24.01$ mm，符合图样尺寸要求。

情况二：内孔尺寸 D_1 和 D_2 的预留量 ≤0.3 mm 时，需要在磨耗里进行修改。例如外圆尺寸 D_1 为 $\phi19.79$ mm，D_2 为 $\phi23.73$ mm，那么在磨耗中输入 0.15，进行精加工，测量尺寸 D_1 为 $\phi19.93$ mm，D_2 为 $\phi23.87$ mm，那么出现这种情况是很正常的，有两种方法可以进行修正。方法一：以 $\phi19.93$ mm 为基本尺寸，在程序中修改 $\phi24$ mm 的尺寸，在磨耗中输入 0.08，程序中 $\phi24$ mm 改为 $\phi24.06$ mm 再做一次精车，测量尺寸为 $\phi20.01$ mm 和 $\phi24.01$ mm，符合图样尺寸要求。方法二：以 $\phi23.87$ mm 为基本尺寸，在程序中修改 $\phi20$ mm 的尺寸，在磨耗中输入 0.14，程序中 $\phi20$ mm 改为 $\phi19.94$ mm 再做一次精车，测量尺寸为 $\phi39.99$ mm 和 $\phi47.99$ mm，符合图样尺寸要求。

注：粗、精加工后出现 D_1、D_2 两个直径测量出来的尺寸不一致，是由于刀尖的高度与回转中心的高度不一致所造成的。

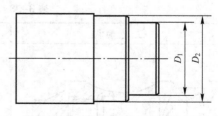

2）如图 3-19 所示，当粗加工后的外圆尺寸 D 的预留量大于或小于等于 0.3 mm 时应该如何处理呢？

情况一：外圆尺寸 D_1 和 D_2 的预留量 >0.3 mm 时，可以直接进行精加工，精加工后进行测量，精车

图 3-19　问题分析 2

后尺寸还有余量且余量一致时在磨耗中调整（如果余量不一致，除了在磨耗中调整外还要修改程序中的某一个尺寸），再进行一次精加工，直至加工到尺寸。例如粗车结束后 D_1 尺

寸为 $\phi40.4\,mm$，D_2 的尺寸为 $\phi48.5\,mm$，因精车 2 个直径的余量不一致，那么磨耗可以不需要调整而在程序中把 $\phi48\,mm$ 的尺寸改成 $\phi47.9\,mm$，精车后测量 D_1 尺寸为 $\phi40.15\,mm$，D_2 的尺寸为 $\phi48.10\,mm$，可以在磨耗中输入 -0.16，程序中把 $\phi47.9\,mm$ 改成 $\phi47.95\,mm$，再精车一次，测量尺寸为 $\phi39.99\,mm$ 和 $\phi47.99\,mm$，符合图样尺寸要求。

情况二：外圆尺寸 D_1 和 D_2 的预留量 $\leqslant0.3\,mm$ 时，需要在磨耗里进行修改。例如外圆尺寸 D_1 为 $\phi40.21\,mm$，D_2 为 $\phi48.27\,mm$，那么在磨耗中里输入 0.15，进行精加工，测量尺寸 D_1 为 $\phi40.06\,mm$，D_2 为 $\phi48.13\,mm$，那么出现这种情况是很正常的，有两种方法可以进行修正。方法一：以 $\phi40.06\,mm$ 为基本尺寸，在程序中修改 $\phi48\,mm$ 的尺寸，在磨耗中输入 -0.07，程序中 $\phi48\,mm$ 改为 $\phi47.93\,mm$ 再做一次精车，测量尺寸为 $\phi39.99\,mm$ 和 $\phi47.99\,mm$，符合图样尺寸要求。方法二：以 $\phi48.13\,mm$ 为基本尺寸，在程序中修改 $\phi40\,mm$ 的尺寸，在磨耗中输入 -0.14，程序中 $\phi40\,mm$ 改为 $\phi40.07\,mm$ 再做一次精车，测量尺寸为 $\phi39.99\,mm$ 和 $\phi47.99\,mm$，符合图样尺寸要求。

注：粗、精加工后出现 D_1、D_2 两个直径测量出来的尺寸不一致，是由于刀尖的高度与回转中心的高度不一致所造成的。

任务 4　高级工实操考试综合训练（二）

【知识目标】

1. 掌握配合类零件的数控加工工艺。
2. 会识读零件图样。
3. 掌握椭圆宏程序编写方法。
4. 掌握抛物线宏程序编写方法。
5. 掌握外切槽的程序编写方法。
6. 掌握配合类零件数控加工程序的编写方法。

【能力目标】

1. 会编写配合件加工工艺卡片。
2. 掌握尺寸控制及螺纹精度控制方法。
3. 会加工椭圆和外切槽。
4. 能加工出满足尺寸精度要求的配合件。

【任务导入】

任务要求：如图 3-20、图 3-21 所示，毛坯尺寸为 $\phi50\,mm\times95\,mm$，材料为 45 钢。要求分析其数控车削加工工艺，编制数控加工工序卡并进行加工。

任务分析：本任务在前面中级工练习的基础上引入椭圆、抛物线及外切槽的加工方法，引导学生合理制订加工工艺，进一步训练学生配合件的加工工艺，培养学生复杂零件数控编程及加工综合能力。

【任务实施】

1. 分析零件图样

如图 3-20 所示，本任务中尺寸精度主要通过准确对刀、正确设置刀补及磨耗，以及制订合理的加工工艺等措施来保证。表面粗糙度值主要通过选用合适的刀具及其几何参数，正确的粗精加工路线，合理的切削用量等措施来保证。

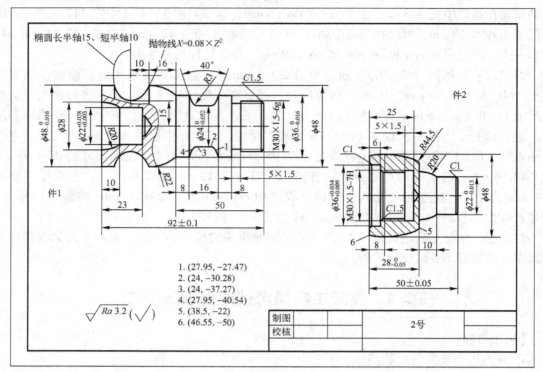

1. (27.95, −27.47)
2. (24, −30.28)
3. (24, −37.27)
4. (27.95, −40.54)
5. (38.5, −22)
6. (46.55, −50)

$\sqrt{Ra\,3.2}\left(\sqrt{}\right)$

| 制图 | | 2号 | |
| 校核 | | | |

图 3-20　零件图

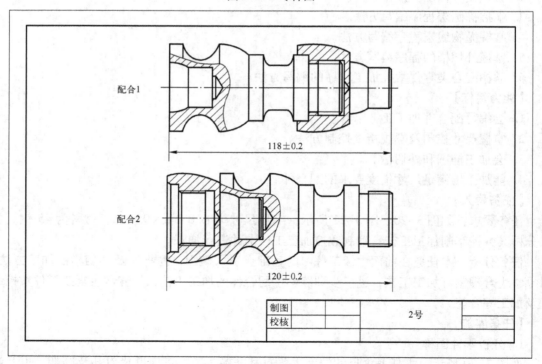

| 制图 | | 2号 | |
| 校核 | | | |

图 3-21　装配图

2. 制作工艺卡片

根据加工工艺原则：先内后外、先粗后精、先近后远。以此原则编写的工艺卡片见表 3-39 ~ 表 3-42。

表 3-39　工艺卡片（件 1 右端）

工序号	工　序	刀　具	主轴转速/(r/min)	进给量/(mm/r)	背吃刀量/mm
1	车端面	端面车刀	800	手动	0.5
2	钻中心孔	中心钻	1000	手动	1.5
3	粗车外轮廓	93°外圆车刀	800	0.15	1
4	精车外轮廓	93°外圆车刀	1200	0.08	0.3
5	车外螺纹退刀槽	$b=3$ mm 切槽刀	500	0.05	3
6	车外螺纹	外螺纹刀	800	1.5	1.95
7	粗车外轮廓	35°对中尖刀	800	0.12	0.75
8	精车外轮廓	35°对中尖刀	1200	0.08	0.3
9	粗车椭圆和抛物线	35°对中尖刀	800	0.12	0.75
10	精车椭圆和抛物线	35°对中尖刀	1200	0.08	0.3
11	切断	$b=3$ mm 切断刀	500	0.05	3
12	调头车总长	端面车刀/93°外圆车刀	800	手动	0.3

表 3-40　工艺卡片（件 1 左端）

工序号	工　序	刀　具	主轴转速/(r/min)	进给量/(mm/r)	背吃刀量/mm
1	钻孔	$\phi18$ mm 钻头	500	手动	9
2	粗车内轮廓	镗刀	600	0.12	1
3	精车内轮廓	镗刀	800	0.08	0.3

表 3-41　工艺卡片（件 2 左端）

工序号	工　序	刀　具	主轴转速/(r/min)	进给量/(mm/r)	背吃刀量/mm
1	车端面	端面车刀	800	手动	0.5
2	钻孔	$\phi22$ mm 钻头	500	手动	11
3	粗镗内孔	$\phi16$ mm 镗刀	600	0.12	1
4	精镗内孔	$\phi16$ mm 镗刀	800	0.08	0.3
5	车内螺纹退刀槽	$b=5$ mm 内沟槽刀	400	0.05	5
6	车内螺纹	内螺纹刀	600	1.5	1.65
7	切断	$b=3$ mm 切断刀	500	0.05	3
8	车总长	端面车刀/93°外圆车刀	1000	手动	0.2

表 3-42　工艺卡片（件 2 右端）

工序号	工　序	刀　具	主轴转速/(r/min)	进给量/(mm/r)	背吃刀量/mm
1	粗车外轮廓	93°外圆车刀	800	0.15	1
2	精车外轮廓	93°外圆车刀	1500	0.08	0.3

3. 编写程序

（1）件一右端程序

1）平端面。

2）钻中心孔工艺简图如图 3-22 所示。

3）外轮廓粗加工程序表见表 3-43。

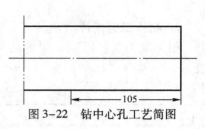

图 3-22 钻中心孔工艺简图

表 3-43 外轮廓粗加工程序表

工艺简图	刀具简图

程序内容	程序说明
O0021	程序号（O0001～O9999）
G97 G99 M03 S800	主轴正转，转速为 800 r/min
G00 X52 Z2	快速定位至粗加工循环起点
T0101	换 1 号 93°外圆车刀
M08	切削液开
G71 U1 R0.5	外轮廓单边递增可使用 G71 循环指令，设背吃刀量 U 为 1mm，退刀量 R 为 0.5 mm
G71 P10 Q20 U0.3 F0.15	P10：精加工程序第一个程序段的段号。Q20：精加工程序最后一个程序段的段号。U：直径方向预留量。F0.15：粗加工进给量。外轮廓粗加工直径方向预留量一定为正
N10 G00 X26.8	快速定位，外轮廓由 N10～N20 描述
G01 Z0 F1	慢速定位，内轮廓起始点，进给量为 1 mm/r
X29.8 Z-1.5 F0.08	慢速车削外圆 C1.5 倒角，慢速进刀，车削速度 0.08 mm/r
Z-18	车削 φ29.8 mm 外圆
X35	车削台阶轴
X36 W-0.5	锐边倒角 C0.5
Z-50	车削 φ36 mm 外圆
G03 X48 Z-64.24 R22 F0.05	车削 R22 圆弧，进给量 0.05 mm/r
N20 G01 Z-96 F0.08	车削 φ48 mm 外圆
G00 X200 Z2	快速退刀，注意：有顶尖，Z 方向退刀量为 2 mm
M05	主轴停止
M09	冷却液关
M00	程序暂停，检测粗加工结果，根据结果进行磨耗的调整

150

4）外轮廓精加工程序表见表3-44。

表3-44　外轮廓精加工程序表

工艺简图	刀具简图
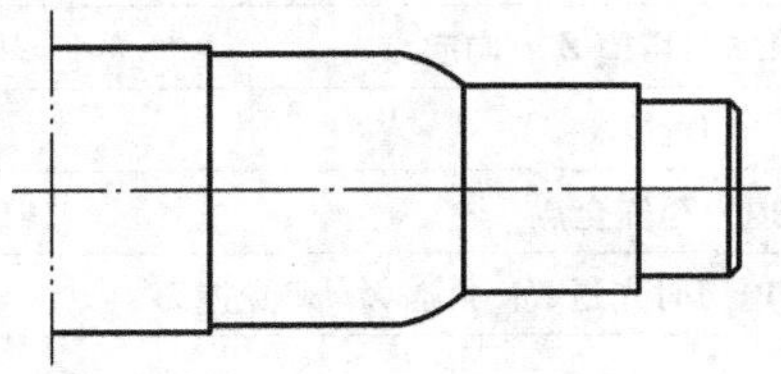	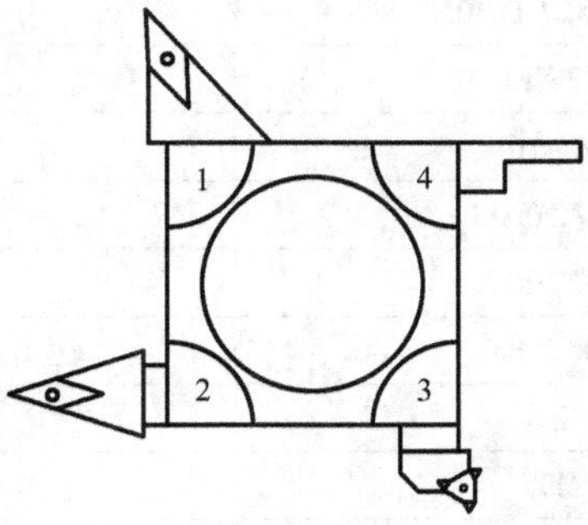

程序内容	程序说明
T0101	换1号93°外圆车刀
M08	切削液开
M03 S1200	主轴正转，转速为1200 r/min
G00 X52 Z2	快速定位至精加工循环起点
G70 P10 Q20	定义精车循环，精车各外圆表面
G00 X200 Z5	快速退刀
M05	主轴停止
M09	冷却液关
M00	程序暂停，检测精加工结果，根据结果进行磨耗的调整

5）车退刀槽程序表见表3-45。

表3-45　车退刀槽程序表

工艺简图	刀具简图
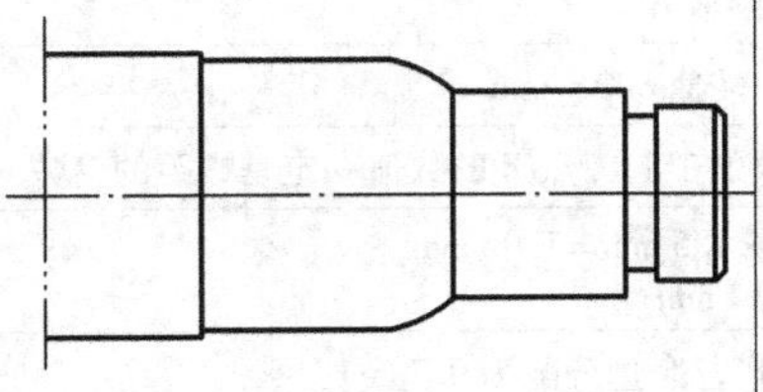	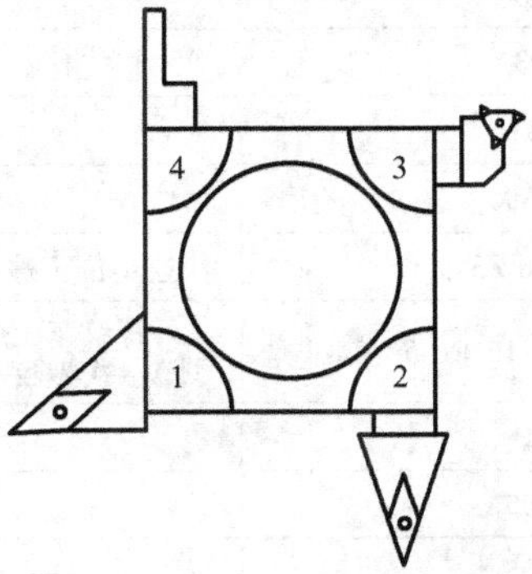

程序内容	程序说明
T0404	换4号 $b=3$ mm 切断刀
M08	切削液开
M03 S500	主轴正转，转速500 r/min
G00 Z-18	快速定位至 Z 方向起点

工艺简图	刀具简图
X37	快速定位至 X 方向起点
G01 X27 F0.05	切槽
X37 F1	慢速退刀至安全点
Z−16	慢速定位至第二刀切槽 Z 方向起点
X27 F0.05	切槽
X37 F1	慢速退刀至安全点
G00 X200	退刀至安全换刀点，切槽退刀时先退 X，再退 Z，避免撞刀
Z2	
M05	主轴停止
M09	冷却液关
M00	程序暂停

6）车外螺纹程序表见表 3-46。

表 3-46　车外螺纹程序表

工艺简图	刀具简图

程序内容	程序说明
T0303	换 3 号外螺纹刀
M08	切削液开
M03 S800	主轴正转，转速 800 r/min
G00 X36 Z3	快速定位至螺纹切削循环起点，螺纹加工起刀点 Z 的数值一定是螺距的倍数
G92 X29 Z−15 F1.5	外螺纹车削底径余量：$1.3P = 1.3 \times 1.5 \text{ mm} = 1.95 \text{ mm}$ 第一次螺纹车削循环，余量分配为 1 mm
X28.3	第二次螺纹车削循环，余量分配为 0.7 mm
X28.05	第三次螺纹车削循环，余量分配为 0.25 mm
X28.05	第四次螺纹车削循环，余量分配为 0 mm
G00 X200 Z2	快速退刀
M05	主轴停止
M09	冷却液关
M00	程序暂停，检测螺纹是否合格。要求通规进，止规止，如不合格，调整磨耗及螺纹加工程序，进行加工，直至螺纹合格为止

7）外轮廓粗加工程序表见表 3-47。

表 3-47　外轮廓粗加工程序表

工艺简图	刀具简图
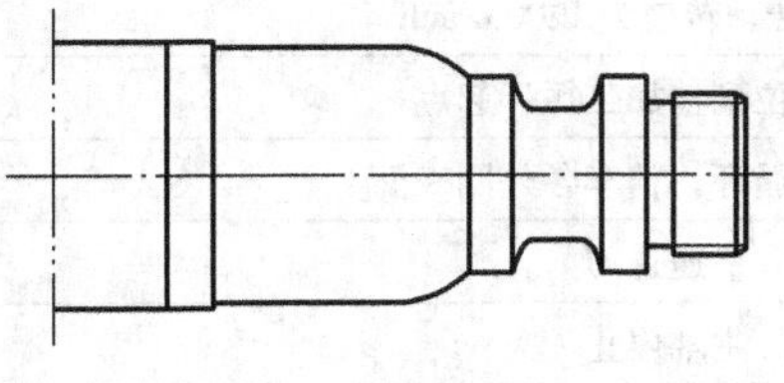 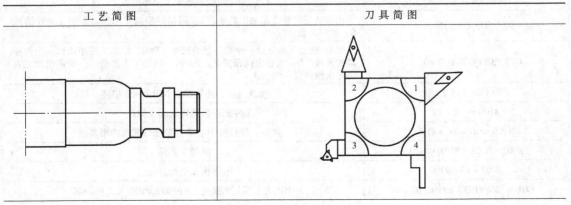	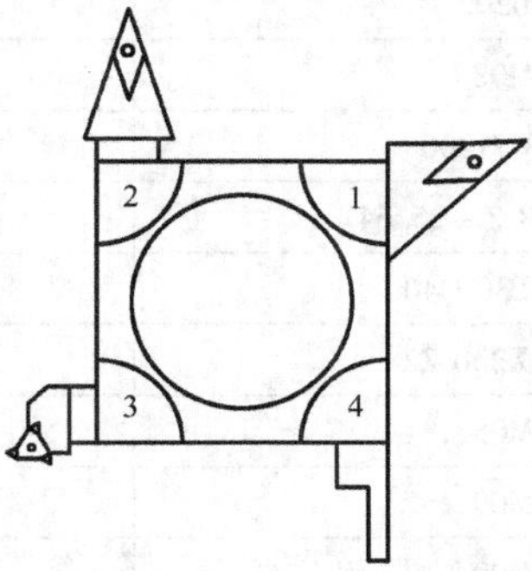

程序内容	程序说明
T0202	换 2 号 35° 对中尖刀
M08	切削液开
M03 S800	主轴正转，转速为 800 r/min
G00 X38 Z-25.64	快速定位到粗加工循环起点
G73 U6 R8	用 G73 循环指令粗加工轮廓。U：粗切时径向切除的总余量（半径值）。R：循环次数
G73 P30 Q40 U0.3 F0.12	P30：精加工程序第一个程序段的段号。Q40：精加工程序最后一个程序段的段号。U：直径方向预留量。F0.12：粗加工进给量。外轮廓粗加工直径方向预留量一定为正
N30 G01 X37 F0.08	慢速定位，外轮廓由 N30 ~ N40 描述
X27.95 Z-27.47	切削 20° 斜线
G02 X24 Z-30.28 R3 F0.05	车削 R3 圆弧
G01 Z-37.72 F0.08	车削 φ24 mm 外圆
G02 X27.95 Z-40.54 R3 F0.05	车削 R3 圆弧
N40 G01 X37 Z-42.36 F0.08	切削 20° 斜线
G00 X200 Z2	快速退刀
M05	主轴停止
M09	切削液关
M00	程序暂停，检测粗加工结果，根据结果进行磨耗的调整

8）外轮廓精加工程序表。见表 3-48。

表 3-48　外轮廓精加工程序表

工艺简图	刀具简图

工 艺 简 图	刀 具 简 图
程序内容	程序说明
T0202	换 2 号 35°对中尖刀
M08	切削液开
M03 S1200	主轴正转，转速为 1200 r/min
G00 X38 Z – 25. 64	快速定位到精加工循环起点
G70 P30 Q40	定义精车循环，精车各外圆表面
G00 X200 Z2	快速退刀
M05	主轴停止
M09	切削液关
M00	程序暂停，检测精加工结果，根据结果进行磨耗的调整

9）抛物线、椭圆粗加工程序表见表 3–49。

表 3–49　抛物线、椭圆粗加工程序表

工 艺 简 图	刀 具 简 图
程序内容	程序说明
T0202	换 2 号 35°对中尖刀
M08	切削液开
M03 S800	主轴正转，转速为 800 r/min
G00 X50 Z – 64. 82	快速定位到粗加工循环起点
G73 U9 R12	用 G73 循环指令粗加工轮廓。U：粗切时径向切除的总余量（半径值）。R：循环次数
G73 P50 Q60 U0. 3 F0. 12	P50：精加工程序第一个程序段的段号。Q60：精加工程序最后一个程序段的段号。U：直径方向预留量。F0. 12：粗加工进给量。外轮廓粗加工直径方向预留量一定为正
N50 G01 X48 F0. 08	慢速定位，外轮廓由 N50 ~ N60 描述
#100 = – 64. 82	工件原点到抛物线起点的距离
N100 #101 = 76 + #100	#101：抛物线中心 Z 到抛物线起点的距离
#102 = 0. 08 * #101 * #101	抛物线方程
#103 = 15 + #102	抛物线 X 坐标方程值
G01 X[2 * #103] Z#100 F0. 05	#103 为半径，X 就是 2 × #103。#100 为 Z 向距离

工艺简图	刀具简图
#100 = #100 − 0.1	#100 为变量，每次变量 0.1 mm
IF［#100 GE − 76］GOTO 100	如果#100 ≥ − 76 则返回 N100 程序段
#100 = − 76	工件原点到椭圆起点的距离
N200 #101 = 76 + #100	#101：椭圆中心 Z 到椭圆起点的距离
#102 = 15 * SQRT［1 − #101 * #101］/100	椭圆方程
#103 = 30 − #102	椭圆 X 坐标方程值
G01 X［2 * #103］Z#100 F0.08	#103 为半径，X 就是 2 × #103。#100 为 Z 向距离
#100 = #100 − 0.1	#100 为变量，每次变量 0.1mm
IF［#103 LT25］GOTO 200	如果#103 ≤ 25 则返回 N200 程序段
N60 G01 X50 F1	刀具退回安全点
G00 X200 Z2	快速退刀
M05	主轴停止
M09	切削液关
M00	程序暂停

10）抛物线、椭圆精加工程序表见表 3-50。

表 3-50 抛物线、椭圆精加工程序表

工艺简图	刀具简图

程序内容	程序说明
T0202	换 2 号 35°对中尖刀
M08	切削液开
M03 S1200	主轴正转，转速为 1200 r/min
G00 X50 Z − 64.82	快速定位到精车循环起刀点
G70 P50 Q60	定义精车循环，精车各外圆表面
G00 X200 Z2	快速退刀
M05	主轴停止
M09	切削液关
M00	程序暂停，检测精加工结果，根据结果进行磨耗的调整

11）切断加工程序表见表 3-51。切断前先把顶夹撤掉，否则会引起振动导致切断刀损坏。

表 3-51　切断加工程序表

工艺简图	刀具简图
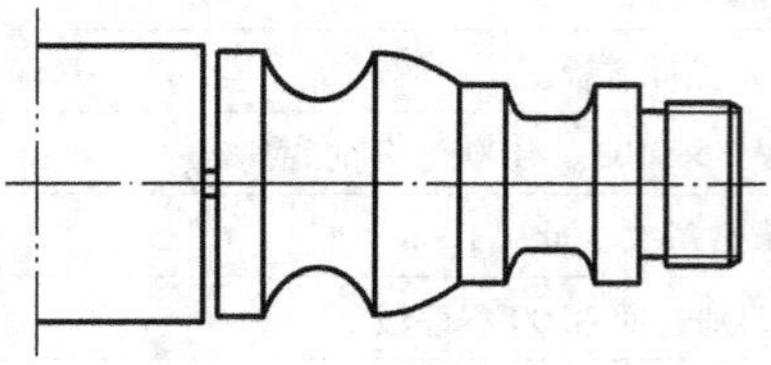 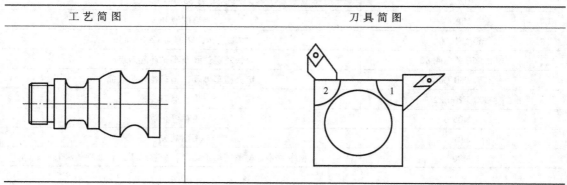	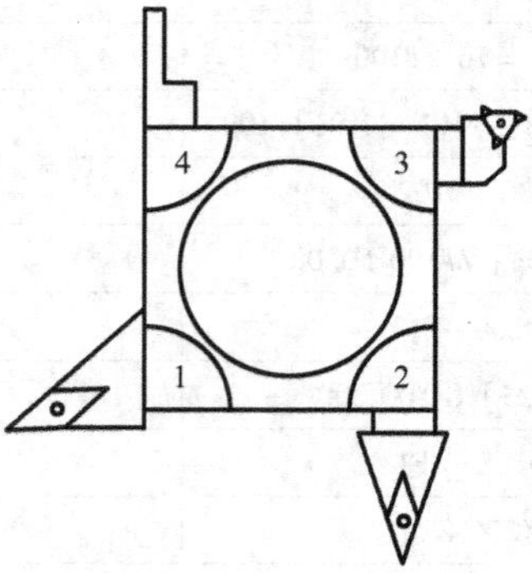

程序内容	程序说明
T0404	换 4 号 $b=3$ mm 切断刀
M03 S500	主轴正转，转速 500 r/min
M08	切削液开
G00 Z-95.5	快速定位到切断 Z 方向起点
X53	快速定位到切断 X 方向起点
G01 X4 F0.05	慢速切断，进给量 0.05 mm/r
X53 F1	慢速退刀，进给量 1 mm/r
G00 X200	快速退刀，先退 X 再退 Z，避免撞刀
Z200	
M05	主轴停止
M09	切削液关
M00	程序暂停
M30	程序结束

12）调头控制总长工艺简表。见表 3-52。

表 3-52　调头控制总长工艺简表

工艺简图	刀具简图

（2）件一左端内轮廓程序

1）钻孔用 φ18 mm 钻头，钻孔深度大于 23 mm。钻孔工艺简表见表 3-53。

表 3-53 钻孔工艺简表

工 艺 简 图	刀 具 简 图
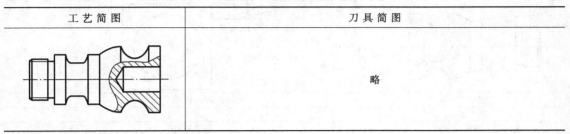	略

2）内轮廓粗加工程序表见表 3-54。

表 3-54 内轮廓粗加工程序表

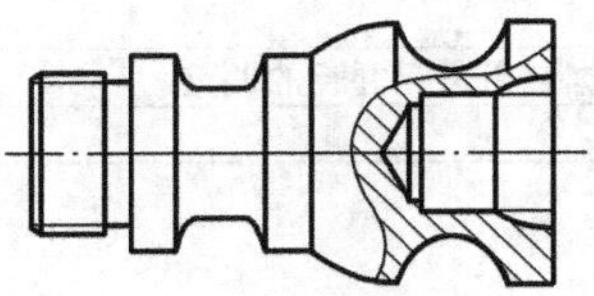

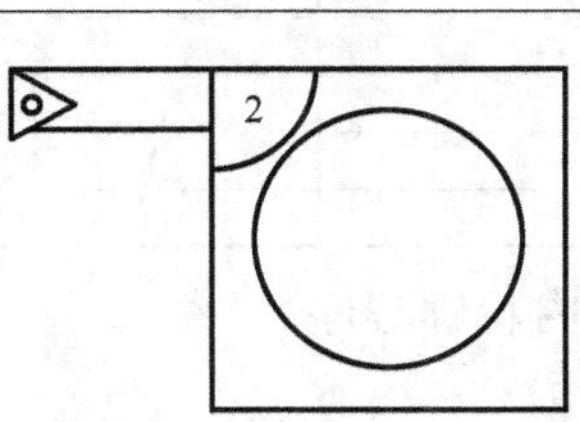

程序内容	程序说明
O0022	程序号（O0001 ~ O9999）
G97 G99 M03 S600	主轴正转，转速为 600 r/min
T0202	换 2 号镗刀
G00 X18	快速进刀，先进 X 再进 Z，避免撞刀
Z2	
G71 U1 R0.5	内轮廓单调递减可使用 G71 粗车循环，设背吃刀量 U 为 1 mm，退刀量 R 为 0.5 mm
G71 P10 Q20 U - 0.3 F0.12	P10：精加工程序第一个程序段的段号。Q20：精加工程序最后一个程序段的段号。U：直径方向预留量。F0.12：粗加工进给量。内轮廓粗加工直径方向预留量一定为负
N10 G00 X28	慢速定位，外轮廓由 N10 ~ N20 描述
G01 Z0 F1	慢速定位到粗加工起始点
G03 X22 Z - 10 R20 F0.05	慢速车削 R20 内孔，精加工进给量 0.05 mm/r
N20 G01 Z - 23 F0.08	车削 φ22 mm 内孔
G00 Z200	快速退刀，先退 Z 再退 X，避免撞刀
X200	
M05	主轴停止
M00	程序暂停，检测粗加工结果，根据结果进行磨耗的调整

3）内轮廓精加工程序表见表3-55。

表3-55　内轮廓精加工程序表

工艺简图	刀具简图
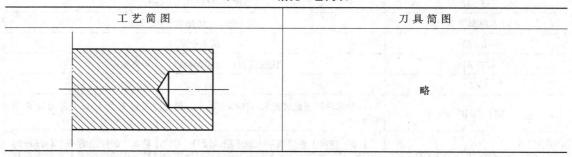	

程序内容	程序说明
T0202	换2号镗刀
M08	切削液开
M03 S800	主轴正转，转速为800 r/min
G00 X18	快速定位到精加工循环起点
Z2	
G70 P10 Q20	定义精车循环，加工内孔及各表面
G00 Z200	快速退刀，先退Z再退X，避免撞刀
X200	
M05	主轴停止
M09	切削液关
M00	程序暂停，检测精加工结果，根据结果进行磨耗的调整
M30	程序结束

（3）件二左端内轮廓程序

1）平端面。

2）工件伸出长度60 mm，钻孔用 ϕ22 mm钻头，钻孔深度大于25 mm。钻孔工艺简表见表3-56。

表3-56　钻孔工艺简表

工艺简图	刀具简图
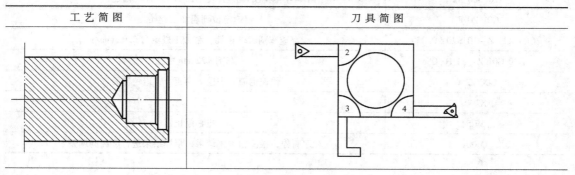	略

3）内轮廓粗加工程序表见表3-57。

表3-57　内轮廓粗加工程序表

工艺简图	刀具简图

程序内容	程序说明
O0023	程序号（O0001～O9999）
G97 G99 M03 S600	主轴正转，转速为 600 r/min
T0202	换 2 号镗刀
G00 X22	快速进刀，先进 X 再进 Z，避免撞刀
Z2	
G71 U1 R0.5	内轮廓单调递减可使用 G71 粗车循环，设背吃刀量 U 为 1 mm，退刀量 R 为 0.5 mm
G71 P10 Q20 U－0.3 F0.12	P10：精加工程序第一个程序段的段号。Q20：精加工程序最后一个程序段的段号。U：直径方向预留量。F0.12：粗加工进给量。内轮廓粗加工直径方向预留量一定为负
N10 G00 X38	慢速定位，外轮廓由 N10～N20 描述
G01 Z0 F1	慢速定位到粗加工起始点
X36 Z－1 F0.08	慢速车削内孔 C1 倒角，精加工进给量 0.08 mm/r
Z－6	车削 ϕ36 mm 内孔
X31.35	车削内孔台阶面
X28.35 W－1.5	车削 C1.5 内孔倒角。内螺纹小径 = 大径 － 1.1P = 30 mm － (1.1×1.5) mm = 28.35 mm
N20 Z－25	车削 ϕ28.35 mm 内孔
G00 Z200	快速退刀，先退 Z 再退 X，避免撞刀
X200	
M05	主轴停止
M00	程序暂停，目的：检测粗加工结果，根据结果进行磨耗的调整

4）内轮廓精加工程序表见表 3-58。

表 3-58　内轮廓精加工程序表

工 艺 简 图	刀 具 简 图
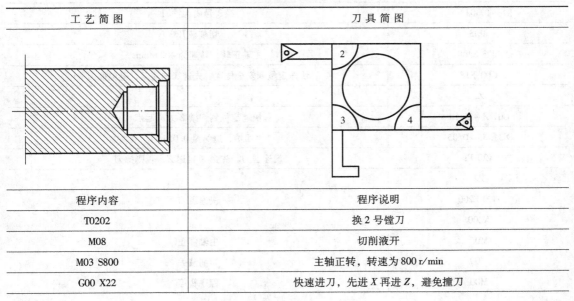	

程序内容	程序说明
T0202	换 2 号镗刀
M08	切削液开
M03 S800	主轴正转，转速为 800 r/min
G00 X22	快速进刀，先进 X 再进 Z，避免撞刀

程序内容	程序说明
Z2	
G70 P10 Q20	定义精车循环，加工内孔及各表面
G00 Z200	快速退刀，先退 Z 再退 X，避免撞刀
X200	
M05	主轴停止
M09	切削液关
M00	程序暂停，检测精加工结果，根据结果进行磨耗的调整

5）车内螺纹退刀槽加工程序表见表3-59。

表3-59　车内螺纹退刀槽加工程序表

工 艺 简 图	刀 具 简 图
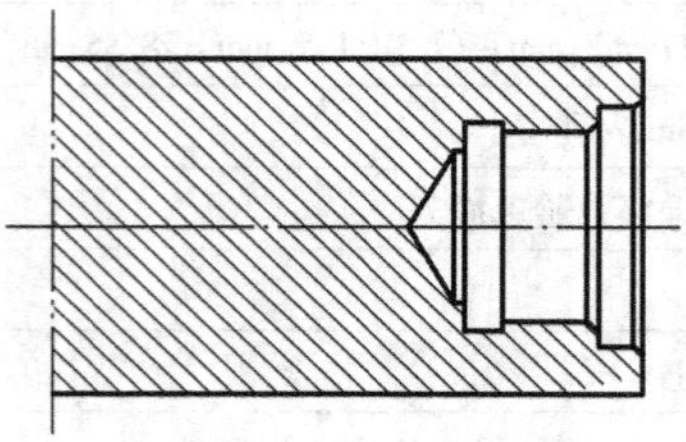	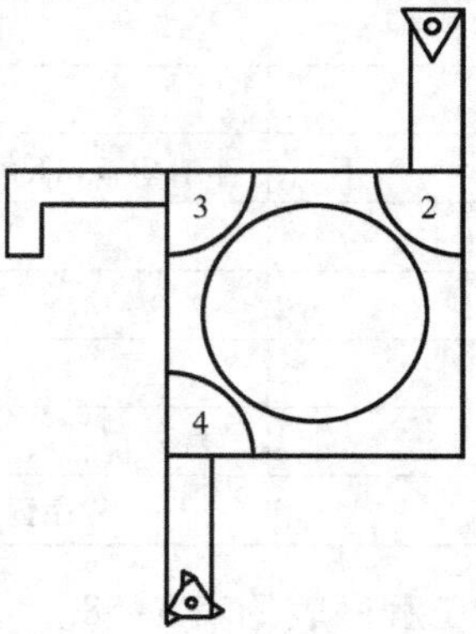

程序内容	程序说明
T0303	换 3 号内沟槽刀
M08	切削液开
M03 S400	主轴正转，转速为 400 r/min
G00 X18	快速定位到安全位置，先进 X 再进 Z，避免撞刀
Z2	
G01 Z-25 F1	快速定位到切槽 Z 方向起点
X31. 35 F0. 05	切槽，进给量 0.05 mm/r
X20 F1	慢速退刀，先退 X 再退 Z，否则撞刀
Z2	
G00 Z200	快速退刀
X200	
M05	主轴停止
M09	切削液关
M00	程序暂停

6）车内螺纹程序表见表3-60。

表 3-60　车内螺纹程序表

工 艺 简 图	刀 具 简 图
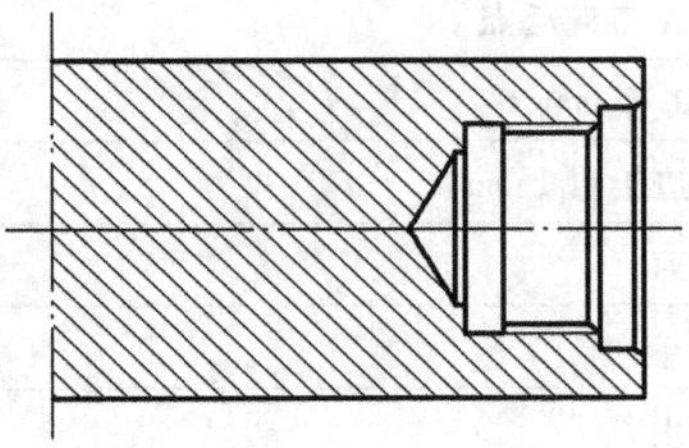 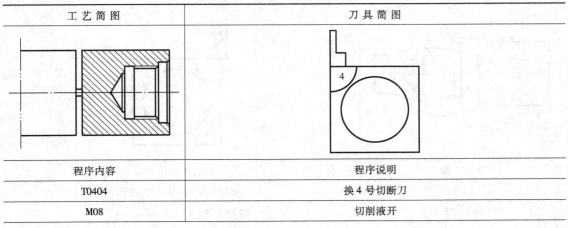	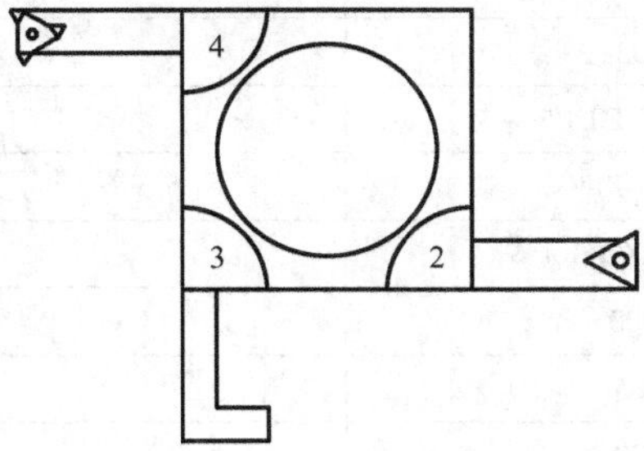

程序内容	程序说明
T0404	换 4 号内螺纹刀
M08	切削液开
M03 S600	主轴正转，转速为 600 r/min
G00 X20	快速定位到螺纹循环起点，先进 X 再进 Z，避免撞刀
Z3	螺纹加工起刀点 Z 的数值一定是螺距的倍数
G92 X29 Z－22 F1.5	第一次螺纹车削循环，余量分配为 1 mm
X29.7	第二次螺纹车削循环，余量分配为 0.85 mm
X30	第三次螺纹车削循环，余量分配为 0.15 mm
X30	第四次螺纹车削循环，余量分配为 0 mm
G00 Z200	快速退刀，先退 Z 再退 X，避免撞刀
X200	
M05	主轴停止
M09	切削液关
M00	程序暂停

7）切断加工程序表见表3-61。

表 3-61　切断加工程序表

工 艺 简 图	刀 具 简 图

程序内容	程序说明
T0404	换 4 号切断刀
M08	切削液开

程序内容	程序说明
M03 S500	主轴正转，转速为 500 r/min
G00 Z – 53.5	快速定位到切断 Z 方向起点
X53	快速定位到切断 X 方向起点
G01 X3 F0.05	切断，进给量 0.05 mm/r
X53 F1	慢速 X 方向退刀，进给量 1 mm/r
G00 X200	快速退刀
Z200	
M05	主轴停止
M00	程序暂停
M30	程序结束

8）将工件与芯棒旋合，批总长 50 mm。控制总长工艺简图见表 3-62。

表 3-62　控制总长工艺简图

工 艺 简 图	刀 具 简 图

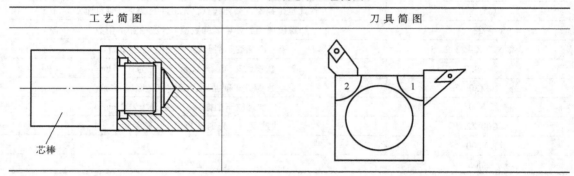

（4）件二右端外轮廓

1）外轮廓粗加工程序表见表 3-63。

表 3-63　外轮廓粗加工程序表

工 艺 简 图	刀 具 简 图

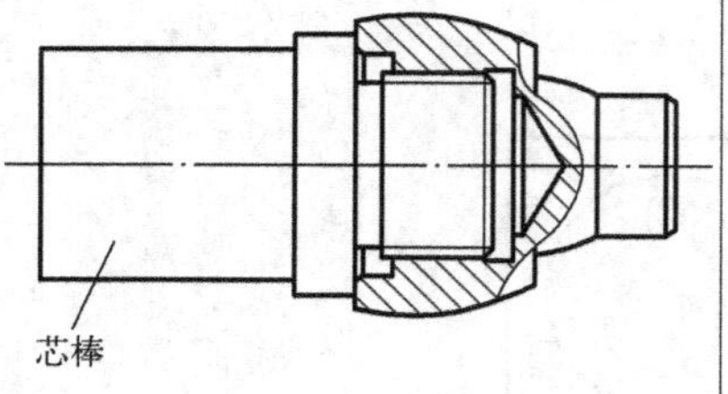

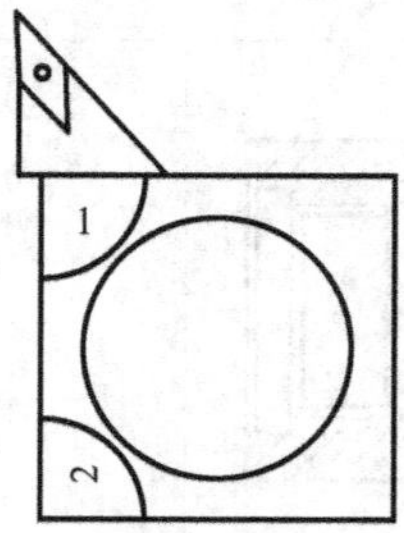

程序内容	程序说明
O0024	程序号（O0001 ~ O9999）
G97 G99 M03 S800	主轴正转，转速为 800 r/min

程序内容	程序说明
T0101	换 1 号 93°外圆车刀
M08	切削液开
G00 X52 Z2	快速定位到粗车循环起刀点
G73 U14 R14	用 G73 循环指令粗加工轮廓。U：粗切时径向切除的总余量（半径值）。R：循环次数
G73 P10 Q20 U0. 3 F0. 15	P10：精加工程序第一个程序段的段号。Q20：精加工程序最后一个程序段的段号。U：直径方向预留量。F0. 15：粗加工进给量。外轮廓粗加工直径方向预留量一定为正
N10 G00 X20	快速定位，外轮廓由 N10 ~ N20 描述
G01 Z0 F1	慢速定位，内轮廓起始点，进给量为 1 mm/r
X22 Z - 1 F0. 08	慢速车削外圆 C1 倒角，慢速进刀，精加工进给量 0. 08 mm/r
Z - 12	车削 $\phi 22$ mm 外圆
G03 X27. 5 Z - 22 R20 F0. 05	车削 R20 圆弧
G01 X38. 5 F0. 08	车削台阶面
G03 X46. 55 Z - 50 R44. 5 F0. 05	车削 R44. 5 圆弧
G01 U - 2 W - 1 F0. 08	车削倒角，避免工件毛刺翻边
N20 X50	刀具远离工件
G0 X200 Z200	快速退刀
M05	主轴停止
M09	切削液关
M00	程序暂停

2）外轮廓精加工程序表见表 3-64。

表 3-64　外轮廓精加工程序表

工艺简图	刀具简图
 芯棒	

程序内容	程序说明
T0101	换 1 号 93°外圆车刀
M08	切削液开
M03 S1500	主轴正转，转速为 1500 r/min
G00 X52 Z2	快速定位到精车循环起刀点
G70 P10 Q20	定义精车循环，加工外圆及各表面
G00 X200 Z200	快速退刀
M05	主轴停止
M00	程序暂停
M30	程序结束

任务5　高级工实操考试综合训练（三）

【知识目标】

1. 掌握配合类零件的数控加工工艺。
2. 会识读零件图样。
3. 掌握椭圆宏程序编写方法。
4. 掌握抛物线宏程序编写方法。
5. 掌握配合类零件数控加工程序的编写方法。

【能力目标】

1. 会编写配合件加工工艺卡片。
2. 掌握尺寸控制及螺纹精度控制方法。
3. 能加工出满足尺寸精度要求的配合件。

【任务导入】

任务要求：如图 3–23、图 3–24 所示，毛坯尺寸为 $\phi50 \text{ mm} \times 95 \text{ mm}$，材料为 45 钢。要求分析其数控车削加工工艺，编制数控加工工序卡并进行加工。

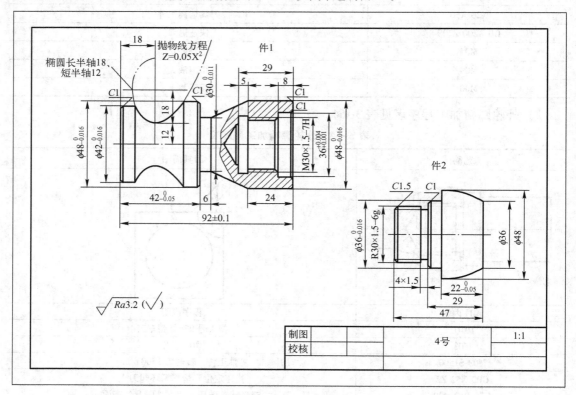

图 3-23　零件图

任务分析：本任务在前面中级工练习的基础上引入椭圆和抛物线的加工方法，引导学生合理制订加工工艺，进一步训练学生配合件的加工工艺，培养学生复杂零件数控编程及加工综合能力。

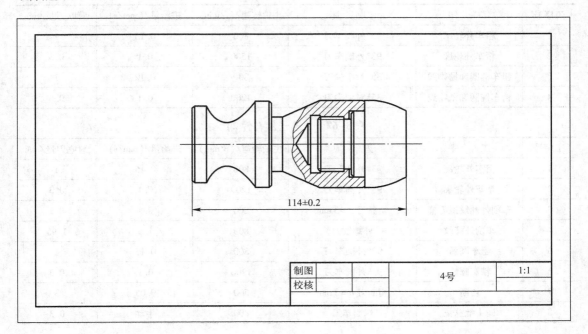

图 3-24　装配图

【任务实施】
1. 分析零件图样

如图 3-23 所示，本任务中尺寸精度主要通过准确对刀、正确设置刀补及磨耗，以及制订合理的加工工艺等措施来保证。表面粗糙度值主要通过选用合适的刀具及其几何参数，正确的粗精加工路线，合理的切削用量等措施来保证。

2. 制作工艺卡片

根据加工工艺原则：先内后外、先粗后精、先近后远。以此原则编写程序的工艺卡片见表 3-65 ~ 表 3-67。

表 3-65　工艺卡片（件 1 右端）

工序号	工　　序	刀　　具	主轴转速/（r/min）	进给量/（mm/r）	背吃刀量/mm
1	钻孔	$\phi 22$ mm 钻头	500	手动	11
2	粗镗内孔	$\phi 16$ mm 不通孔镗刀	600	0.12	1
3	精镗内孔	$\phi 16$ mm 不通孔镗刀	800	0.1	0.3
4	车削内螺纹退刀槽	内沟槽刀	500	0.05	5
5	车削内螺纹	内螺纹刀	600	1.5	1.65
6	粗车外轮廓	93°外圆车刀	800	0.15	1
7	精车外轮廓	93°外圆车刀	1200	0.12	0.3
8	切断	切断刀 b = 3 mm	500	0.05	3
9	调头批总长	端面车刀	800	手动	0.3

表 3-66　工艺卡片（件 1 左端）

工序号	工　序	刀　具	主轴转速/（r/min）	进给量/（mm/r）	背吃刀量/mm
1	粗车外轮廓	93°外圆车刀	800	0.15	1
2	精车外轮廓	93°外圆车刀	1500	0.1	0.3
3	粗车椭圆和抛物线	35°对中尖刀	800	0.12	1
4	精车椭圆和抛物线	35°对中尖刀	1200	0.1	0.3

表 3-67　工艺卡片（件 2）

工序号	工　序	刀　具	主轴转速/（r/min）	进给量/（mm/r）	背吃刀量/mm
1	粗车外轮廓	93°外圆车刀	800	0.15	1
2	精车外轮廓	93°外圆车刀	1200	0.1	0.3
3	车削外螺纹退刀槽	切断刀 $b = 3$ mm	800	0.1	0.3
4	车削外螺纹	外螺纹刀	800	1.5	1.95
5	粗车圆弧	93°外圆车刀	800	0.15	1
6	精车圆弧	93°外圆车刀	1200	0.1	0.3
7	切断	切断刀 $b = 3$ mm	500	0.05	3
8	调头批总长	端面车刀	800	手动	0.3

3. 编写程序

（1）件一右端

1）钻孔，用 $\phi22$ mm 钻头，钻孔深度大于 29 mm。钻孔工艺简表见表 3-68。

表 3-68　钻孔工艺简表

工艺简图	刀具简图
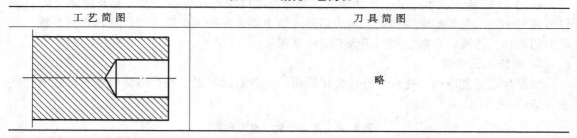	略

2）内轮廓粗加工程序表见表 3-69。

表 3-69　内轮廓粗加工程序表

工艺简图	刀具简图
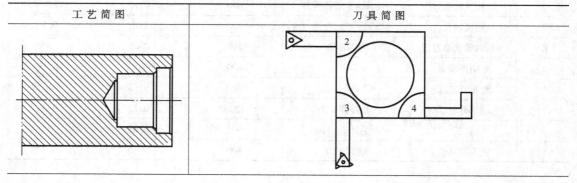	

166

程序内容	程序说明
O0041	程序号（O0001～O9999）
G97 G99 M03 S600	主轴正转，转速为 600 r/min
T0202	换 2 号镗刀
G00 X22	快速定位至粗加工循环起点，先进 X 再进 Z 避免撞刀
Z2	
G71 U1 R0.5	内轮廓单边递减可使用 G71 复合循环指令。设背吃刀量 U 为 1mm，退刀量 R 为 0.5 mm
G71 P10 Q20 U−0.3 F0.12	P10：精加工程序第一个程序段的段号。Q20：精加工程序最后一个程序段的段号。U：直径方向预留量。F0.12：粗加工进给量。内轮廓粗加工值预留量一定为负
N10 G00 X38	快速定位，内轮廓由 N10～N20 描述
G01 Z0 F1	慢速定位，内轮廓起始点，进给量为 1 mm/r
X36 Z−1 F0.08	车削 C1 倒角，进给量 0.08 mm/r
Z−8	车削 φ36 mm 内孔
X31.35	车削内孔台阶面
X28.35 W−1.5	车削 C1.5 内孔倒角。内螺纹小径＝大径−1.1P＝30 mm−(1.1×1.5)mm＝28.35 mm
N20 Z−29	车削 φ28.35 mm 内孔
G00 Z200	退刀至安全换刀点，内孔加工退刀时一定要先退 Z，再退 X，否则会撞刀
X200	
M05	主轴停止
M00	程序暂停，检测粗加工结果，根据结果进行磨耗的调整

3）内轮廓精加工程序表见表 3-70。

表 3-70　内轮廓精加工程序表

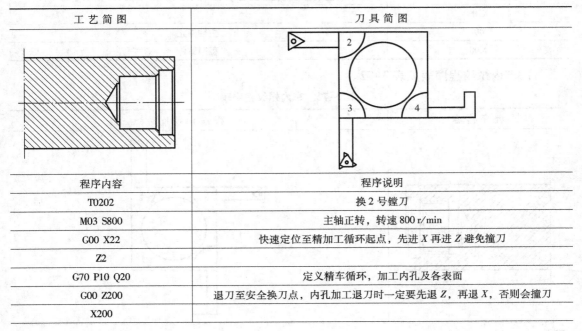

工艺简图	刀具简图

程序内容	程序说明
T0202	换 2 号镗刀
M03 S800	主轴正转，转速 800 r/min
G00 X22	快速定位至精加工循环起点，先进 X 再进 Z 避免撞刀
Z2	
G70 P10 Q20	定义精车循环，加工内孔及各表面
G00 Z200	退刀至安全换刀点，内孔加工退刀时一定要先退 Z，再退 X，否则会撞刀
X200	

程序内容	程序说明
M05	主轴停止
M00	程序暂停，检测精加工结果，根据结果进行磨耗的调整

4）车内螺纹退刀槽程序表见表3-71。

表3-71　车内螺纹退刀槽程序表

工艺简图	刀具简图

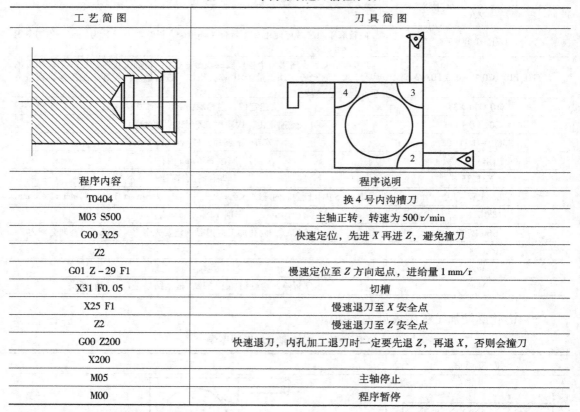

程序内容	程序说明
T0404	换4号内沟槽刀
M03 S500	主轴正转，转速为500 r/min
G00 X25	快速定位，先进X再进Z，避免撞刀
Z2	
G01 Z-29 F1	慢速定位至Z方向起点，进给量1 mm/r
X31 F0.05	切槽
X25 F1	慢速退刀至X安全点
Z2	慢速退刀至Z安全点
G00 Z200	快速退刀，内孔加工退刀时一定要先退Z，再退X，否则会撞刀
X200	
M05	主轴停止
M00	程序暂停

5）车内螺纹程序表见表3-72。

表3-72　车内螺纹程序表

程序内容	程序说明

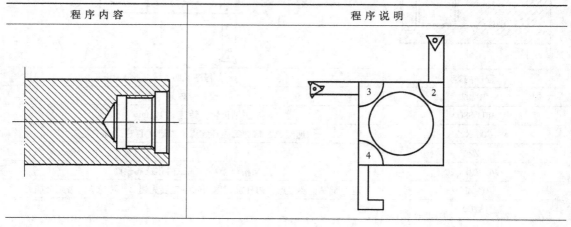

程序内容	程序说明
T0303	换 3 号内螺纹刀
M03S600	主轴正转，转速为 600 r/min
G00X25	快速定位至螺纹切削循环起点。螺纹加工起刀点 Z 的数值一定是螺距的倍数
Z4	
G92X29 Z − 26F1.5	第一次螺纹车削循环，余量分配为 1 mm
X29.7	第二次螺纹车削循环，余量分配为 0.85 mm
X30	第三次螺纹车削循环，余量分配为 0.15 mm
X30	第四次螺纹车削循环，余量分配为 0 mm
G00Z200	快速退刀，内孔加工退刀时一定要先退 Z，再退 X，否则会撞刀
X200	
M05	主轴停止
M00	程序暂停，检测螺纹是否合格，要求通规进，止规止，如不合格，调整磨耗及螺纹加工程序，进行加工，直至螺纹合格为止

6）外轮廓粗加工程序表见表 3–73。

表 3–73　外轮廓粗加工程序表

工艺简图	刀具简图

程序内容	程序说明
T0101	换 1 号 93° 外圆车刀
M03 S800	主轴正转，转速为 800 r/min
G00 X52 Z2	快速定位至粗加工循环起点
G73 U10 R10	用 G73 循环指令粗加工轮廓。U：粗切时径向切除的总余量（半径值）。R：循环次数
G73 P30 Q40 U0.3 F0.15	P30：精加工程序第一个程序段的段号。Q40：精加工程序最后一个程序段的段号。U：直径方向预留量。F0.15：粗加工进给量。外轮廓粗加工直径方向预留量一定为正
N30 G00 X46	快速定位，外轮廓由 N30～N40 描述
G01 Z0 F0.08	慢速定位，外轮廓起始点，进给量为 0.08 mm/r
X48 Z − 1	车削外圆 C1 倒角
Z − 24	车削 ϕ48 mm 外圆
X30 Z − 44	车削锥度面
Z − 50	车削 ϕ30 mm 外圆

程序内容	程序说明
X46；	车削台阶面
N40 X50 Z－52	车削 C1 倒角
G00 X200	快速退刀，先退 X 再退 Z，避免撞刀
Z200	
M05	主轴停止
M00	程序暂停，测量粗加工结果，根据结果进行磨耗的调整

7）外轮廓精加工程序表见表3-74。

表 3-74 外轮廓精加工程序表

工 艺 简 图	刀 具 简 图

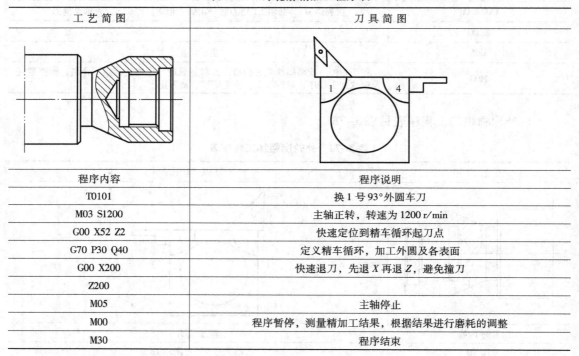

程序内容	程序说明
T0101	换 1 号 93° 外圆车刀
M03 S1200	主轴正转，转速为 1200 r/min
G00 X52 Z2	快速定位到精车循环起刀点
G70 P30 Q40	定义精车循环，加工外圆及各表面
G00 X200	快速退刀，先退 X 再退 Z，避免撞刀
Z200	
M05	主轴停止
M00	程序暂停，测量精加工结果，根据结果进行磨耗的调整
M30	程序结束

8）工件伸出主轴105 mm，转速500 r/min 手动切断，留4 mm 不要切断，把刀退回安全位置，用手掰下工件，防止工件表面损坏。切断工艺简表见表3-75。

表 3-75 切断工艺简表

工 艺 简 图	刀 具 简 图

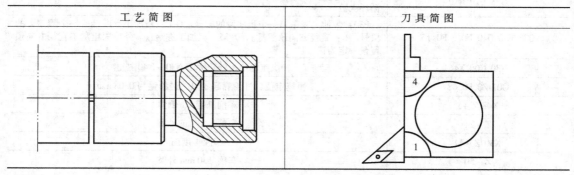

9）调头批总长 92 mm。控制总长工艺简表见表 3-76。

表 3-76　控制总长工艺简表

工 艺 简 图	刀 具 简 图
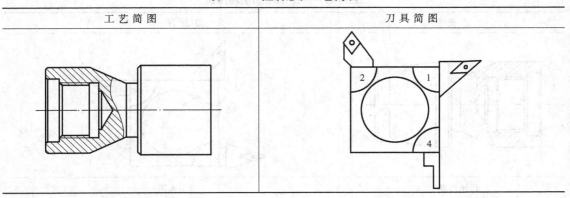	

（2）件一左端外轮廓

1）外轮廓粗加工程序表见表 3-77。

表 3-77　外轮廓粗加工程序表

工 艺 简 图	刀 具 简 图

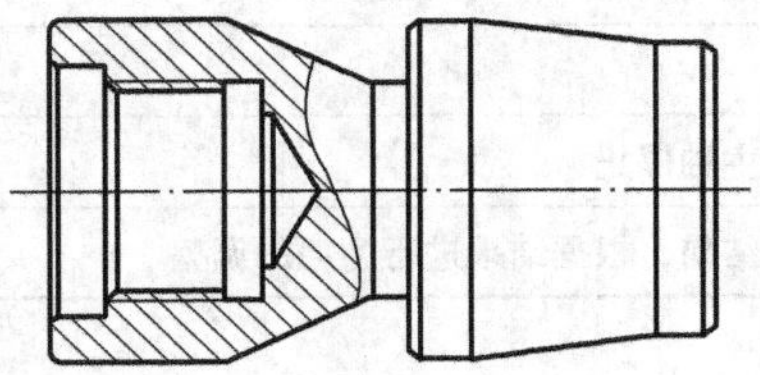

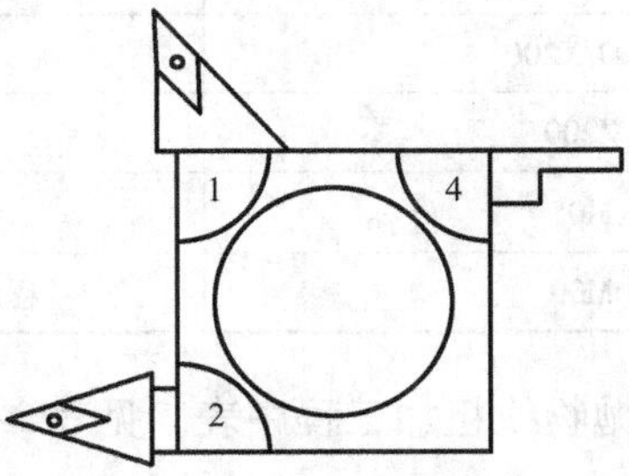

程序内容	程序说明
O0042	程序号（O0001 ~ O9999）
G97 G99 M03 S800	主轴正转，转速为 800 r/min
T0101	换 1 号 93° 外圆车刀
G00X52 Z2	快速定位到粗加工循环起点
G71 U1 R0.5	外轮廓单边递增，使用 G71 复合循环指令。设背吃刀量 U 为 1 mm，退刀量 R 为 0.5 mm
G71 P10 Q20 U0.3 F0.15	P10：精加工程序第一个程序段的段号。Q20：精加工程序最后一个程序段的段号。U：直径方向预留量。F0.15：粗加工进给量。粗加工直径方向预留量一定为正
N10 G00 X40	快速定位，外轮廓由 N10 ~ N20 描述
G01 Z0 F1	慢速定位，外轮廓起始点，进给量为 1 mm/r
X42 Z-1 F0.08	车削 C1 外圆倒角，进给量 0.08 mm/r
Z-8.61	车削 φ42 mm 外圆
X48 Z-32.49	车削斜面
N20 Z-42.5	车削 φ48 mm 外圆
G00 X200 Z200	快速退刀
M05	主轴停止
M00	程序暂停，测量粗加工结果，根据结果进行磨耗的调整

2）外轮廓精加工程序表见表 3-78。

表 3-78　外轮廓精加工程序表

工艺简图	刀具简图
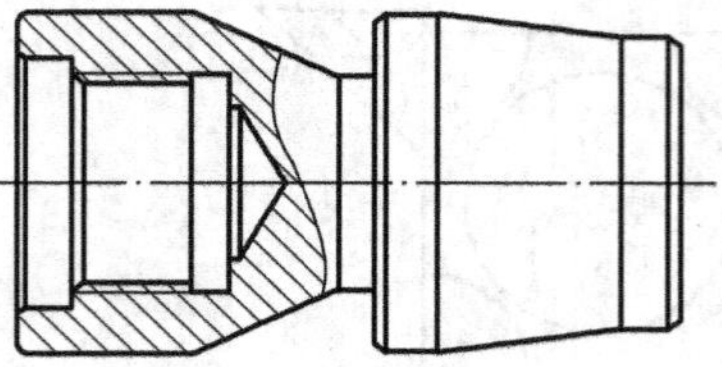	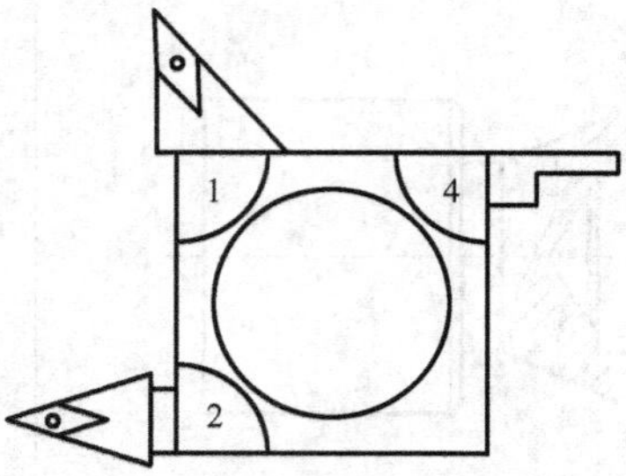

程序内容	程序说明
T0101	换 1 号 93°外圆车刀
M03 S1200	主轴正转，转速为 1200 r/min
G00 X52 Z2	快速定位到精车循环起点
G70 P10 Q20	定义精车循环，加工外圆及各表面
G00 X200	快速退刀，先退 X 再退 Z，避免撞刀
Z200	
M05	主轴停止
M00	程序暂停，测量精加工结果，根据结果进行磨耗的调整

3）椭圆和抛物线粗加工程序表。见表 3-79。

表 3-79　椭圆和抛物线粗加工程序表

工艺简图	刀具简图
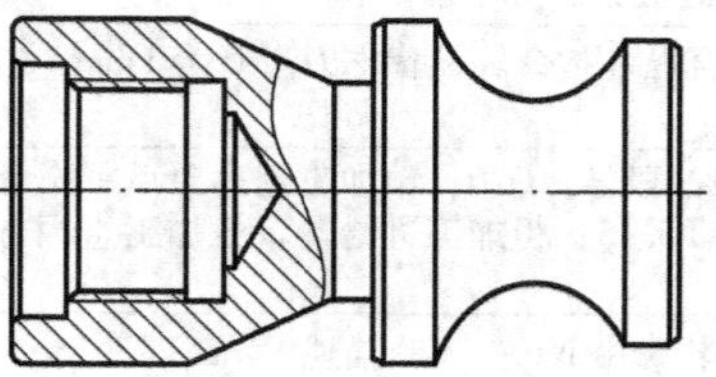	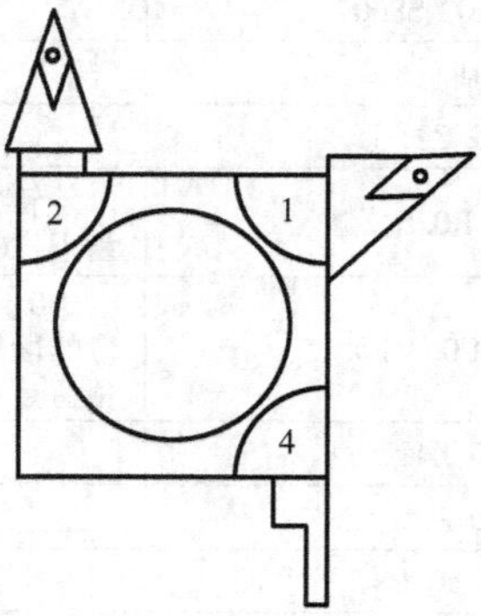

程序内容	程序说明
T0202	换 2 号 35°对中尖刀
M03 S800	主轴正转，转速为 800 r/min
G00 Z - 7.61	快速定位到粗加工 Z 方向循环起点
X45	快速定位到粗加工 X 方向循环起点

程序内容	程序说明
G73 U12 R12	用 G73 循环指令粗加工轮廓。U：粗切时径向切除的总余量（半径值）。R：循环次数。
G73 P30 Q40 U0. 3 F0. 12	P30：精加工程序第一个程序段的段号。Q40：精加工程序最后一个程序段的段号。U：直径方向预留量。F0. 12：粗加工进给量。粗加工直径方向预留量一定为正
N30 G01 X42 F0. 08	慢速定位，外轮廓由 N30 ~ N40 描述
#100 = −7. 61	工件原点到抛物线起点的距离
N100#101 = 18 + #100	#101：椭圆中心 Z 到椭圆起点的距离
#102 = 18 ∗ SQRT［1 − #101 ∗ #101/144］	椭圆方程
#103 = 30 − #102	椭圆 X 坐标方程值
G01 X［2 ∗ #103］Z#100	#103 为半径，X 就是 2 × #103 #100 为 Z 向距离
#100 = #100 − 0. 1	#100 为变量，每次变量 0. 1 mm
IF［#100GE − 18］GOTO100	如果#100 ≥ − 76 则返回 N100 程序段
#100 = − 18	工件原点到椭圆起点的距离
N200#101 = 18 + #100	#101：抛物线中心 Z 到抛物线起点的距离
#102 = #101 ∗ #101 ∗ 0. 05	抛物线方程
#103 = 12 + #102	抛物线 X 坐标方程值
G01 X［2 ∗ #103］Z#100	#103 为半径，X 就是 2 × #103 #100 为 Z 向距离
#100 = #100 − 0. 1	#100 为变量，每次变量 0. 1 mm
IF［#103LT25］GOTO200	如果#103 ≤ 25 则返回 N200 程序段
N40 G01 X50 F1	刀具退回安全点
G00 X200	快速退刀
Z200	
M05	主轴停止
M00	程序暂停

4）椭圆和抛物线精加工程序表。见表3-80。

表3-80 椭圆和抛物线精加工程序表

工 艺 简 图	刀 具 简 图
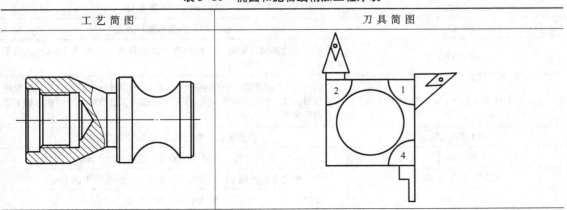	

程序内容	程序说明
T0202	换 2 号 35°对中尖刀
M03 S1200	主轴正转，转速为 1200 r/min
G00 Z－7.61	快速定位到 Z 方向精车循环起点
X45	快速定位到 X 方向精车循环起点
G70 P30 Q40	定义精车循环，加工外圆及各表面
G00 X200	快速退刀
Z200	
M05	主轴停止
M00	程序暂停
M30	程序结束

（3）件二左端

1）外轮廓粗加工程序表见表 3-81。

表 3-81　外轮廓粗加工程序表

工 艺 简 图	刀 具 简 图

程序内容	程序说明
O00043	程序号（O0001～O9999）
G97 G99 M03 S800	主轴正转，转速为 800 r/min
T0101	换 1 号 93°外圆车刀
G00 X52 Z2	快速定位到精车循环起点
G71U1R0.5	外轮廓单边递增可使用 G71 循环指令。设背吃刀量 U 为 1 mm，退刀量 R 为 0.5 mm
G71 P10 Q20 U0.3 F0.15	P10：精加工程序第一个程序段的段号。Q20：精加工程序最后一个程序段的段号。U：直径方向预留量。F0.15：粗加工进给量。外轮廓粗加工直径方向预留量一定为正
N10 G00 X26.7	快速定位，外轮廓由 N10～N20 描述
G01 Z0 F1	慢速定位，内轮廓起始点，进给量为 1 mm/r
X29.8 Z－1.5 F0.08	慢速车削外圆 C1.5 倒角，慢速进刀，进给量 0.08 mm/r
Z－18	车削 φ29.8 mm 外圆

174

程序内容	程序说明
X34	车削台阶面
X36 Z−19	车削 C1 倒角
N20 Z−25	车削 ϕ36 mm 外圆
G00 X200 Z200	快速退刀
M05	主轴停止
M00	程序暂停，测量粗加工结果，根据结果进行磨耗的调整

2）外轮廓精加工程序表见表3−82。

表3−82　外轮廓精加工程序表

工 艺 简 图	刀 具 简 图

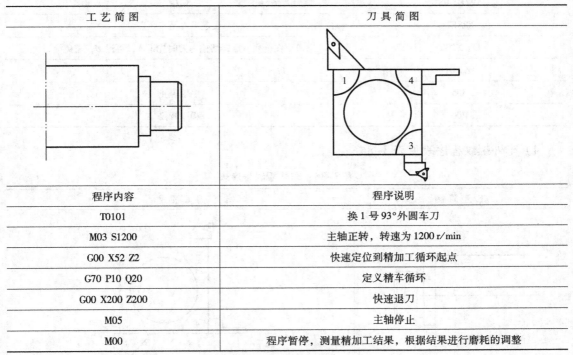

程序内容	程序说明
T0101	换1号93°外圆车刀
M03 S1200	主轴正转，转速为 1200 r/min
G00 X52 Z2	快速定位到精加工循环起点
G70 P10 Q20	定义精车循环
G00 X200 Z200	快速退刀
M05	主轴停止
M00	程序暂停，测量精加工结果，根据结果进行磨耗的调整

3）车退刀槽程序表见表3−83。

表3−83　车退刀槽程序表

工 艺 简 图	刀 具 简 图

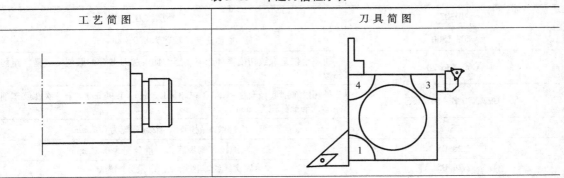

程序内容	程序说明
T0404	换 4 号切断刀
M03S500	主轴正转，转速 500 r/min
G00Z − 18	快速定位到切槽 Z 方向起点
X40	快速定位到 X 方向切槽安全位置
G01X27F0.05	切槽
X32F1	慢速退刀至安全点
Z − 17	慢速定位至第二刀切槽 Z 方向起点
X27F0.05	切槽
X38F1	慢速退刀至安全点
G00X200	退刀至安全换刀点，切槽退刀时先退 X，再退 Z，避免撞刀
Z200	
M05	主轴停止
M00	程序暂停

4) 车外螺纹程序表见表 3-84。

表 3-84　车外螺纹程序表

工 艺 简 图	刀 具 简 图
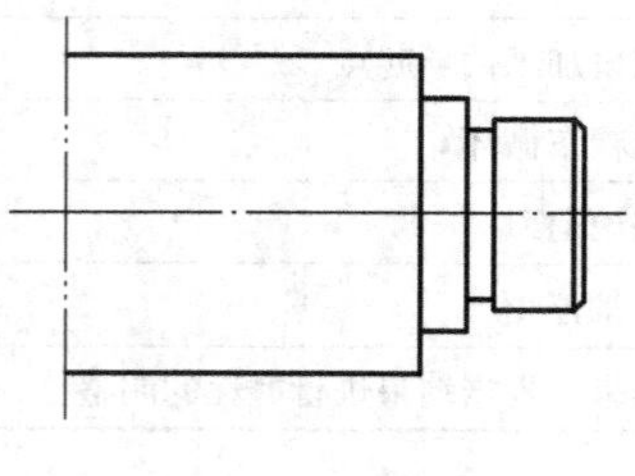	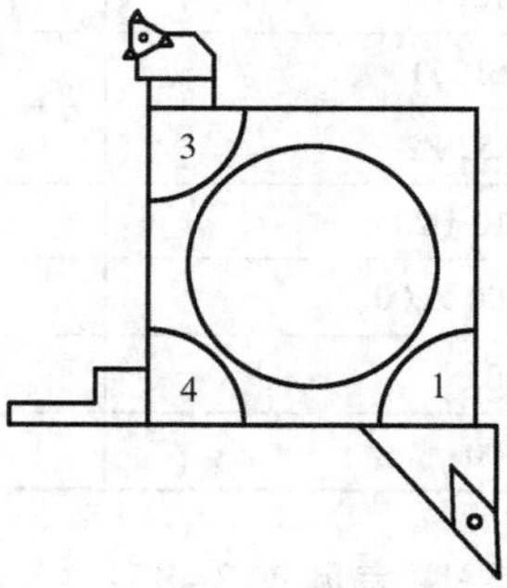

程序内容	程序说明
T0303	换 3 号外螺纹刀
M03 S800	主轴正转，转速为 800 r/min
G00 X36 Z3	快速定位至螺纹切削循环起点。螺纹加工起刀点 Z 的数值一定是螺距的倍数
G92 X29 Z − 16 F1.5	外螺纹车削底径余量：$1.3P = 1.3 \times 1.5 \text{ mm} = 1.95 \text{ mm}$。第一次螺纹车削循环，余量分配为 1 mm
X28.3	第二次螺纹车削循环，余量分配为 0.7 mm
X28.05	第三次螺纹车削循环，余量分配为 0.25 mm
X28.05	第四次螺纹车削循环，余量分配为 0 mm

程序内容	程序说明
G00 X200 Z200	快速退刀
M05	主轴停止
M00	程序暂停，检测螺纹是否合格。要求通规进，止规止，如不合格，调整磨耗及螺纹加工程序，进行加工，直至螺纹合格为止

5）外轮廓粗加工程序表见表3-85。

表3-85 外轮廓粗加工程序表

工艺简图	刀具简图

程序内容	程序说明
T0101	换1号93°外圆车刀
M03 S800	主轴正转，转速为800 r/min
G00 X52	快速定位到X方向粗加工循环起点
Z－24	快速定位到Z方向粗加工循环起点
G73 U7 R7	用G73循环指令粗加工轮廓。U：粗切时径向切除的总余量（半径值）。R：循环次数
G73 P30 Q40 U0.3 F0.15	P30：精加工程序第一个程序段的段号。Q40：精加工程序最后一个程序段的段号。U：直径方向预留量。F0.15：粗加工进给量。粗加工直径方向预留量一定为正
N30 G0 X49	快速定位，外轮廓由N30～N40描述
G01 X48 Z－25 F0.08	慢速定位到外轮廓起始点
G03 X34.65 Z－48 R40 F0.05	车削R40圆弧
N40 G01 Z－51 F0.08	车削外圆
G00 X200 Z200	快速退刀
M05	主轴停止
M00	程序暂停

6）外轮廓精加工程序表见表3-86。

表 3-86 外轮廓精加工程序表

工艺简图	刀具简图
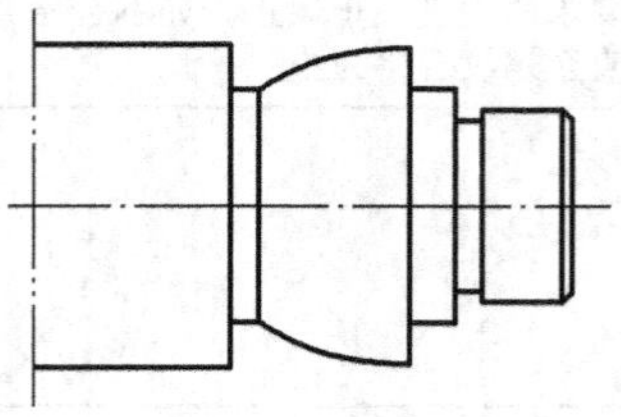	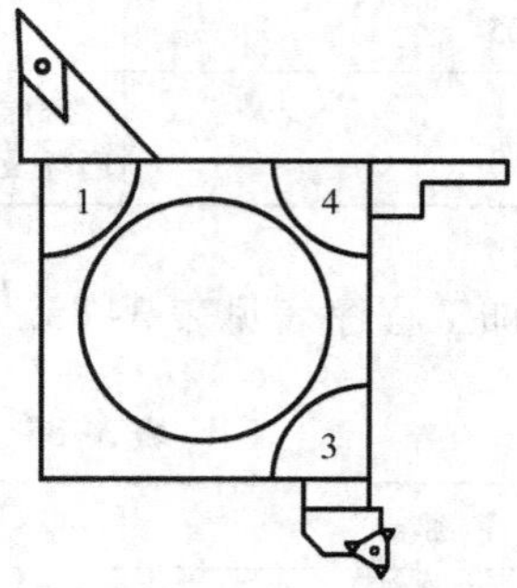

程序内容	程序说明
T0101	换1号93°外圆车刀
M03 S1500	主轴正转，转速为 1500 r/min
G00 X52	快速定位到精加工 X 循环起点
Z−24	快速定位到精加工 Z 循环起点
G70 P30 Q40	定义精车循环，加工外圆及各表面
G00 X200 Z200	快速退刀
M05	主轴停止
M00	程序暂停

7）切断加工程序表见表3-87。

表 3-87 切断加工程序表

工艺简图	刀具简图
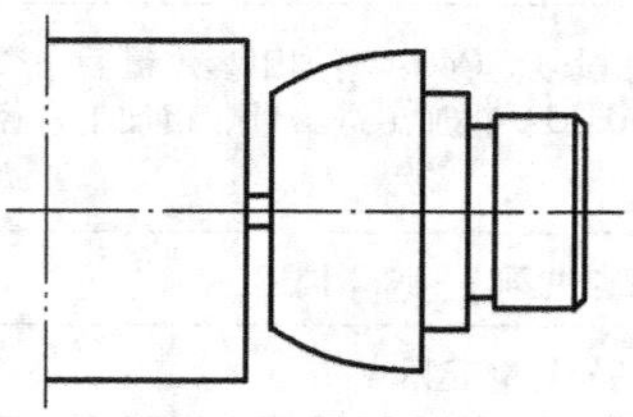	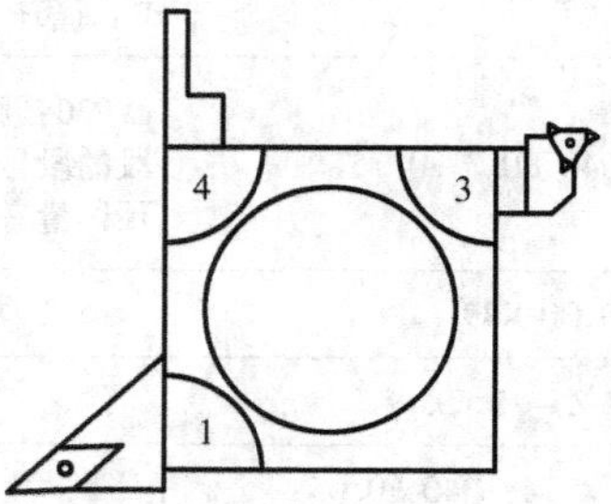

程序内容	程序说明
T0404	换4号切断刀
M03 S500	主轴正转，转速为 500 r/min
G00 Z−50.5	快速定位到 Z 方向切断起点
X52	快速定位到 X 方向安全位置

程序内容	程序说明
G01 X0 F0.05	切断
X52 F1	慢速退刀，进给量 1 mm/r
G00 X200	快速退刀，先退 X 再退 Z，避免撞刀
Z200	
M05	主轴停止
M30	程序结束

8）调头批总长 47 mm。控制总长工艺简表见表 3-88。

表 3-88　控制总长工艺简表

工 艺 简 图	刀 具 简 图
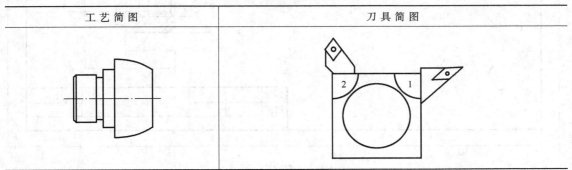	

任务6　高级工实操考试综合训练（四）

【知识目标】

1. 掌握配合类零件的数控加工工艺。

2. 会识读零件图样。

3. 掌握椭圆宏程序编写方法。

4. 掌握配合类零件数控加工程序的编写方法。

【能力目标】

1. 会编写配合件加工工艺卡片。

2. 掌握尺寸控制及螺纹精度控制方法。

3. 能加工出满足尺寸精度要求的配合件。

【任务导入】

任务要求：如图 3-25、图 3-26 所示，毛坯尺寸为 $\phi50$ mm×95 mm，材料为 45 钢。要求分析其数控车削加工工艺，编制数控加工工序卡并进行加工。

任务分析：本任务在前面中级工练习的基础上引入椭圆的加工方法，引导学生合理制订加工工艺，进一步训练学生配合件的加工工艺，培养学生复杂零件数控编程及加工综合能力。

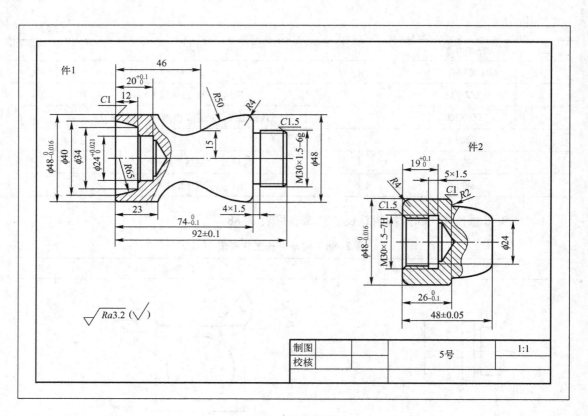

图 3-25 零件图

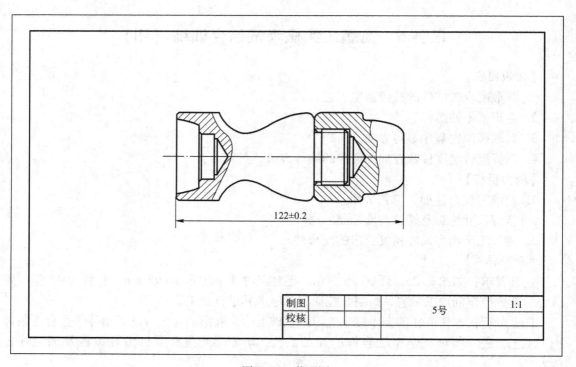

图 3-26 装配图

【任务实施】

1. 分析零件图样

如图 3-25 所示，本任务中尺寸精度主要通过准确对刀，正确设置刀补及磨耗，以及制订合理的加工工艺等措施来保证。表面粗糙度值主要通过选用合适的刀具及其几何参数，正确的粗精加工路线，合理的切削用量等措施来保证。

2. 制作工艺卡片

根据加工工艺原则：先内后外、先粗后精、先近后远。以此原则编写程序的工艺卡片见表 3-89 ~ 表 3-92。

表 3-89　工艺卡片（件 1 右端）

工序号	工　序	刀　具	主轴转速 /(r/min)	进给量 /(mm/r)	背吃刀量 /mm
1	车端面	端面车刀	800	手动	0.3
2	钻中心孔	中心钻	1000	手动	1.5
3	粗车外轮廓	93°外圆车刀	800	0.15	0.88
4	精车外轮廓	93°外圆车刀	1200	0.08	0.3
5	车削外螺纹退刀槽	$b=3$ mm 切断刀	500	0.05	3
6	车削外螺纹	外螺纹刀	800	1.5	1.95
7	切断	$b=3$ mm 切断刀	500	0.05	3
8	调头批总长	端面车刀/93°外圆车刀	800	手动	0.3

表 3-90　工艺卡片（件 1 左端）

1	钻孔	$\phi22$ mm 钻头	500	手动	11
2	粗车内轮廓	$\phi16$ mm 不通孔镗刀	600	0.12	1
3	精车外轮廓	$\phi16$ mm 不通孔镗刀	800	0.08	0.3

表 3-91　工艺卡片（件 2 左端）

工序号	工　序	刀　具	主轴转速 /(r/min)	进给量 /(mm/r)	背吃刀量 /mm
1	车端面	端面车刀/93°外圆车刀	800	手动	0.3
2	钻孔	$\phi22$ mm 钻头	500	手动	11
3	粗车内轮廓	$\phi16$ mm 不通孔镗刀	600	0.12	1
4	精车外轮廓	$\phi16$ mm 不通孔镗刀	800	0.08	0.3
5	车削内螺纹退刀槽	内沟槽刀	500	0.05	5
6	车削内螺纹	内螺纹刀	600	1.5	1.65
7	粗车左端外轮廓	93°外圆车刀	800	0.15	1
8	精车右端外轮廓	93°外圆车刀	1200	0.08	0.3
9	切断	$b=3$ mm 切断刀	500	0.05	3
10	调头批总长	端面车刀/93°外圆车刀	800	手动	0.3

表 3-92　工艺卡片（件 2 右端）

1	粗车右端外轮廓	93°外圆车刀	800	0.15	1
2	精车右端外轮廓	93°外圆车刀	1500	0.05	0.3

3. 编写程序

（1）件一外轮廓（自右端开始）

1）车端面。

2）钻中心孔工艺简表见表 3-93。

表 3-93　钻中心孔工艺简表

工 艺 简 图	刀 具 简 图
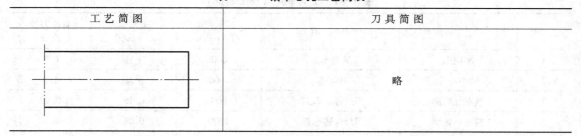	略

3）外轮廓粗加工程序表见表 3-94。

表 3-94　外轮廓粗加工程序表

工 艺 简 图	刀 具 简 图
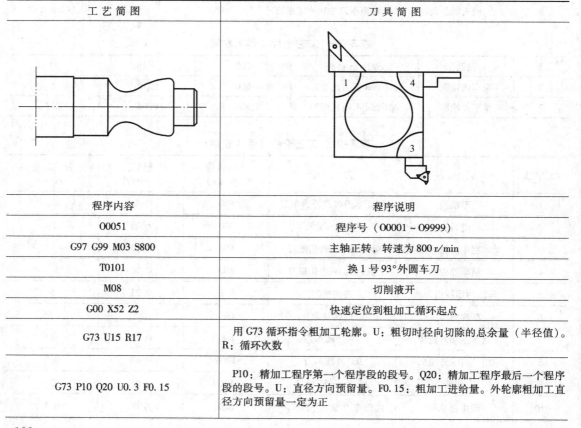	

程序内容	程序说明
O0051	程序号（O0001～O9999）
G97 G99 M03 S800	主轴正转，转速为 800 r/min
T0101	换 1 号 93°外圆车刀
M08	切削液开
G00 X52 Z2	快速定位到粗加工循环起点
G73 U15 R17	用 G73 循环指令粗加工轮廓。U：粗切时径向切除的总余量（半径值）。R：循环次数
G73 P10 Q20 U0.3 F0.15	P10：精加工程序第一个程序段的段号。Q20：精加工程序最后一个程序段的段号。U：直径方向预留量。F0.15：粗加工进给量。外轮廓粗加工直径方向预留量一定为正

程序内容	程序说明
N10 G00 X26.8	快速定位，外轮廓由 N10～N20 描述
G01 Z0 F1	慢速定位，外轮廓起始点，进给量为 1 mm/r
X29.8 Z－1.5 F0.08	慢速车削 C1.5 倒角，精加工进给量 0.08 mm/r
Z－18	车削 φ29.8 mm 外圆
X39.54	车削台阶面
G03 X47.5 Z－22.4 R4 F0.05	车削 R4 圆角
G03 X30 Z－46 R50	车削 R50 圆弧
G02 X48 Z－69 R15	车削 R15 圆弧
N20 G01 Z－96 F0.08	车削 φ48 mm 外圆
G00 X200 Z5	快速退刀，回安全换刀点。注意：上顶尖 Z 方向不再是 200 mm
M05	主轴停止
M00	程序暂停，测量粗加工结果，根据结果进行磨耗的调整

4）外轮廓精加工程序表见表 3-95。

表 3-95　外轮廓精加工程序表

工艺简图	刀具简图

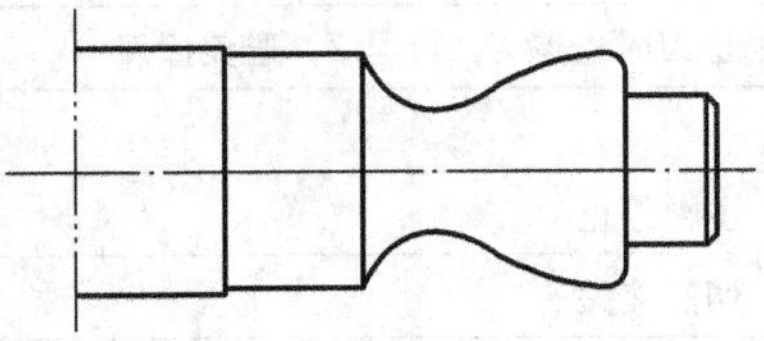

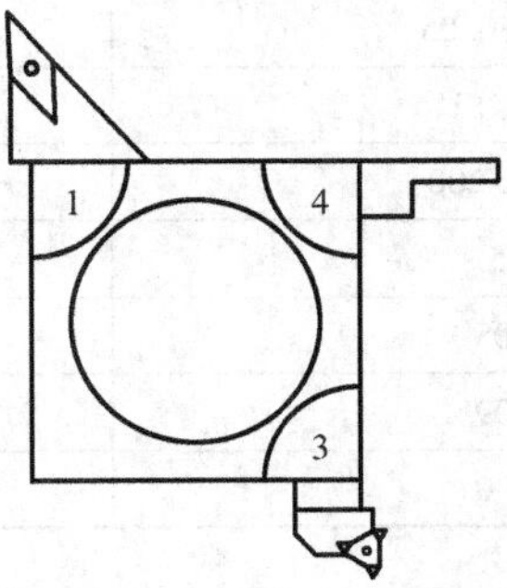

程序内容	程序说明
T0101	换 1 号 93°外圆车刀
M08	切削液开
M03 S1200	主轴正转，转速为 1200 r/min
G00 X52 Z2	快速定位到精加工循环起点
G70 P10 Q20	定义精车循环，加工外圆及各表面
G00 X200 Z5	快速退刀
M05	主轴停止
M00	程序暂停，测量精加工结果，根据结果进行磨耗的调整

5）车退刀槽程序表见表 3-96。

表 3-96　车退刀槽程序表

工艺简图	刀具简图
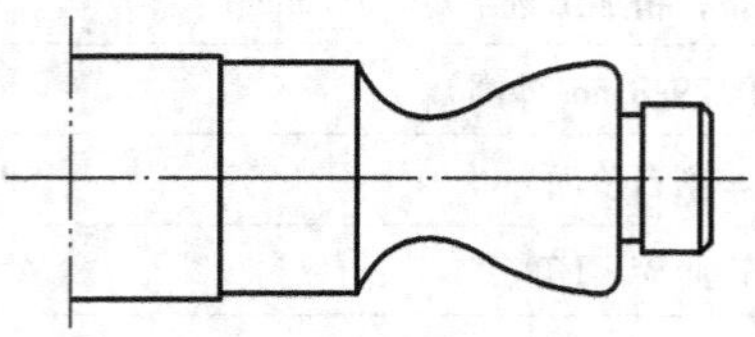 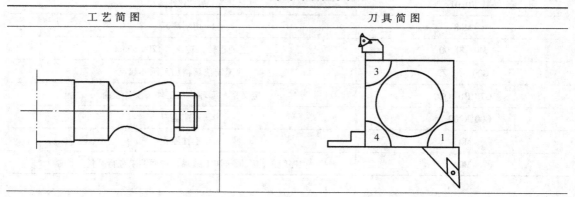	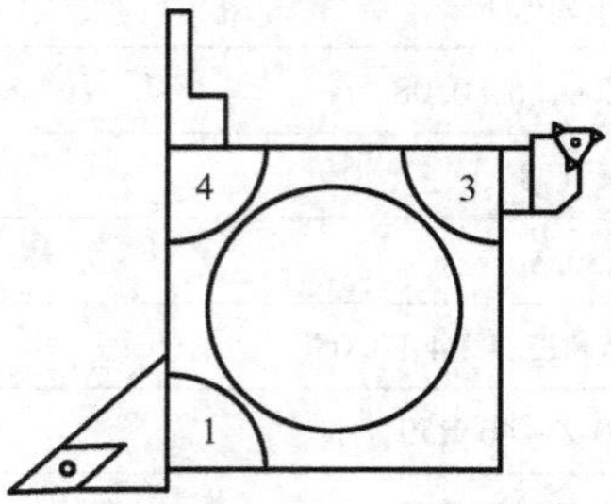

程序内容	程序说明
T0404	换 4 号切断刀
M08	切削液开
M03 S500	主轴正转，转速为 500 r/min
G00 Z-18	快速定位至 Z 方向起点
X32	快速定位至 X 方向起点
G01 X27 F0.05	切槽
X31 F1	慢速退刀至安全点
Z-17	慢速定位至第二刀切槽 Z 方向起点
X27 F0.05	切槽
X31 F1	慢速退刀至安全点
G00 X200	退刀至安全换刀点，切槽退刀时先退 X，再退 Z，避免撞刀
Z5	
M05	主轴停止
M09	切削液关
M00	程序暂停

6）车外螺纹程序表见表 3-97。

表 3-97　车外螺纹程序表

工艺简图	刀具简图

程序内容	程序说明
T0303	换 3 号外螺纹刀
M08	切削液开
M03 S800	主轴正转，转速为 800 r/min
G00 X36 Z3	快速定位至螺纹切削循环起点。螺纹加工起刀点 Z 的数值一定是螺距的倍数
G92 X29 Z－16 F1.5	外螺纹车削底径余量：$1.3P = 1.3 \times 1.5 \, \text{mm} = 1.95 \, \text{mm}$。第一次螺纹车削循环，余量分配为 1 mm
X28.3	第二次螺纹车削循环，余量分配为 0.7 mm
X28.05	第三次螺纹车削循环，余量分配为 0.25 mm
X28.05	第四次螺纹车削循环，余量分配为 0 mm
G00 X200 Z5	快速退刀，回安全换刀点
M05	主轴停止
M09	切削液关
M00	程序暂停，检测螺纹是否合格。要求通规进，止规止，如不合格，调整磨耗及螺纹加工程序，进行加工，直至螺纹合格为止

7）切断程序表见表3-98。

表3-98 切断程序表

工 艺 简 图	刀 具 简 图
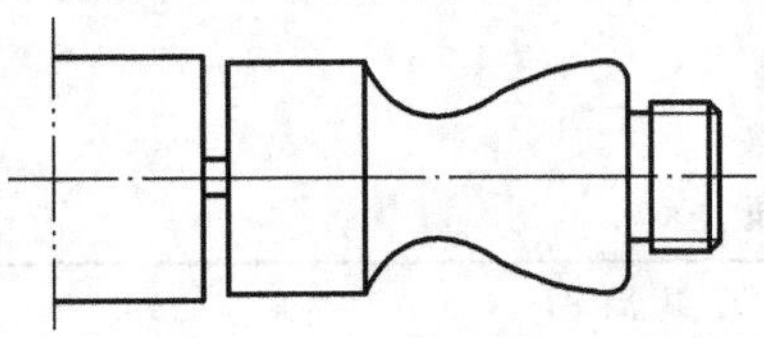	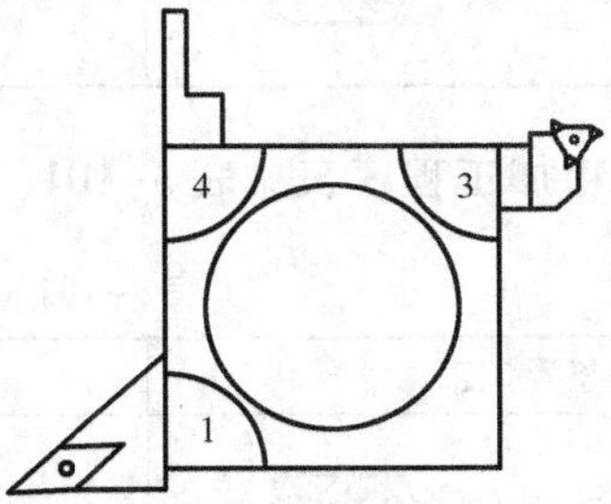

程序内容	程序说明
T0404	换 4 号切断刀
M08	切削液开
M03 S500	主轴正转，转速为 500 r/min
G00 Z－95.5	快速定位至 Z 方向起点
G01 X55 F1	慢速进刀至切断 X 安全位置
G01 X4 F0.05	切断
X55 F1	慢速退刀至切断 X 安全位置
G00 X200	快速退刀，先退 X 再退 Z，避免撞刀
Z5	
M05	主轴停止
M09	切削液关
M00	程序暂停
M30	程序结束

8）调头批总长 92 mm。控制总长工艺简表见表 3-99。

表 3-99　控制总长工艺简表

工 艺 简 图	刀 具 简 图
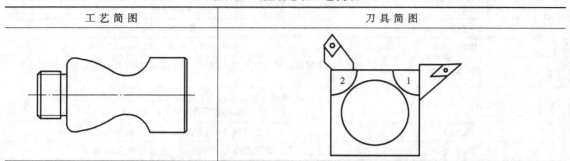	

（2）件一左端内孔

1）钻孔，用 ϕ22 mm 钻头，钻孔深度大于 20 mm。钻孔工艺简表见表 3-100。

表 3-100　钻孔工艺简表

工 艺 简 图	刀 具 简 图
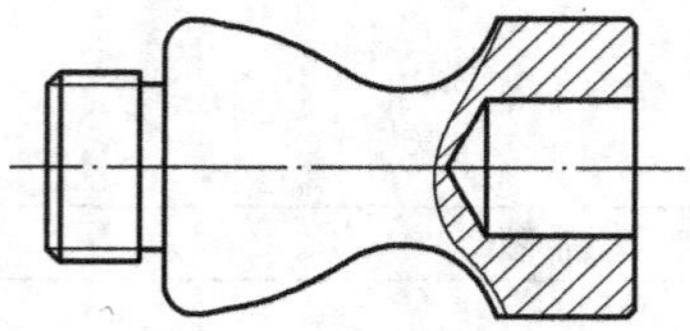	略

2）内轮廓粗加工程序表见表 3-101。

表 3-101　内轮廓粗加工程序表

工 艺 简 图	刀 具 简 图
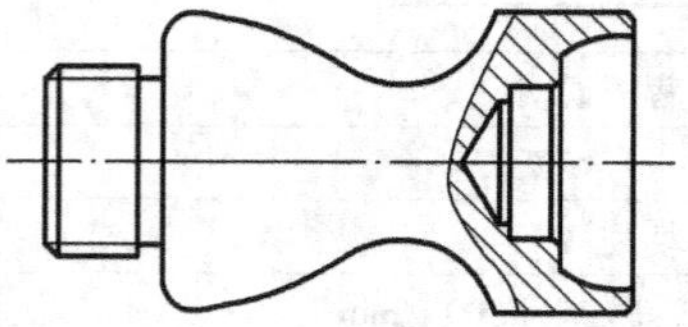	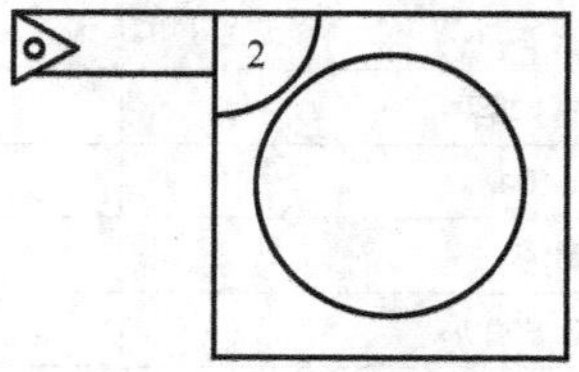

程序内容	程序说明
O0052	程序号（O0001～O9999）
G97 G99 M03 S600	主轴正转，转速为 600 r/min
T0202	换 2 号镗刀
M08	切削液开
G00 X20	快速定位到内轮廓粗加工循环起点，先进 X 再进 Z，避免撞刀
Z2	
G71 U1 R0.5	内轮廓单边递减可使用 G71 复合循环指令。设背吃刀量 U 为 1 mm，退刀量 R 为 0.5 mm

程序内容	程序说明
G71 P10 Q20 U −0.3 F0.12	P10：精加工程序第一个程序段的段号。Q20：精加工程序最后一个程序段的段号。U：直径方向预留量。F0.12：粗加工进给量。内轮廓粗加工直径方向预留量一定为负
N10 G00 X40	快速定位，外轮廓由 N10～N20 描述
G01 Z0 F1	慢速定位，外轮廓起始点，进给量为 1 mm/r
G03 X34 Z −12 R65 F0.05	车削 R65 圆弧
G01 X26 F0.08	车削台阶面
X24 W −1	车削 C1 倒角
N20 Z −20	车削 ϕ24 mm 内孔
G00 Z200	快速退刀，先退 Z 再退 X，避免撞刀
X200	
M05	主轴停止
M09	切削液关
M00	程序暂停，测量粗加工结果，根据结果进行磨耗的调整

3）内轮廓精加工程序表见表3–102。

表3–102 内轮廓精加工程序表

工 艺 简 图	刀 具 简 图

程序内容	程序说明
T0202	换 2 号镗刀
M08	切削液开
M03 S800	主轴正转，转速为 800 r/min
G00 X20	快速定位到内轮廓精加工循环起点，先进 X 再进 Z，避免撞刀
Z2	
G70 P10 Q20	定义精车循环，加工内孔及各表面
G00 Z200	快速退刀，先退 Z 再退 X，避免撞刀
X200	
M05	主轴停止
M00	程序暂停，测量精加工结果，根据结果进行磨耗的调整
M30	程序结束

（3）2 号工件左端程序

1）车端面。

2）钻孔，用 ϕ22 mm 钻头，钻孔深度大于 19 mm。钻孔工艺简表见表 3-103。

表 3-103　钻孔工艺简表

工 艺 简 图	刀 具 简 图
	略

3）内轮廓粗加工程序表见表 3-104。

表 3-104　内轮廓粗加工程序表

工 艺 简 图	刀 具 简 图

程 序 内 容	程 序 说 明
O0053	程序号（O0001 ~ O9999）
G97 G99 M03 S600	主轴正转，转速为 600 r/min
T0202	换 2 号镗刀
M08	切削液开
G00 X20	快速定位到内轮廓粗加工循环起点，先进 X 再进 Z，避免撞刀
Z2	
G71 U1 R0.5	内轮廓单边递减可使用 G71 复合循环指令。设背吃刀量 U 为 1 mm，退刀量 R 为 0.5 mm
G71 P10 Q20 U - 0.3 F0.12	P10：精加工程序第一个程序段的段号。Q20：精加工程序最后一个程序段的段号。U：直径方向预留量。F0.12：粗加工进给量。内轮廓粗加工直径方向预留量一定为负
N10 G00 X31.35	快速定位，内轮廓由 N10 ~ N20 描述
G01 Z0 F1	慢速定位，内轮廓起始点，进给量为 1 mm/r
X28.35 Z - 1.5 F0.08	车削 C1.5 倒角，精加工进给量 0.08 mm/r
N20 Z - 19	加工 ϕ28.35 mm 内孔
G00 Z200	快速退刀，先退 Z 再退 X，避免撞刀
X200	
M05	主轴停止
M09	切削液关
M00	程序暂停，测量粗加工结果，根据结果进行磨耗的调整

4）内轮廓精加工程序表见表3-105。

表3-105　内轮廓精加工程序表

工艺简图	刀具简图
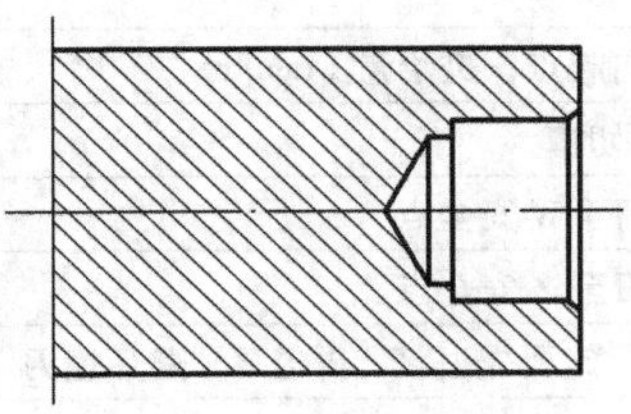 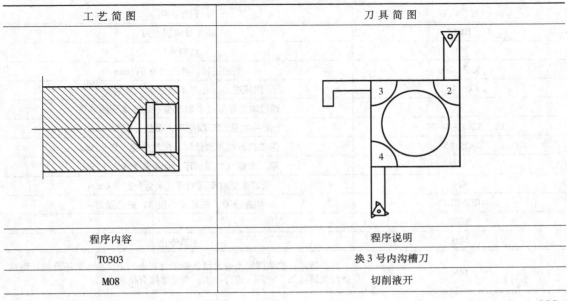	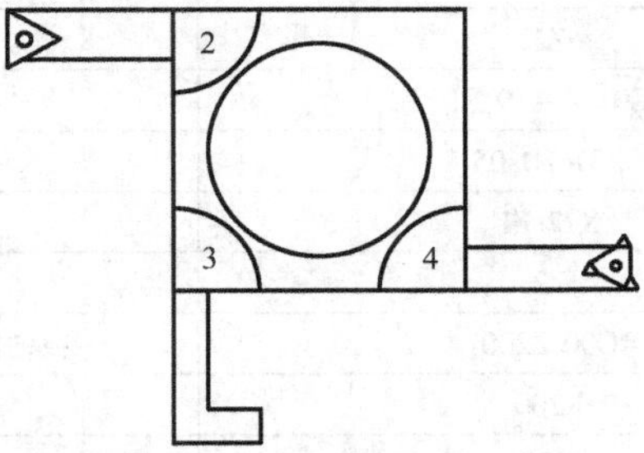

程序内容	程序说明
T0202	换2号镗刀
M03 S800	主轴正转，转速为800 r/min
M08	切削液开
G00 X20	快速定位到内轮廓粗加工循环起点，先进X再进Z，避免撞刀
Z2	
G70 P10 Q20	定义精车循环
G00 Z200	快速退刀，先退Z再退X，避免撞刀
X200	
M05	主轴停止
M09	切削液关
M00	程序暂停，测量精加工结果，根据结果进行磨耗的调整

5）车内螺纹退刀槽程序表见表3-106。

表3-106　车内螺纹退刀槽程序表

工艺简图	刀具简图

程序内容	程序说明
T0303	换3号内沟槽刀
M08	切削液开

程序内容	程序说明
M03 S500	主轴正转，转速为 500 r/min
G00 X22	快速进刀，先进 X 再进 Z，避免撞刀
Z2	
G01 Z − 19 F1	慢速定位至 Z 方向起点，进给量 1 mm/r
X31 F0. 05	切槽
X22 F1	慢速退刀至 X 安全点
Z2	慢速退刀至 Z 安全点
G00 Z200	快速退刀，内孔加工退刀时一定要先退 Z，再退 X，避免撞刀
X200	
M05	主轴停止
M09	切削液关
M00	程序暂停

6）车内螺纹程序表见表 3-107。

表 3-107　车内螺纹程序表

工 艺 简 图	刀 具 简 图

程序内容	程序说明
T0404	换 4 号内螺纹刀
M08	切削液开
M03 S600	主轴正转，转速为 600 r/min
G00 X22	快速进刀，先进 X 再进 Z，避免撞刀
Z3	螺纹加工起刀点 Z 的数值一定是螺距的倍数
G92 X29Z − 16 F1. 5	第一次螺纹车削循环，余量分配为 1 mm
X29. 85	第二次螺纹车削循环，余量分配为 0.85 mm
X30	第三次螺纹车削循环，余量分配为 0.15 mm
X30	第四次螺纹车削循环，余量分配为 0 mm
G00 Z200	快速退刀，先退 Z 再退 X，避免撞刀
X200	
M05	主轴停止
M00	程序暂停，检测螺纹是否合格。要求通规进，止规止，如不合格，调整磨耗及螺纹加工程序，进行加工，直至螺纹合格为止

7）外轮廓粗加工程序表见表 3-108。

表 3-108　外轮廓粗加工程序表

工 艺 简 图	刀 具 简 图

程序内容	程序说明
T0101	换 1 号 93°外圆车刀
M03 S800	主轴正转，转速为 800 r/min
G00 X52 Z2	快速定位到粗加工循环起点
G71 U1 R0.5	外轮廓单边递增，使用 G71 复合循环指令。设背吃刀量 U 为 1 mm，退刀量 R 为 0.5 mm
G71 P30 Q40 U0.3 F0.15	P30：精加工程序第一个程序段的段号。Q40：精加工程序最后一个程序段的段号。U：直径方向预留量，粗加工直径方向预留量一定为正。F0.15：粗加工进给量
N30 G00 X40	快速定位，内轮廓由 N30 ~ N40 描述
G01 Z0 F1	慢速定位，外轮廓起始点，进给量为 1 mm/r
G03 X48 Z-4 R4 F0.05	车削 $R4$ 圆角
N40 G01 Z-28 F0.08	车削 $\phi48$ mm 外圆
G00 X200 Z200	快速退刀
M05	主轴停止
M00	程序暂停，测量粗加工结果，根据结果进行磨耗的调整

8）外轮廓精加工程序表见表 3-109。

表 3-109　外轮廓精加工程序表

工 艺 简 图	刀 具 简 图

程序内容	程序说明
T0101	换 1 号 93°外圆车刀
M08	切削液开
M03 S1200	主轴正转，转速为 1200 r/min
G00 X52 Z2	快速定位到精加工循环起点

程序内容	程序说明
G70 P30 Q40	定义精车循环，加工外圆及各表面
G00 X200 Z200	快速退刀
M05	主轴停止
M09	切削液关
M00	程序暂停，测量精加工结果，根据结果进行磨耗的调整

9）切断程序表见表3-110。

表 3-110　切断程序表

工 艺 简 图	刀 具 简 图
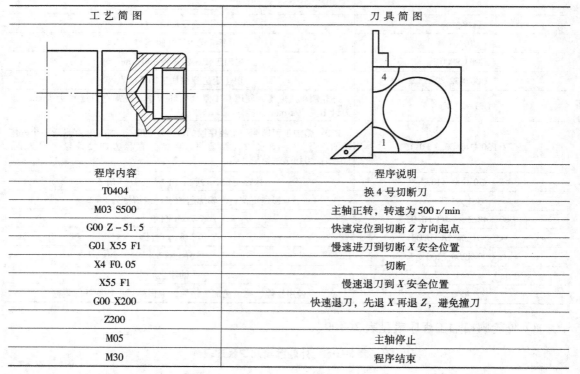	

程序内容	程序说明
T0404	换4号切断刀
M03 S500	主轴正转，转速为 500 r/min
G00 Z-51.5	快速定位到切断 Z 方向起点
G01 X55 F1	慢速进刀到切断 X 安全位置
X4 F0.05	切断
X55 F1	慢速退刀到 X 安全位置
G00 X200	快速退刀，先退 X 再退 Z，避免撞刀
Z200	
M05	主轴停止
M30	程序结束

10）调头批总长 48 mm。控制总长简表见表 3-111。

表 3-111　控制总长简表

工 艺 简 图	刀 具 简 图
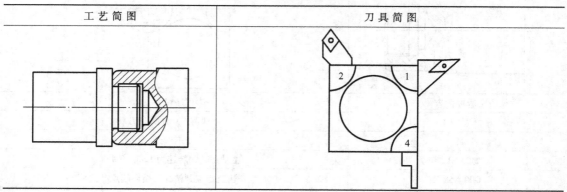	

（4）件二右端

1）外轮廓粗加工程序表见表3-112。

表 3-112　外轮廓粗加工程序表

工艺简图	刀具简图

程序内容	程序说明
O0054	程序号（O0001～O9999）
G97 G99 M03 S800	主轴正转，转速为800 r/min
T0101	换1号93°外圆车刀
G00 X52 Z2	快速定位到粗加工循环起点
G73 U13 R15	用G73循环指令粗加工轮廓。U：粗切时径向切除的总余量（半径值）。R：循环次数
G73 P10 Q20 U0.3 F0.15	P10：精加工程序第一个程序段的段号。Q20：精加工程序最后一个程序段的段号。U：直径方向预留量。F0.15：粗加工进给量。外轮廓粗加工直径方向预留量一定为正
N10 G00 X24	快速定位，外轮廓由N10～N20描述
G01 Z0 F1	慢速定位，外轮廓起始点，进给量为1 mm/r
#100 = 0	工件原点到椭圆起点的距离
N100#101 = 22 + #100	#101：椭圆中心Z到椭圆起点的距离
#102 = 8 * SQRT[1 - #101 * #101/484]	椭圆方程
#103 = 12 + #102	椭圆X坐标方程值
G01 X[2 * #103] Z#100 F0.08	#103为半径，X就是2×#103。#100为Z向距离
#100 = #100 - 0.1	#100为变量，每次变量0.1 mm
IF［#100GE - 20.06］GOTO 100	如果#100≥-20.06则返回N100程序段
G02 X43.94 Z - 22 R2 F0.05	车削R2圆弧
G01 X46	车削台阶面
N20 X50 W - 2	车削C1倒角
G00 X200 Z200	快速退刀
M05	主轴停止
M00	程序暂停，测量粗加工结果，根据结果进行磨耗的调整

2）外轮廓精加工程序表见表3-113。

表3-113　外轮廓精加工程序表

工艺简图	刀具简图
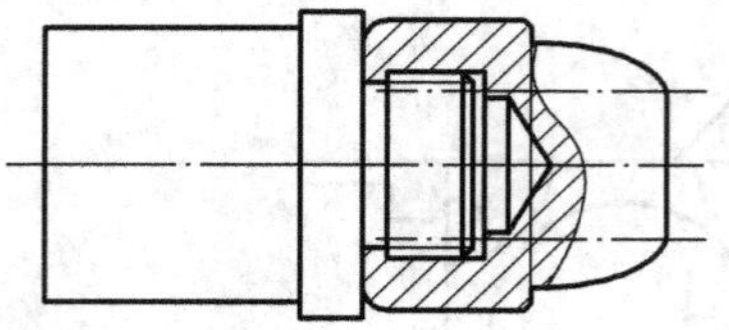	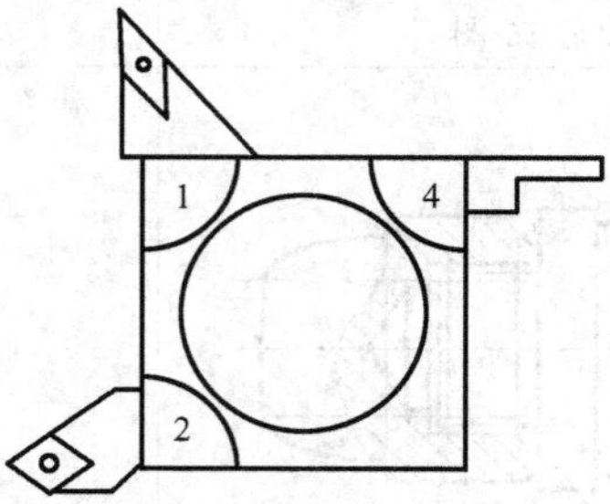

程序内容	程序说明
T0101	换 1 号 93°外圆车刀
M03 S1500	主轴正转，转速 1500 r/min
G00 X52 Z2	快速定位到精车循环起点
G70 P10 Q20	定义精车循环，加工外圆及各表面
G00 X200 Z200	快速退刀
M05	主轴停止
M00	程序暂停，测量精加工结果，根据结果进行磨耗的调整
M30	程序停止

第四篇　UG数控车编程

本篇内容为使用UG软件进行车削自动编程的知识。由于UG软件功能强大，CAM加工环境设置复杂，为了使读者能更好地掌握UG车削编程方面的知识，本篇采用将加工环境设置的知识融入具体实例中进行讲解的方法。本实例中所有的操作都是在UG NX 8.0的环境下进行的，由于在软件升级时UG软件的操作界面基本保持不变，因此本篇的知识也适合于更高版本UG软件的学习。

任务1　UG数控车削加工概述

【知识目标】

1. 了解车削加工的基本子类型。

2. 了解车削工序的一般设置流程。

【能力目标】

1. 能正确进入车削加工环境。

2. 会创建基本的车削工序。

【任务导入】

在UG NX 8.0中，用户可以通过"车削"模块的工序导航器来管理加工操作方法和参数。在"车削"模块中的工序导航器中可以创建粗加工、精加工、中心线钻孔和螺纹加工等多种操作方法。同其他操作模块相同，在"车削"模块中，通过创建几何体、刀具、工序和加工参数的设定等生成刀具的车削路径，对生成的刀具车削路径可以进行可视化模拟加工，在刀轨可视化的几何图形上以不同的颜色显示刀具的轨迹、被切除的材料及加工后的图形，以检验所生成操作是否符合要求，经过确定的刀具路径可以通过后处理生成NC程序，传输到数控机床中用于数控加工，生成的NC程序也可以以文件的形式储存到计算机中。

在UG NX 8.0中车削操作的创建一般有6个步骤：①设置加工环境；②选择或创建各父节点组；③创建车削操作；④设置车削加工操作参数；⑤生成车削操作；⑥刀具路径检验。

【任务实施】

1. 设置加工环境

在NX软件中打开待加工的零件模型，在主界面的下拉菜单中依次选择"开始"→"加工（N）"命令，进入加工模块。

如果该零件是第一次进入加工模块，则在进入加工模块之前，系统会弹出"加工环境"对话框。此时需要根据零件的特点选择加工类型并合理地配置加工环境，在"CAM会话设置"列表框中选择"cam general"选项，在"要创建的CAM设置"列表框中选择"turning"选项，如图4-1所示，系统将根据指定的加工配置，调用相应的模板和相关数据库进行加工环境的初始化工作。单击"确定"按钮，完成加工环境的初始化，进入车削加工应用环境。

2. 选择或创建各父节点组

1）设置刀具组。单击下拉菜单 插入(S) 按钮，选择 刀具(T)… 命令，设置创建刀具的父节点组和名称，然后设置刀具的具体参数。

2）设置加工几何体组。选择下拉菜单 工具(T) → 工序导航器(O) → 视图(V) → 几何视图(G)，在几何视图中分别设置加工坐标系、部件边界和毛坯边界。

3. 创建车削操作

单击下拉菜单 插入(S) 按钮，选择 工序(E)… 命令，系统弹出"创建工序"对话框，如图4-2所示。系统默认类型"turning"（车削），即选择车削加工操作建立模板，然后根据所需加工部件的需要指定工序子类型。

图4-1 "加工环境"对话框

图4-2 "创建工序"对话框

车削加工中共有24种工序子类型，在车削的工序子类型列表中，每一个图标代表一种子类型，它们定制了车削工序参数设置对话框，选择不同的图标所弹出的工序参数设置对话框也会有所不同，完成的操作功能也不相同，车削工序子类型见表4-1。

表4-1 车削工序子类型

图 标	英 文	中 文	说 明
	CENTERLINE_SPOTDRILL	钻中心孔	钻中心定位孔
	CENTERLINE_DRILLING	钻孔	钻孔粗加工
	CENTERLINE_PECKDRILL	深孔钻	钻一定深度后提刀，以断屑排屑
	CENTERLINE_BREAKCHIP	断屑深孔钻	钻一定深度后提刀到安全距离，以断屑排屑
	CENTERLINE_REAMING	铰孔	铰孔精加工
	CENTERLINE_TAPPING	攻螺纹	车床螺纹加工

图 标	英 文	中 文	说 明
	FACING	车端面	端面加工
	ROUGH_TURN_OD	粗车外圆	粗车外圆，走刀方向为沿轴线负向
	ROUGH_BACK_TURN	粗车外圆	粗车外圆，走刀方向为沿轴线正向
	ROUGH_BORE_ID	粗镗内孔	粗镗内孔，走刀方向为沿轴线负向
	ROUGH_BACK_BORE	粗镗内孔	粗镗内孔，走刀方向为沿轴线正向
	FINISH_TURN_OD	精车外圆	外圆精加工
	FINISH_BORE_ID	精镗内孔	精镗内孔，走刀方向为沿轴线负向
	FINISH_BACK_BORE	精镗内孔	精镗内孔，走刀方向为沿轴线正向
	TEACH_MODE	教学模式	控制执行高级精加工
	GROOVE_OD	车外圆槽	用于加工外圆槽
	GROOVE_ID	车内孔槽	用于加工内孔槽
	GROOVE_FACE	车端面槽	用于加工端面槽
	THREAD_OD	车外螺纹	用于加工外螺纹
	THREAD_ID	车内螺纹	用于加工内螺纹
	PARTOFF	切断	用于切断
	BAE_FEED_STOP	进给停	进给停
	LATHE_CONTROL	车床控制	创建机床控制事件，添加后处理命令
	LATHE_USER	自定义方式	自定义参数建立操作

4. 设置车削加工操作参数

在"创建工序"对话框中，选择好车削加工类型（系统默认类型"turning"（车削）），根据车削加工需要选择工序子类型，然后指定工序所在的程序组、所使用的刀具、几何体与加工方法父节点组，填写名称（名称一般采用系统默认名称）。单击 确定 按钮，系统根据所选择的工序子类型弹出相应的对话框。图 4-3 所示为工序子类型选择车外螺纹时，系统弹出的"螺纹 OD"对话框。

"螺纹 OD"对话框主要用于对生成刀轨所需的参数进行设置，包括几何体、刀具、螺纹形状、刀轨设置等，设置方法会在后续的螺纹加工任务进行介绍。

5. 生成车削操作

指定了车削加工操作参数后，单击 "生成"按钮来生成刀路轨迹。单击 确定 按钮，将关闭设置车削加工参数的操作对话框，接受生成的刀轨。

6. 刀具路径检验

对生成的刀路轨迹进行检验，查看是否满足需求，可以通过单击 "确认"按钮来检查刀具路径。检查时可以通过缩放、旋转或刀轨可视化来进行刀轨检验。

图 4-3 "螺纹 OD"对话框

任务 2 端面车削加工

【知识目标】

1. 掌握使用 UG 软件创建几何体的基本方法。
2. 掌握使用 UG 软件创建端面车削刀具的方法。
3. 掌握使用 UG 软件进行端面车削刀轨的生成、3D 动态仿真和后处理的基本方法。

【能力目标】

1. 能正确设置端面的车削工序参数。
2. 能对端面切削区域进行正确的修剪。
3. 能根据 3D 动态仿真模拟的实际情况,对端面车削的刀具路径进行修改。

【任务导入】

任务要求:本任务以典型的端面车削加工为例,从工程实际应用的角度介绍了使用 UG 软件进行数控车削端面的基本方法,学习完本任务的知识,应能熟练使用 UG 软件对零件进行端面的车削编程。

端面车削加工零件如图 4-4 所示。

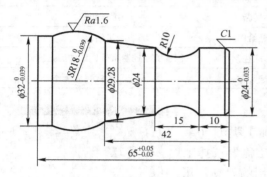
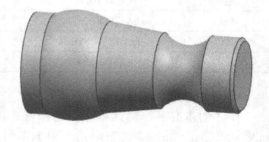

图 4-4 端面车削加工零件

【任务实施】

1. 打开模型文件

1)打开图 4-4 所示的部件文件。

2)选择下拉菜单 <开始> → <加工(N)> 命令,系统弹出图 4-5 所示"加工环境"对话框,在"加工环境"对话框"要创建的 CAM 设置"列表中选择"turning"选项,单击 <确定> 按钮,进入加工环境。

2. 创建几何体

(1)创建机床坐标系

1)选择右下角 <几何视图> 状态,双击节点 <MCS_SPINDLE>,系统弹出"Turn Orient"对话框,如图 4-6 所示。

2)单击"机床坐标系"下的 按钮,选择 "Z 轴,

图 4-5 "加工环境"对话框

198

X 轴，原点"按钮，单击  按钮，弹出"CSYS"对话框，在几何体视图上调整坐标系的位置，然后单击 确定 按钮，完成坐标系的创建，如图 4-7 所示。

图 4-6 "Turn Orient" 对话框

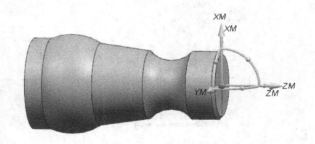

图 4-7 创建坐标系

说明：由于 UG 翻译的问题，此处的"机床坐标系"其实是指我们编程用的"工件坐标系"。

（2）创建部件几何体

1）双击 MCS_SPINDLE 节点下的 WORKPIECE，系统弹出图 4-8 所示的"工件"对话框。

2）单击"工件"对话框中的 按钮，系统弹出"部件几何体"对话框，选取整个零件为部件几何体。

3）依次单击"部件几何体"对话框和"工件"对话框中的 确定 按钮，完成部件几何体的创建。

（3）创建毛坯几何体

1）双击 WORKPIECE 节点下的子节点 TURNING_WORKPIECE，系统弹出图 4-9 所示的"Turn Bnd"对话框。

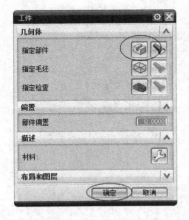

图 4-8 "工件"对话框

图 4-9 "Turn Bnd" 对话框

2）单击"Turn Bnd"对话框"指定部件边界"右侧的 按钮，系统弹出图 4-10 所示的"部件边界"对话框，此时系统会自动指定部件边界，并在图形区显示图 4-11 所示的部件边界，单击 确定 按钮完成部件边界的定义。

图 4-10 "部件边界"对话框

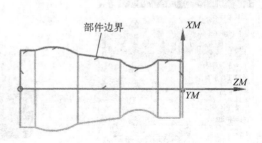

图 4-11 部件边界

3）单击"Turn Bnd"对话框"指定毛坯边界"右侧的 按钮，系统弹出图 4-12 所示的"选择毛坯"对话框。

4）在"选择毛坯"对话框上方选择 按钮，在"点位置"区域选择 在主轴箱处 选项，单击 选择 按钮，系统弹出图 4-13 所示的"点"对话框，在"点位置"单击 按钮，在图形区选择部件大端中心为毛坯的放置点，图 4-14 所示为毛坯放置点，单击 确定 按钮，完成安装位置定义，并返回"选择毛坯"对话框，设置图 4-12 所示参数，单击"显示毛坯"按钮在图形中显示毛坯边界，如图 4-15 所示。

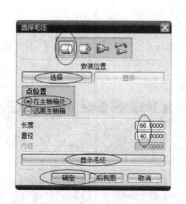

图 4-12 "选择毛坯"对话框

图 4-13 "点"对话框

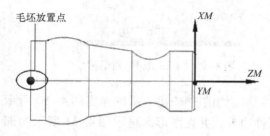

图 4-14 毛坯放置点

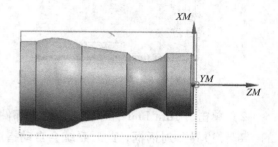

图 4-15 毛坯边界

5）单击"Turn Bnd"对话框中的 确定 按钮，完成毛坯几何体的定义。

图4-12所示"选择毛坯"对话框中各选项说明如下。

1）⬜（棒料）。如果加工部件的几何体是实心的，则选择此选项。

2）⬙（管材）。如果加工部件带有中心线钻孔，则选择此选项。

3）▷（从曲线）。如果毛坯作为模型部件存在，则选择此类型。

4）⬚（从工作区）。从工作区选择一个毛坯，这种方式可以选择上步加工后的工件作为毛坯。

5）"安装位置"区域。用于设置毛坯相对于工件的位置参考点。如果选取的参考点不在工件轴线上时，系统会自动找到该点在轴线上的投射点，然后将杆料毛坯一端的圆心与该投射点对齐。

6）"点位置"区域。用于确定毛坯相对于工件的放置方向。若选择 ⦿在主轴箱处 单选项，则毛坯将沿坐标轴在正方向放置；若选择 ⦿远离主轴箱 单选项，则毛坯沿坐标轴的负方向放置。

3. 创建刀具

1）选择下拉菜单 插入(S) → ⬛ 刀具(T)… 命令，系统弹出"创建刀具"对话框。

2）在图4-16所示"创建刀具"对话框"类型"下拉列表中选择"turning"选项，在"刀具子类型"区域选择粗加工刀具"OD_80_L"按钮⬛，在"位置"区域的"刀具"下拉列表选择"GENERIC_MACHINE"选项，采用系统默认名称，单击 确定 按钮，系统弹出图4-17所示"车刀–标准"对话框。

图4-16 "创建刀具"对话框   图4-17 "车刀–标准"对话框

3）在"车刀–标准"对话框中单击"刀具"选项卡，设置图4-17所示参数。

4）单击"夹持器"选项卡，勾选 ☑使用车刀夹持器 复选框，设置图4-18所示参数，单击 确定 按钮，完成端面加工刀具的创建。

图4-17所示"车刀–标准"对话框中各选项卡说明如下。

1）"刀具"选项卡。用于设置车刀的刀片。常见的车刀刀片按ISO/ANS/DIN或刀具厂商标准划分。

2）"夹持器"选项卡。该选项卡用于设置夹持器的参数。

3）"跟踪"选项卡。该选项卡用于设置跟踪点。系统使用刀具上的参考点来计算刀轨，这个参考点被称为跟踪点。跟踪点与刀具的拐角半径相关联，这样当用户选择跟踪点时，车削处理器将使用关联拐角半径来确定切削区域、碰撞检测、刀轨、处理中的工件（IPW），并定位避让几何体。

4. 创建、生成车削端面操作

（1）创建端面车削工序

1）选择下拉菜单 插入(S) → 工序(E)... 命令，系统弹出"创建工序"对话框。

2）在图 4-19 所示的"创建工序"对话框"类型"下拉列表中选择"turning"选项，在"工序子类型"区域中单击"FACING"按钮，在"程序"下拉列表中选择"PRO-GRAM"选项，在"刀具"下拉列表中选择"OD_80_L（车刀-标准）"选项，在"几何体"下拉列表中选择"TURNING_WORKPIECE"选项，在"方法"下拉列表中选择"LATHE_FINISH"选项，名称采用系统默认名称。

图 4-18　"夹持器"选项卡

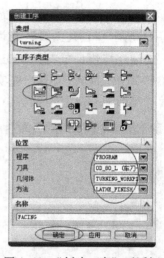

图 4-19　"创建工序"对话框

3）单击"创建工序"对话框中的 确定 按钮，系统弹出图 4-20 所示的"面加工"对话框。

（2）选择车削区域

1）单击"面加工"对话框"切削区域"右侧的"编辑"按钮，系统弹出"切削区域"对话框，如图 4-21 所示。

2）在"切削区域"对话框"轴向修剪平面 1"区域"限制选项"的下拉选项中选择"点"选项，在几何视图中选择合适的轴向限制点，并显示切削区域，如图 4-22 所示。单击 确定 按钮完成切削区域的选择，返回"面加工"对话框，设置如图 4-20 所示的参数。

（3）设置非切削参数

1）单击"面加工"对话框"刀轨设置"区域的"非切削移动"按钮，系统弹出"非切削移动"对话框，如图 4-23 所示。

图 4-20 "面加工"对话框

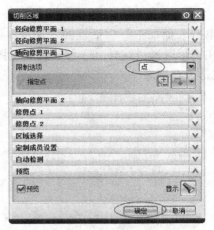

图 4-21 切削区域"对话框

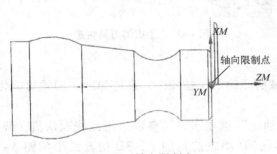

图 4-22 轴向限制点

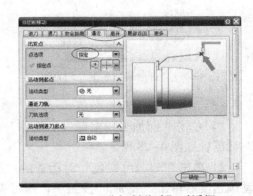

图 4-23 "非切削移动"对话框

2）单击"非切削移动"对话框的"逼近"选项卡，在"出发点"区域的"点选项"下拉列表中选择"指定"选项，在几何体视图中选择合适的刀具出发点位置，如图 4-24 所示，单击"离开"选项卡，在"离开刀轨"区域的"刀轨选项"下拉列表中选择点选项，在几何体视图中选择合适的刀具离开点位置，如图 4-25 所示，单击 确定 按钮完成非切削移动的设置，返回"面加工"对话框。

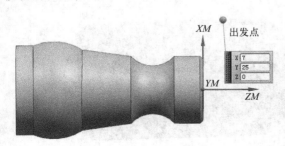

图 4-24 刀具出发点位置

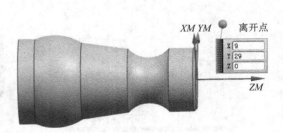

图 4-25 刀具离开点位置

（4）设置进给率和速度 单击"面加工"对话框"刀轨设置"区域的"进给率和速度"按钮，系统弹出"进给率和速度"对话框，设置如图4-26所示参数，单击 确定 按钮，完成进给率和速度的设置，返回"面加工"对话框。

（5）生成刀具轨迹

1）单击"面加工"对话框的"生成"按钮，生成的刀具轨迹如图4-27所示。

2）在图形区通过旋转、平移、放大视图，就可以从不同角度对刀具轨迹进行查看，判断其路径是否合理。

图4-26 "进给率和速度"对话框

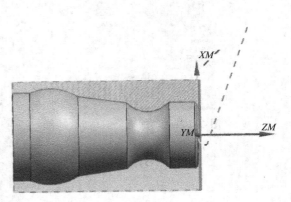

图4-27 生成的刀具轨迹

（6）3D动态仿真

1）单击"面加工"对话框"操作"区域的"确认"按钮，系统弹出"刀轨可视化"对话框，如图4-28所示。

2）单击"刀轨可视化"对话框的"3D动态"选项卡，其参数采用系统默认值，调整动画速度后单击"播放"按钮，即可观察到3D动态仿真加工，3D仿真结果如图4-29所示。

图4-28 "刀轨可视化"对话框

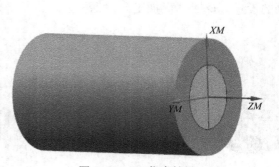

图4-29 3D仿真结果

5. 后处理

1) 选择图4-30所示"工序导航器-几何"选项框下将要进行后处理的工序，选中后单击鼠标右键，系统会弹出图4-31所示列表选项，单击列表中的 后处理 按钮，系统弹出图4-32所示"后处理"对话框。

图4-30 "工序导航器-几何"选项框   图4-31 列表选项

2) 在"后处理"对话框中的"后处理器"区域中选择"LATHE_2_AXIS_TOOL_TIP"选项，在"单位"下拉列表中选择"公制/部件"选项。

3) 单击"后处理"对话框中的 确定 按钮，系统弹出"后处理"警告对话框，单击 确定 按钮，系统弹出"信息"窗口如图4-33所示。选择"信息"窗口的 文件(F) 下拉列表的 另存为…(A) 选项，将文件名命名为英文格式，选择文件想要保存的地址，单击"OK"选项，完成后处理。

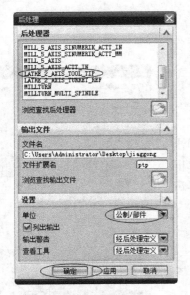

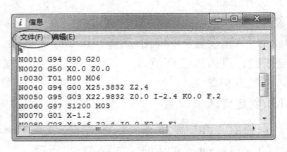

图4-32 "后处理"对话框   图4-33 "信息"窗口

任务 3　外形车削加工

【知识目标】

1. 掌握使用 UG 软件创建外形粗、精加工刀具的方法。
2. 掌握使用 UG 软件对外形零件进行粗、精加工工序基本参数设置的方法。
3. 掌握使用 UG 软件进行外形类零件刀轨的生成、3D 动态仿真和后处理的基本方法。

【能力目标】

1. 能正确设置外形零件的部件几何体和毛坯几何体。
2. 能对外形类零件的切削区域进行正确的修剪。
3. 能根据 3D 动态仿真模拟的结果，对外形类零件的刀具路径进行修改。

【任务导入】

任务要求：本任务以典型的外形车削加工为例，从工程实际应用的角度介绍了使用 UG 软件进行数控车削外形的基本方法，学习完本任务的知识，应能熟练使用 UG 软件对零件进行外形的车削编程。

外形车削加工零件如图 4-34 所示。

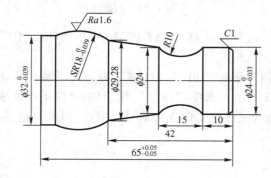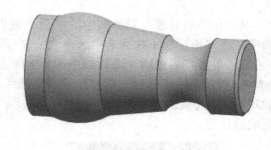

图 4-34　外形车削加工零件

【任务实施】

1. 打开模型文件

1）打开图 4-34 所示的部件文件。

2）选择下拉菜单  命令，系统弹出图 4-35 "加工环境"对话框，在"加工环境"对话框"要创建的 CAM 设置"列表中选择"turning"选项，单击 确定 按钮，进入加工环境。

2. 创建几何体

（1）创建机床坐标系

1）选择右下角 状态，双击节点 MCS_SPINDLE，系统弹出"Turn Orient"对话框，如图 4-36 所示。

2）单击"机床坐标系"下的 按钮，选择 "Z

图 4-35　"加工环境"对话框

轴，X 轴，原点"按钮，单击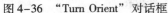按钮，弹出"CSYS"对话框，在几何体上调整坐标系的位置，然后单击 确定 按钮，完成坐标系的创建，如图 4-37 所示。

图 4-36 "Turn Orient"对话框

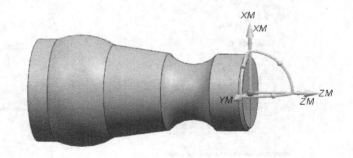

图 4-37 创建坐标系

（2）创建部件几何体

1）双击 MCS_SPINDLE 节点下的 WORKPIECE，系统弹出图 4-38 所示的"工件"对话框。

2）单击"工件"对话框中的按钮，系统弹出"部件几何体"对话框，选取整个零件为部件几何体。

3）依次单击"部件几何体"对话框和"工件"对话框中的 确定 按钮，完成部件几何体的创建。

（3）创建毛坯几何体

1）双击 WORKPIECE 节点下的子节点 TURNING_WORKPIECE，系统弹出图 4-39 所示的"Turn Bnd"对话框。

图 4-38 "工件"对话框

图 4-39 "Turn Bnd"对话框

2）单击"Turn Bnd"对话框"指定部件边界"右侧的按钮，系统弹出图 4-40 所示的"部件边界"对话框，此时系统会自动指定部件边界，并在图形区显示图 4-41 所示的部件边界，单击 确定 按钮完成部件边界的定义。

3）单击"Turn Bnd"对话框"指定毛坯边界"右侧的按钮，系统弹出图 4-42 所示的"选择毛坯"对话框。

图4-40 "部件边界"对话框

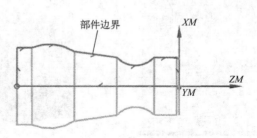

图4-41 部件边界

4）在"选择毛坯"对话框上方选择 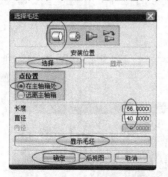按钮，在"点位置"区域选择 ⊙在主轴箱处 选项，单击 [____选择____] 按钮，系统弹出图4-43所示的"点"对话框，在"点位置"单击 ✚ 按钮，在图形区选择部件大端中心为毛坯的放置点，图4-44所示的毛坯放置点，单击 [__确定__] 按钮，完成安装位置定义，并返回"选择毛坯"对话框，设置图4-42所示参数，单击"显示毛坯"按钮在图形中显示毛坯边界，如图4-45所示。

图4-42 "选择毛坯"对话框

图4-43 "点"对话框

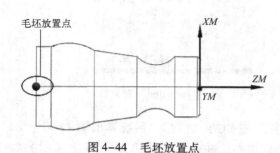

图4-44 毛坯放置点

图4-45 毛坯边界

5）单击"Turn Bnd"对话框中的 [__确定__] 按钮，完成毛坯几何体的定义。

3. 创建刀具

（1）创建外圆粗加工刀具

1）选择下拉菜单 插入(S)→ 刀具(T)... 命令，系统弹出"创建刀具"对话框。

2）在图 4-46 所示"创建刀具"对话框"类型"下拉列表中选择"turning"选项，在"刀具子类型"区域选择粗加工刀具"OD_80_L"按钮 ，在"位置"区域的"刀具"下拉列表选择"GENERIC_MACHINE"选项，采用系统默认名称，单击 确定 按钮，系统弹出"车刀 - 标准"对话框。

3）在"车刀 - 标准"对话框中单击"刀具"选项卡，设置图 4-47 所示参数。

图 4-46 "创建刀具"对话框

图 4-47 "车刀 - 标准"对话框

4）单击"夹持器"选项卡，勾选 ☑使用车刀夹持器 复选框，设置图 4-48 所示参数，单击 确定 按钮，完成粗加工外圆刀具的创建。

（2）创建外圆精加工刀具

1）选择下拉菜单 插入(S) → 刀具(T)... 命令，系统弹出"创建刀具"对话框。

2）在图 4-49 所示"创建刀具"对话框"类型"下拉列表中选择"turning"选项，在"刀具子类型"区域选择精加工刀具"OD_55_L"按钮 ，在"位置"区域的"刀具"下拉列表选择"GENERIC_MACHINE"选项，采用系统默认名称，单击 确定 按钮，系统弹出"车刀 - 标准"对话框。

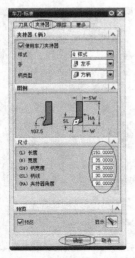

图 4-48 "夹持器"选项卡

图 4-49 "创建刀具"对话框

3）在"车刀－标准"对话框中单击"刀具"选项卡，设置图4-50所示参数。

4）单击"夹持器"选项卡，勾选 ☑使用车刀夹持器 复选框，设置图4-51所示参数，单击 确定 按钮，完成精加工外圆刀具的创建。

图4-50 "车刀－标准"对话框

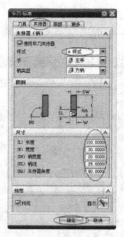

图4-51 "夹持器"选项卡

4. 创建、生成车削外圆操作

（1）创建粗车削工序

1）选择下拉菜单 插入(S) → 工序(E)... 命令，系统弹出"创建工序"对话框。

2）在图4-52所示的"创建工序"对话框"类型"下拉列表中选择"turning"选项，在"工序子类型"区域中单击"ROUGH_TURN_OD"按钮 ，在"程序"下拉列表中选择"PROGRAM"选项，在"刀具"下拉列表中选择"OD_55_L（车刀－标准）"选项，在"几何体"下拉列表中选择"TURNING_WORKPIECE"选项，在"方法"下拉列表中选择"LATHE_ROUGH"选项，名称采用系统默认名称。

3）单击"创建工序"对话框中的 确定 按钮，系统弹出图4-53所示的"粗车OD"对话框。

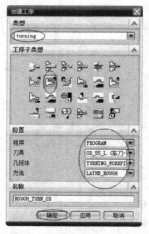

图4-52 "创建工序"对话框

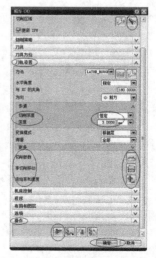

图4-53 "粗车OD"对话框

（2）显示车削区域　单击"粗车OD"对话框"切削区域"右侧的"显示"按钮，在图形区中显示出切削区域，粗加工切削区域如图4-54所示。

（3）设置切削参数　单击"粗车OD"对话框"刀轨设置"下的"切削参数"按钮，系统弹出"切削参数"对话框，设置如图4-55所示参数，单击 确定 按钮，完成切削参数的设置，返回"粗车OD"对话框，在"粗车OD"对话框设置如图4-53所示参数。

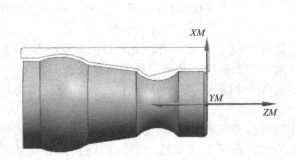

图4-54　粗加工切削区域

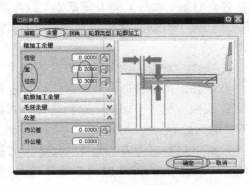

图4-55　"切削参数"对话框

（4）设置非切削参数

1）单击"粗车OD"对话框"刀轨设置"区域的"非切削移动"按钮，系统弹出"非切削移动"对话框，如图4-56所示。

2）单击"非切削移动"对话框的"逼近"选项卡，在"出发点"区域的"点选项"下拉列表中选择"指定"选项，在几何体视图中选择合适的刀具出发点位置，如图4-57所示，单击"离开"选项卡，在"离开刀轨"区域的"刀轨选项"下拉列表中选择"点"选项，在几何体视图中选择合适的刀具离开点位置，如图4-58所示。

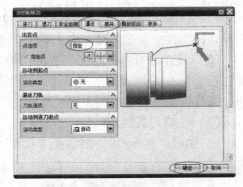

图4-56　"非切削移动"对话框

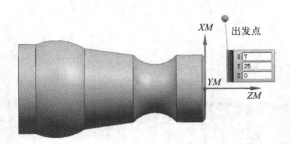

图4-57　刀具出发点位置

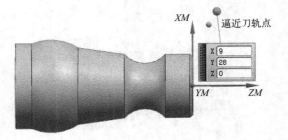

图4-58　刀具离开点位置

3）单击非切削移动"进刀"选项卡，在"轮廓加工"区域的"进刀类型"下拉列表中选择 圆弧-自动 选项，其他参数采用系统默认设置值，单击 确定 按钮完成非切削移动的设置，返回"粗车OD"对话框。

图 4-56 所示"非切削移动"对话框中部分选项说明如下。

1）轮廓加工。走刀方式沿工件表面轮廓走刀，一般情况下用在粗车加工之后，可以提高粗车加工的质量。进刀类型包括圆弧 – 自动、线性 – 自动、线性 – 增量、线性、线性 – 相对于切削和点六种方式。

① 圆弧 – 自动。使刀具沿光滑的圆弧曲线切入工件，从而不产生刀痕，这种进刀方式十分适合精加工或加工表面质量要求较高的曲面。

② 线性 – 自动。这种进刀方式使刀具沿工件或毛坯的起始点到终止点的方向，以直线方式进刀。

③ 线性 – 增量。这种进刀方式通过用户指定 X 值和 Y 值，来确定进刀位置及进刀方向。

④ 线性。这种进刀方式通过用户指定角度值和距离值，来确定进刀位置及进刀方向。

⑤ 线性 – 相对于切削。这种进刀方式通过用户指定距离值和角度值，来确定进刀方向及刀具的起始点。

⑥ 点。这种进刀方式需要指定进刀的起始点来控制进刀运动。

2）毛坯。走刀方式为"直线方式"，走刀的方向平行于轴线，进刀的终止点在毛坯表面。进刀类型包括线性 – 自动、线性 – 增量、线性、点和两个圆周五种方式。

3）部件。走刀方式为平行于轴线的直线走刀，进刀的终止点在工件的表面。进刀类型包括线性 – 自动、线性 – 增量、线性、点和两点相切五种方式。

4）安全的。走刀方式为平行于轴线的直线走刀，一般情况下用于精加工，防止进刀时刀具划伤工件的加工区域。进刀类型包括线性 – 自动、线性 – 增量、线性和点四种方式。

（5）设置进给率和速度　单击"粗车 OD"对话框"刀轨设置"区域的"进给率和速度"按钮 ，系统弹出"进给率和速度"对话框，设置图 4-59 所示参数，单击 确定 按钮，完成进给率和速度的设置，返回"粗车 OD"对话框。

（6）生成刀具轨迹

1）单击"粗车 OD"对话框"操作"区域的"生成"按钮 ，生成刀具轨迹如图 4-60所示。

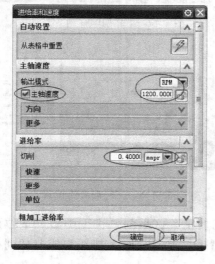

图 4-59　"进给率和速度"对话框

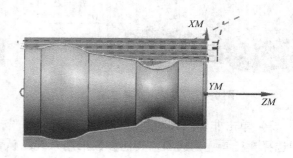

图 4-60　刀具轨迹

2）在图形区通过旋转、平移、放大视图，就可以从不同角度对刀具轨迹进行查看，判断其路径是否合理。

3）单击 确定 按钮，完成粗车削工序的创建。

（7）创建精车削工序

1）选择下拉菜单 插入(S) → 工序(E)...命令，系统弹出"创建工序"对话框。

2）在图 4-52 所示的"创建工序"对话框"类型"下拉列表中选择"turning"选项，在"工序子类型"区域中单击"FINISH_TURN_OD"按钮，在"程序"下拉列表中选择"PROGRAM"选项，在"刀具"下拉列表中选择"OD_35_L（车刀 - 标准）"选项，在"几何体"下拉列表中选择"TURNING_WORKPIECE"选项，在"方法"下拉列表中选择"LATHE_FINISH"选项，名称采用系统默认名称。

3）单击"创建工序"对话框中的 确定 按钮，系统弹出图 4-61 所示的"精车 OD"对话框。

（8）显示车削区域 单击"精车 OD"对话框"切削区域"右侧的"显示"按钮，在图形区中显示出精加工切削区域，如图 4-62 所示。

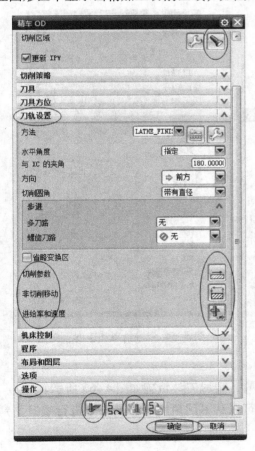

图 4-61 "精车 OD"对话框

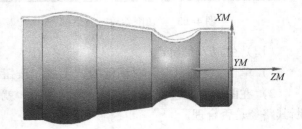

图 4-62 精加工切削区域

（9）设置切削参数 单击"精车 OD"对话框"刀轨设置"下的"切削参数"按钮，

系统弹出"切削参数"对话框，设置如图4-63所示参数，单击 确定 按钮，完成切削参数的设置，返回"精车OD"对话框。

（10）设置非切削参数

1）单击"精车OD"对话框"刀轨设置"区域的"非切削移动"按钮 ，系统弹出"非切削移动"对话框，如图4-56所示。

2）单击"非切削移动"对话框的"逼近"选项卡，在"出发点"区域的"点选项"下拉列表中选择"指定"选项，在几何体视图中选择合适的刀具出发点位置（图4-57），单击"离开"选项卡，在"离开刀轨"区域的"刀轨选项"下拉列表中选择"点"选项，在几何体视图中选择合适的刀具离开点位置（图4-58），单击 确定 按钮完成非切削移动的设置，返回"精车OD"对话框。

（11）设置进给率和速度

单击"精车OD"对话框"刀轨设置"区域的"进给率和速度"按钮 ，系统弹出"进给率和速度"对话框，设置图4-64所示参数，单击 确定 按钮，完成进给率和速度的设置，返回"精车OD"对话框。

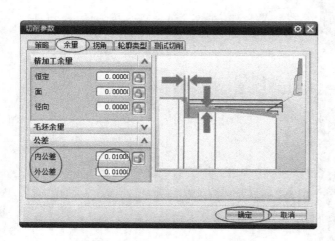

图4-63 "切削参数"对话框

图4-64 "进给率和速度"对话框

（12）生成刀具轨迹

1）单击"精车OD"对话框的"生成"按钮 ，生成刀具轨迹如图4-65所示。

2）在图形区通过旋转、平移、放大视图，就可以从不同角度对刀具轨迹进行查看，判断其路径是否合理。

（13）3D动态仿真

1）单击变化后的"精车OD"对话框（图4-61）"操作"区域的"确认"按钮 ，系统弹出"刀轨可视化"对话框，如图4-66所示。

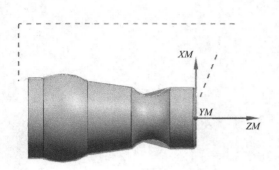

图4-65 刀具轨迹

图4-66 "刀轨可视化"对话框

2）单击"刀轨可视化"对话框的"3D 动态"选项卡，其参数采用系统默认值，调整动画速度后单击"播放"按钮▶，即可观察到 3D 动态仿真加工，3D 仿真结果如图4-67 所示。

5. 后处理

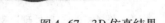

图4-67 3D 仿真结果

1）选择图4-68 所示"工序导航器–几何"选项框下将要进行后处理的工序，选中后单击鼠标右键，系统会弹出图4-69 所示列表选项，单击列表中的 ▶后处理 按钮，系统弹出图4-70 所示"后处理"对话框。

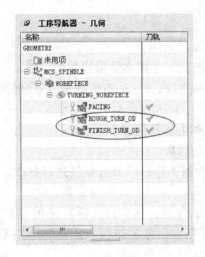

图4-68 "工序导航器–几何"选项框

图4-69 列表选项

2）在"后处理"对话框中的"后处理器"区域中选择"LATHE_2_AXIS_TOOL_TIP"选项，在"单位"下拉列表中选择"公制/部件"选项。

3）单击"后处理"对话框中的 确定 按钮，系统弹出"多重选择警告"对话框，单击 确定 按钮，系统弹出"后处理"警告对话框，单击 确定 按钮，系统弹出"信息"窗口，如图4-71 所示。选择"信息"窗口的 文件(F) 下拉列表的 另存为...(A) 选项，将文件名命名为英文格式，选择文件想要保存的地址，单击"OK"选项，完成后处理。

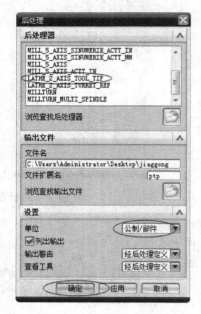

图4-70 "后处理"对话框

图4-71 "信息"窗口

任务4 外沟槽车削加工

【知识目标】

1. 掌握使用 UG 软件创建外沟槽刀具的方法。
2. 掌握使用 UG 软件对外沟槽类零件进行加工工序基本参数设置的方法。
3. 掌握使用 UG 软件对外沟槽类零件刀轨的生成、3D 动态仿真和后处理的基本方法。

【能力目标】

1. 能正确设置外沟槽类零件的部件几何体和毛坯几何体。
2. 能对外沟槽类零件的切削区域进行正确的修剪。
3. 能根据 3D 动态仿真模拟的结果，对外沟槽类零件的刀具路径进行修改。

【任务导入】

任务要求：本任务以典型的外沟槽车削加工为例，从工程实际应用的角度介绍了使用 UG 软件进行数控车削外沟槽的基本方法，学习完本任务的知识应能熟练运用 UG 软件对零件进行外沟槽的车削编程。

外沟槽的车削加工零件如图4-72 所示。

【任务实施】

1. 打开模型文件

1）打开图4-72 所示的部件文件。

2）选择下拉菜单 [开始] → [加工(N)...] 命令 ，系统弹出"加工环境"对话框，在"加工环境"对话框"要创建的 CAM 设置"列表中选择"turning"选项，单击 确定 按钮，进入

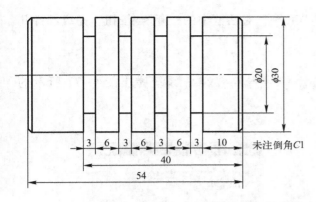
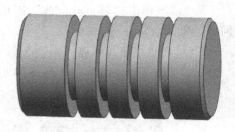

图 4-72 外沟槽的车削加工零件

加工环境，如图 4-73 所示。

2. 创建几何体

（1）创建机床坐标系

1）选择右下角 几何视图 ，双击节点 ⊕ MCS_SPINDLE ，系统弹出"Turn Orient"对话框，如图 4-74 所示。

2）单击"机床坐标系"下的 按钮，选择 "Z轴，X 轴，原点"选项，单击 按钮，弹出"CSYS"对话框，在几何体上调整坐标系的位置，然后单击 确定 按钮，完成坐标系的创建，如图 4-75 所示。

（2）创建部件几何体

1）双击 ⊕ MCS_SPINDLE 节点下的 ⊕ WORKPIECE ，系统弹出图 4-76 所示的"工件"对话框。

图 4-73 "加工环境"对话框

图 4-74 "Turn Orient"对话框

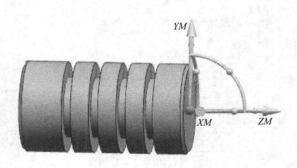

图 4-75 创建坐标系

2）单击"工件"对话框中的 按钮，系统弹出"部件几何体"对话框，选取整个零件为部件几何体。

3）依次单击"部件几何体"对话框和"工件"对话框中的 确定 按钮，完成部件几何体的创建。

（3）创建毛坯几何体

1）双击 ⊕ ⚙WORKPIECE 节点下的子节点 ⊟ ⚙TURNING_WORKPIECE ，系统弹出图4-77所示的"Turn Bnd"对话框。

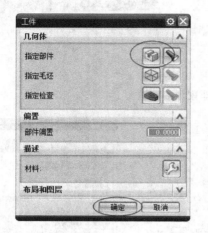

图4-76 "工件"对话框

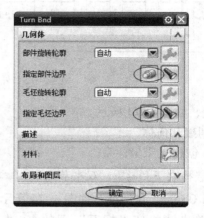

图4-77 "Turn Bnd"对话框

2）单击"Turn Bnd"对话框"指定部件边界"右侧的 按钮，系统弹出图4-78所示的"部件边界"对话框，此时系统会自动指定部件边界，并在图形区显示，如图4-79所示，单击 确定 按钮完成部件边界的定义。

图4-78 "部件边界"对话框

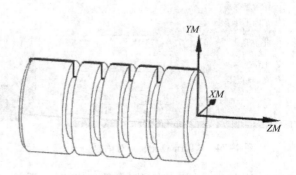

图4-79 部件边界

3）单击"Turn Bnd"对话框"指定毛坯边界"右侧的  按钮，系统弹出图4-80所示的"选择毛坯"对话框。

4）在"选择毛坯"对话框上方选择 按钮，在"点位置"区域选择 在主轴箱处 选项，单击 选择 按钮，系统弹出图4-81所示的"点"对话框，在"点位置"单击 按钮，在图形区选择部件的左端面中心为毛坯的放置点，图4-82所示毛坯放置点，单击 确定 按钮，完成安装位置定义，并返回"选择毛坯"对话框。

图4-80 "选择毛坯"对话框

图4-81 "点"对话框

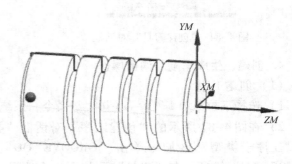

图4-82 毛坯放置点

5）在"选择毛坯"对话框"长度"文本框中输入值55.0，在"直径"文本框中输入值30.0，单击 确定 按钮，在图形中显示毛坯边界，如图4-83所示。

3. 创建外沟槽加工刀具

1）选择下拉菜单 插入(S) → 刀具(T)... 命令，系统弹出"创建刀具"对话框。

2）在图4-84所示"创建刀具"对话框"类型"下拉列表中选择"turning"选

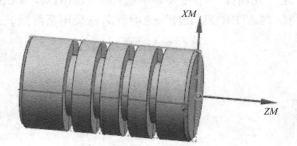

图4-83 毛坯边界

项，在"刀具子类型"区域选择粗加工刀具"OD_GROOVE_L"按钮 ，在"位置"区域的"刀具"下拉列表选择"GENERIC_MACHINE"选项，采用系统默认名称，单击 确定 按钮，系统弹出"槽刀-标准"对话框。

3）在"槽刀-标准"对话框中单击"刀具"选项卡，设置参数如图4-85所示。

4）单击"夹持器"选项卡，勾选 使用车刀夹持器 复选框，设置图4-86所示参数，单击 确定 按钮，完成外沟槽加工槽刀刀具的创建。

图 4-84　"创建刀具"对话框

图 4-85　"槽刀 – 标准"对话框

4. 创建、生成车削外沟槽操作

（1）创建工序

1）选择下拉菜单 插入(S) → 工序(E)... 命令，系统弹出"创建工序"对话框。

2）在图 4-87 所示的"创建工序"对话框"类型"下拉列表中选择"turning"选项，在"工序子类型"区域中单击"GROOVE_OD"按钮 ，在"程序"下拉列表中选择"PROGRAM"选项，在"刀具"下拉列表中选择"OD_GROOVE_L（槽刀 – 标准）"选项，在"几何体"下拉列表中选择"TURNING_WORKPIECE"选项，在"方法"下拉列表中选择"LATHE_FINISH"选项，名称采用系统默认名称。

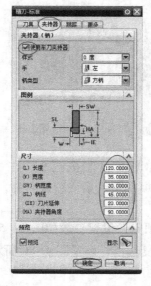

图 4-86　"槽刀 – 标准"对话框

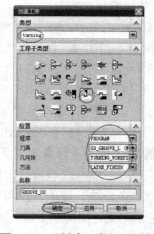

图 4-87　"创建工序"对话框

3）单击"创建工序"对话框中的 确定 按钮，系统弹出图4-88所示的"在外径开槽"对话框。

（2）显示车削区域

1）单击"在外径开槽"对话框"切削区域"右侧的"显示"按钮 ，在图形区中显示出切削区域，外沟槽加工切削区域如图4-89所示。

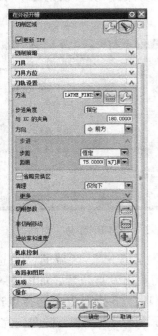

图4-88 "在外径开槽"对话框

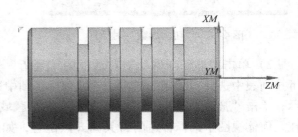

图4-89 外沟槽加工切削区域

2）单击"在外径开槽"对话框"切削区域"右侧的"编辑"按钮 ，系统弹出"切削区域"对话框，如图4-90所示。根据槽的形状特点对切削区域进行修剪，如图4-91所示。

图4-90 "切削区域"对话框

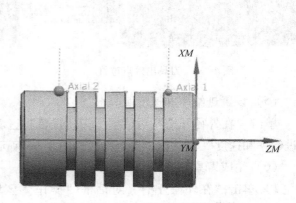

图4-91 外沟槽切削区域的修剪

221

（3）设置切削参数

单击"在外径开槽"对话框"刀轨设置"下的"切削参数"按钮，系统弹出"切削参数"对话框，设置参数如图 4-92 所示。

（4）设置非切削移动参数

1）单击"在外径开槽"对话框"刀轨设置"区域的"非切削移动"按钮，系统弹出"非切削移动"对话框如图 4-93 所示。

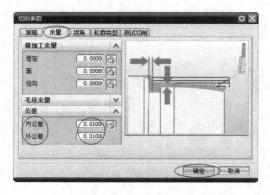

图 4-92 "切削参数"对话框

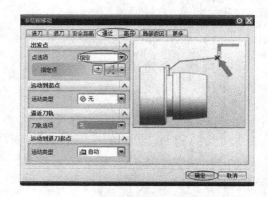

图 4-93 "非切削移动"对话框

2）单击"非切削移动"对话框的"逼近"选项卡，在"出发点"区域的"点选项"下拉列表中选择"指定"选项，在几何体视图中选择合适的刀具出发点位置，如图 4-94 所示，单击"离开"选项卡，在"离开刀轨"区域的"刀轨选项"下拉列表中选择点选项，在几何体视图中选择合适的刀具离开点位置，如图 4-95 所示，单击 确定 按钮，完成非切削移动的设置，返回"在外径开槽"对话框。

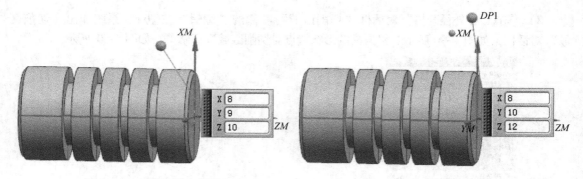

图 4-94 刀具出发点位置　　　　　　　图 4-95 刀具离开点位置

（5）设置进给率和速度

单击"在外径开槽"对话框"刀轨设置"区域的"进给率和速度"按钮，系统弹出"进给率和速度"对话框，设置参数如图 4-96 所示。

（6）生成刀具轨迹

1）单击"在外径开槽"对话框"操作"区域的"生成"按钮，生成刀具轨迹如图 4-97 所示。

图 4-96　"进给率和速度"对话框

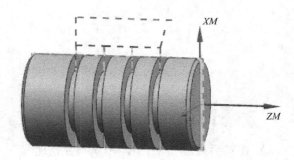

图 4-97　刀具轨迹

2）在图形区通过旋转、平移、放大视图，就可以从不同角度对刀具轨迹进行查看，判断其路径是否合理。

3）单击 确定 按钮，完成外沟槽加工工序的创建。

（7）3D 动态仿真

1）单击变化后的"在外径开槽"对话框"操作"区域的"确认"按钮 ，系统弹出"刀轨可视化"对话框，如图 4-98 所示。

2）单击"刀轨可视化"对话框的"3D 动态"选项卡，其参数采用系统默认值，调整动画速度后单击"播放"按钮 ，即可观察到 3D 动态仿真加工，3D 仿真结果如图 4-99 所示。

图 4-98　"刀轨可视化"对话框

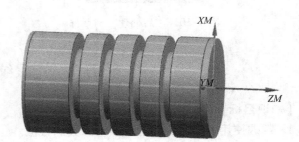

图 4-99　3D 仿真结果

5. 后处理

1）选择图 4-100 所示"工序导航器–几何"选项框下将要进行后处理的工序，选中后单击鼠标右键，系统会弹出图 4-101 所示列表选项，单击列表中的 后处理 按钮，系统弹出

223

图4-102所示"后处理"对话框。

图4-100 "工序导航器－几何"选项框   图4-101 列表选项

2）在"后处理"对话框中的"后处理器"区域中选择"LATHE_2_AXIS_TOOL_TIP"选项，在"单位"下拉列表中选择"公制/部件"选项。

3）单击"后处理"对话框中的 确定 按钮，系统弹出"信息"窗口，如图4-103所示。选择"信息"窗口的 文件(F) 下拉列表的 另存为...(A) 选项，将文件名命名为英文格式，选择文件想要保存的地址，单击 OK 选项，完成后处理。

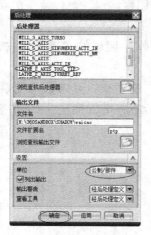

图4-102 "后处理"对话框   图4-103 "信息"窗口

任务5 外螺纹加工

【知识目标】

1. 掌握使用 UG 软件创建外螺纹刀具的方法。

2. 掌握使用 UG 软件对外螺纹进行加工工序基本参数设置的方法。

3. 掌握使用 UG 软件对外螺纹类零件进行刀轨的生成、3D 动态仿真和后处理的基本方法。

【能力目标】

1. 能正确设置外螺纹类零件的部件几何体和毛坯几何体。

2. 能对外螺纹类零件的切削区域进行正确的修剪。

3. 能根据 3D 动态仿真模拟的结果，对外螺纹类零件的刀具路径进行修改。

【任务导入】

任务要求：本任务以典型的外螺纹车削加工为例，从工程实际应用的角度介绍了使用 UG 软件进行数控车削外螺纹的基本方法，学习完本任务的知识应能熟练使用 UG 软件对零件进行外螺纹的车削编程。

外螺纹加工零件如图 4-104 所示。

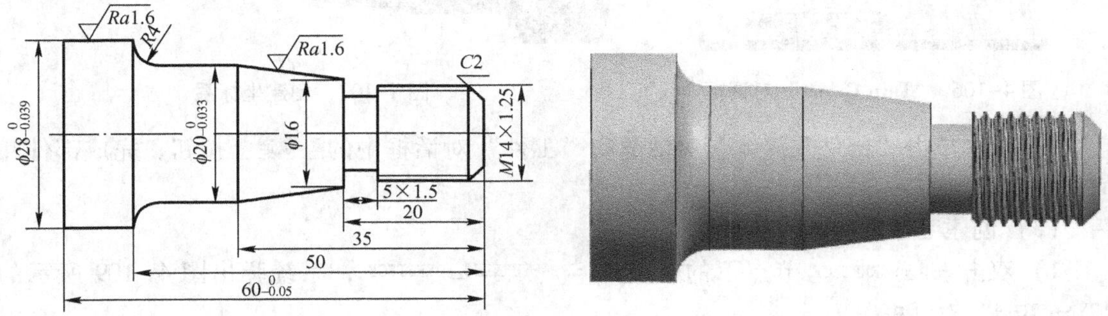

图 4-104　外螺纹加工零件

【任务实施】

1. 打开模型文件

1）打开图 4-104 所示的部件文件。

2）选择下拉菜单 开始→ 加工(N)... 命令，系统弹出“加工环境”对话框，在“加工环境”对话框“要创建的 CAM 设置”列表中选择“turning”选项，单击 确定 按钮，进入加工环境，如图 4-105 所示。

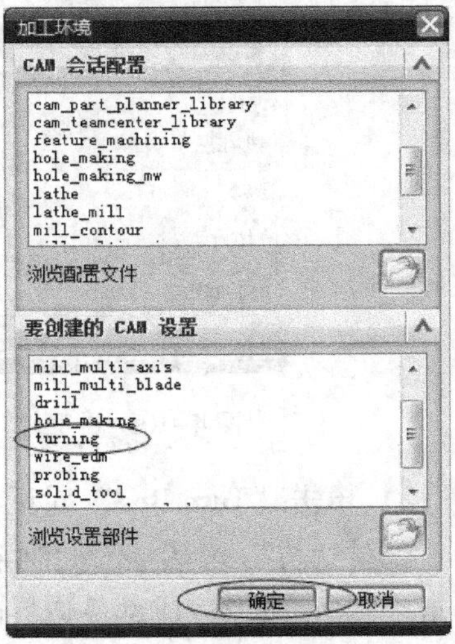

图 4-105　“加工环境”对话框

2. 创建几何体

（1）创建机床坐标系

1）选择右下角 几何视图 状态，双击节点 MCS_SPINDLE ，系统弹出“Turn Orient”对话框，如图 4-106 所示。

2）单击“机床坐标系”下的按钮，选择“Z 轴，X 轴，原点”选项，单击按钮，弹出“CSYS”对话框，在几何体上调整坐标系的位置，然后单击 确定 按钮，完成坐标系的创建，如图 4-107 所示。

（2）创建部件几何体

1）双击 MCS_SPINDLE 节点下的 WORKPIECE ，系统弹出图 4-108 所示的“工件”对话框。

2）单击“工件”对话框中的按钮，系统弹出“部件几何体”对话框，选取整个零件为部件几何体。

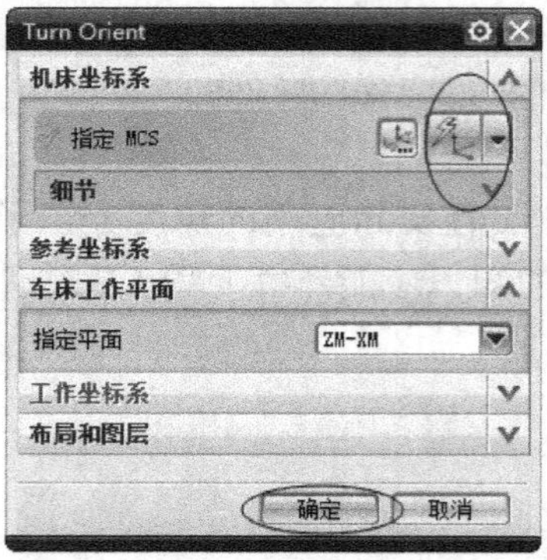

图 4-106 “Turn Orient”对话框

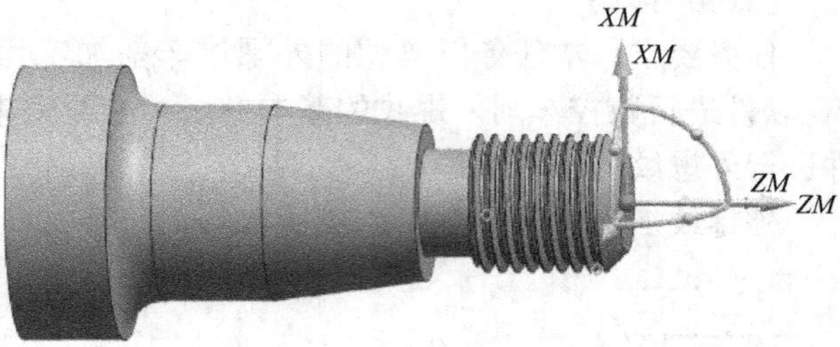

图 4-107 创建坐标系

3）依次单击“部件几何体”对话框和“工件”对话框中的 确定 按钮，完成部件几何体的创建。

（3）创建毛坯几何体

1）双击 WORKPIECE 节点下的子节点 TURNING_WORKPIECE，系统弹出图 4-109 所示的“Turn Bnd”对话框。

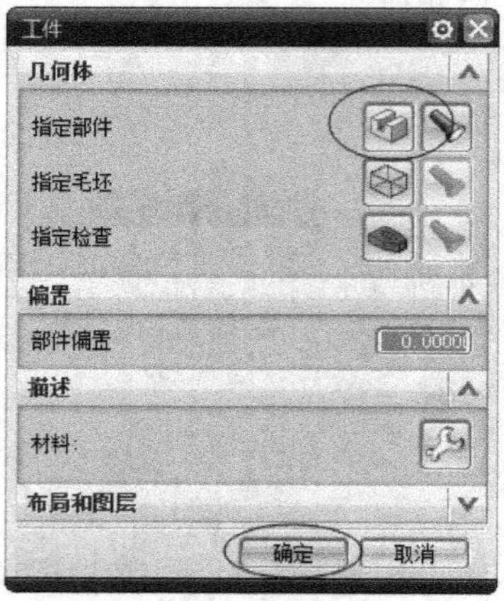

图 4-108 “工件”对话框

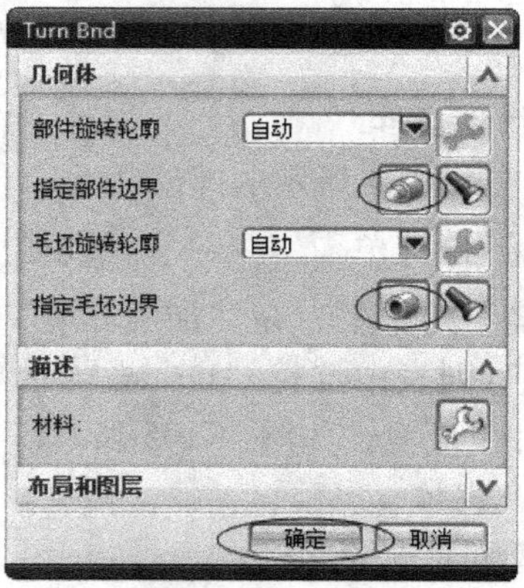

图 4-109 “Turn Bnd”对话框

2）单击“Turn Bnd”对话框“指定部件边界”右侧的按钮，系统弹出图 4-110 所示的“部件边界”对话框，此时系统会自动指定部件边界并在图形区显示，如图 4-111 所示，单击 确定 按钮完成部件边界的定义。

3）单击“Turn Bnd”对话框“指定毛坯边界”右侧的按钮，系统弹出图 4-112 所示的“选择毛坯”对话框。

4）在“选择毛坯”对话框上方选择按钮，在“点位置”区域选择 在主轴箱处 选项，单击 选择 按钮，系统弹出图 4-113 所示的“点”对话框，在“点位置”单击按钮，在图形区选择部件大端中心为毛坯的放置点，如图 4-114 所示，单击 确定 按钮完成安装位置定义并返回“选择毛坯”对话框，设置图 4-112 所示参数，单击“显示毛坯”按钮在图形中显示毛坯边界，如图 4-115 所示。

图4-110 "部件边界"对话框

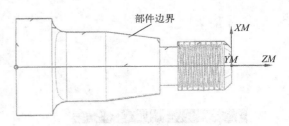

图4-111 部件边界

图4-112 "选择毛坯"对话框

图4-113 "点"对话框

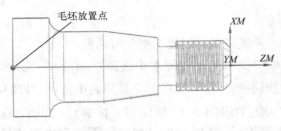

图4-114 毛坯放置点

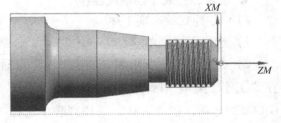

图4-115 毛坯边界

5）单击"Turn Bnd"对话框中的 确定 按钮，完成毛坯几何体的定义。

227

3. 创建加工螺纹刀具

1）选择下拉菜单 插入(S) → ⚙ 刀具(T)... 命令，系统弹出"创建刀具"对话框。

2）在图 4-116 所示"创建刀具"对话框"类型"下拉列表中选择"turning"选项，在"刀具子类型"区域选择螺纹加工刀具"OD_THREAD_L"按钮⬛，在"位置"区域的"刀具"下拉列表选择"GENERIC_MACHINE"选项，采用系统默认名称，单击 确定 按钮，系统弹出"螺纹刀-标准"对话框。

3）在"螺纹刀-标准"对话框中单击"刀具"选项卡，设置图 4-117 所示参数。

图 4-116 "创建刀具"对话框

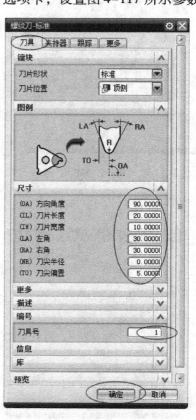

图 4-117 "螺纹刀-标准"对话框

4. 创建、生成车削螺纹操作

（1）创建螺纹车削工序

1）选择下拉菜单 插入(S) → ⬛ 工序(E)... 命令，系统弹出"创建工序"对话框。

2）在图 4-118 所示的"创建工序"对话框"类型"下拉列表中选择"turning"选项，在"工序子类型"区域单击"THREAD_OD"按钮⬛，在"程序"下拉列表中选择"PRO-GRAM"选项，在"刀具"下拉列表中选择"OD_THREAD_L(螺纹刀-标准)"选项，在"几何体"下拉列表中选择"TURNING_WORKPIECE"选项，在"方法"下拉列表中选择"LATHE_FINISH"选项，名称采用系统默认名称。

3）单击"创建工序"对话框中的 确定 按钮，系统弹出图 4-119 所示的"螺纹 OD"对话框。

228

图 4-118 "创建工序"对话框

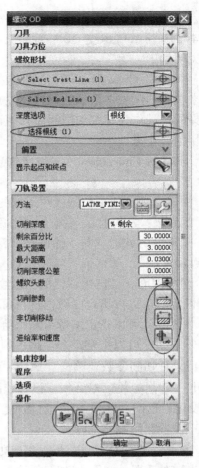

图 4-119 "螺纹 OD"对话框

（2）选择螺纹加工区域

1）单击"螺纹 OD"对话框"螺纹形状"区域的"Select Crest Line"按钮 ⊕，选择外螺纹的顶线，如图 4-120 所示。

2）单击"螺纹 OD"对话框"螺纹形状"区域的"Select End Line"按钮 ⊕，选择外螺纹的终止线，如图 4-121 所示。

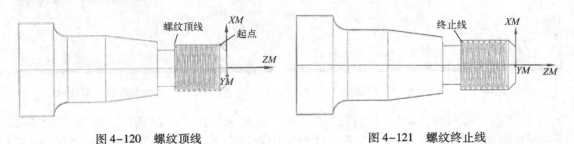

图 4-120 螺纹顶线

图 4-121 螺纹终止线

3）单击"螺纹 OD"对话框"螺纹形状"区域的"选择根线"按钮 ⊕，选择外螺纹的根线，如图 4-122 所示。

图 4-119 所示"螺纹 OD"对话框中部分选项说明如下。

1) ＊Select Crest Line(0)。即选择顶线，用来在图形区域选取螺纹顶线，注意将靠近选择的一端作为螺纹切削起始点，而另一端为切削终止点。

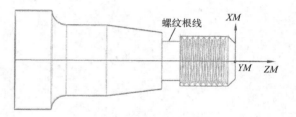

图 4-122 螺纹根线

2) ＊Select End Line(0)。当所选顶线部分不是全螺纹时，此选项用来选择螺纹的终止线。

3) 深度选项。用来控制螺纹深度的方法。它包含"根线"、"深度和角度"两种方式。当选择"根线"方式时，需要通过下面的"选择根线"选项来选择螺纹的根线；当选择"深度和角度"方式时，其下面出现"深度"、"与 XC 的夹角"文本框，输入相应数值即可指定螺纹深度。

4) 切削深度。指定达到粗加工螺纹深度的方法，包括下面三个选项。

① 恒定。可以以指定的数值进行每个深度的切削。

② 单个的。可以指定增量组和每组的重复次数。

③ ％乘余。可以指定每个刀路占剩余切削总背吃刀量的比例。

（3）设置切削参数　单击"螺纹 OD"对话框"刀轨设置"下的"切削参数"按钮，系统弹出"切削参数"对话框，设置如图 4-123 所示切削参数，单击　确定　按钮，完成切削参数设置，返回"螺纹 OD"对话框。

（4）设置非切削移动参数

1) 单击"螺纹 OD"对话框"刀轨设置"下的"非切削移动"按钮，系统弹出"非切削移动"对话框，如图 4-124 所示。

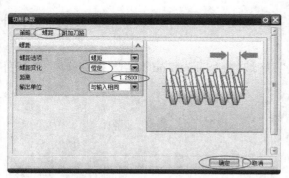

图 4-123 "切削参数"对话框

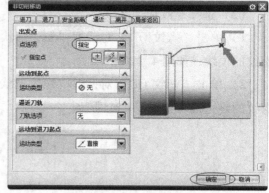

图 4-124 "非切削移动"对话框

2) 单击"非切削移动"对话框的"逼近"选项卡，在"出发点"区域的"点选项"下拉列表中选择"指定"选项，在几何体视图中选择合适的刀具出发点位置，如图 4-125 所示，单击"离开"选项卡，在"离开刀轨"区域的"刀轨选项"下拉列表中选择"点"选项，在几何体视图中选择合适的刀具离开点位置，如图 4-126 所示，单击　确定　按钮，完成非切削移动的设置，返回"螺纹 OD"对话框。

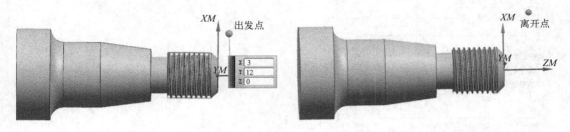

图 4-125　刀具出发点位置　　　　　　　　图 4-126　刀具离开点位置

（5）设置进给率和速度　单击"螺纹 OD"对话框"刀轨设置"区域的"进给率和速度"按钮![icon]，系统弹出"进给率和速度"对话框，设置如图 4-127 所示切削参数，单击![确定]按钮，完成进给率和速度的设置，返回"螺纹 OD"对话框。

（6）生成刀具轨迹

1）单击"螺纹 OD"对话框"操作"区域的"生成"按钮![icon]，生成刀具轨迹，如图 4-128 所示。

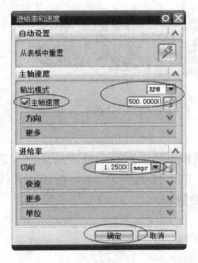

图 4-127　"进给率和速度"对话框

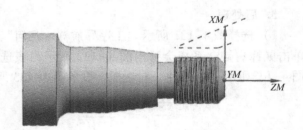

图 4-128　刀具轨迹

2）在图形区通过旋转、平移、放大视图，就可以从不同角度对刀具轨迹进行查看，判断其路径是否合理。

3）单击![确定]按钮，完成螺纹车削工序的创建。

（7）3D 动态仿真

1）单击"螺纹 OD"对话框"操作"区域的"确认"按钮![icon]，系统弹出"刀轨可视化"对话框，如图 4-129 所示。

2）单击"刀轨可视化"对话框的 3D 动态 选项卡，其参数采用系统默认值，调整动画速度后单击"播放"按钮![icon]，即可观察到 3D 动态仿真加工，3D 仿真结果如图 4-130 所示。

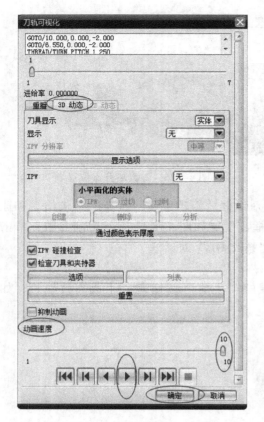

图 4-129 "刀轨可视化"对话框

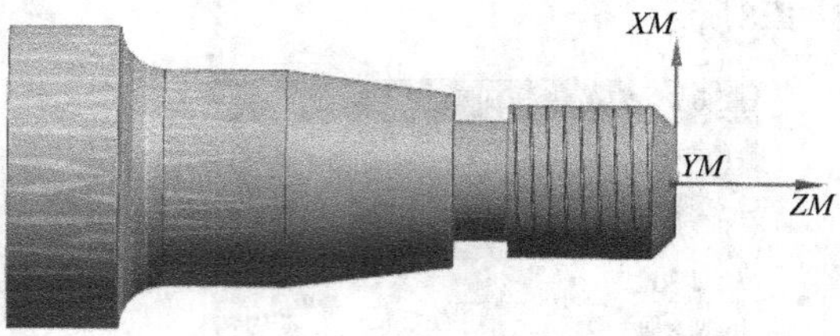

图 4-130 3D 仿真结果

5. 后处理

1）选择图 4-131 所示"工序导航器 - 几何"选项框下将要进行后处理的工序，选中后单击鼠标右键，系统会弹出图 4-132 所示列表选项，单击列表中的 后处理 按钮，系统弹出图 4-133 所示"后处理"对话框，设置图 4-133 所示参数。

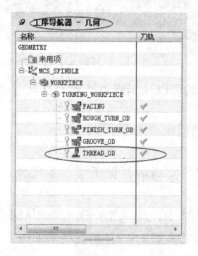

图 4-131 "工序导航器 - 几何"选项框

图 4-132 列表选项

2）单击"后处理"对话框中的 ▬确定▬ 按钮，系统弹出"后处理"警告对话框，单击 ▬确定▬ 按钮，系统弹出"信息"窗口，如图4-134所示。选择"信息"窗口的 文件(F) 下拉列表的 另存为...(A) 选项，将文件名命名为英文格式，选择文件想要保存的地址，单击"OK"选项，完成后处理。

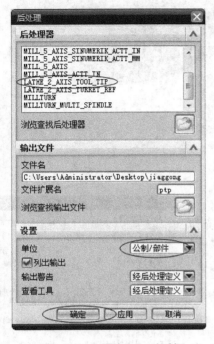

图4-133 "后处理"对话框

图4-134 "信息"窗口

任务6 内孔车削加工

【知识目标】
1. 掌握使用UG软件创建内孔刀具的方法。
2. 掌握使用UG软件对内孔进行加工工序基本参数设置的方法。
3. 掌握使用UG软件对内孔类零件进行刀轨的生成、3D动态仿真和后处理的基本方法。

【能力目标】
1. 能正确设置内孔类零件的部件几何体和毛坯几何体。
2. 能对内孔类零件的切削区域进行正确的修剪。
3. 能根据3D动态仿真模拟的结果，对内孔类零件的刀具路径进行修改。

【任务导入】
任务要求：本任务以典型的内孔车削加工为例，从工程实际应用的角度介绍了使用UG软件进行数控车削内孔的基本方法，学习完本任务的知识，应能熟练使用UG软件对零件进行内孔的车削编程。

内孔车削加工零件如图4-135所示。

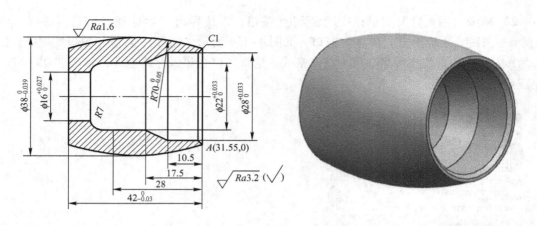

图 4-135　内孔车削加工零件

【任务实施】

1. 打开模型文件

1）打开图 4-135 所示的部件文件。

2）选择下拉菜单  开始 → 加工 (N)... 命令，系统弹出图 4-136 所示"加工环境"对话框，在"加工环境"对话框"要创建的 CAM 设置"列表中选择"turning"选项，单击 确定 按钮，进入加工环境。

2. 创建几何体

（1）创建机床坐标系

1）选择右下角 几何视图 状态，双击节点 ⊕ MCS_SPINDLE，系统弹出"Turn Orient"对话框，如图 4-137 所示。

2）单击"机床坐标系"下的 按钮，选择 "Z 轴，X 轴，原点"选项，单击 按钮，弹出"CSYS"对话框，在几何体上调整坐标系的位置，然后单击 确定 按钮，完成坐标系的创建，如图 4-138 所示。

图 4-136　"加工环境"对话框

图 4-137　"Turn Orient"对话框

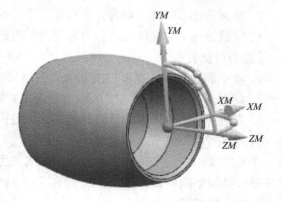

图 4-138　创建坐标系

（2）创建部件几何体

1）双击 ⊕ MCS_SPINDLE 节点下的 ⊕ WORKPIECE ，系统弹出图4-139所示的"工件"对话框。

2）单击"工件"对话框中的按钮，系统弹出"部件几何体"对话框，选取整个零件为部件几何体。

3）依次单击"部件几何体"对话框和"工件"对话框中的 确定 按钮，完成部件几何体的创建。

（3）创建毛坯几何体

1）双击 ⊕ WORKPIECE 节点下的子节点 ⊟ TURNING_WORKPIECE ，系统弹出图4-140所示的"Turn Bnd"对话框。

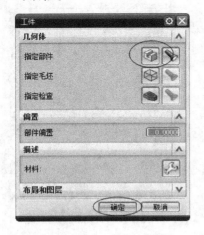

图4-139 "工件"对话框

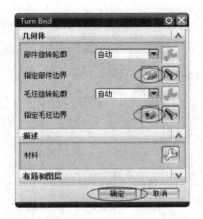

图4-140 "Turn Bnd"对话框

2）单击"Turn Bnd"对话框"指定部件边界"右侧的按钮，系统弹出图4-141所示的"部件边界"对话框，此时系统会自动指定部件边界并在图形区显示，如图4-142所示，单击 确定 按钮完成部件边界的定义。

图4-141 "部件边界"对话框

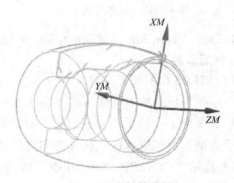

图4-142 部件边界

3）单击"Turn Bnd"对话框"指定毛坯边界"右侧的按钮，系统弹出图4-143所示的"选择毛坯"对话框。

4）在"选择毛坯"对话框上方选择按钮，在"点位置"区域选择在主轴箱处选项，单击[选择]按钮，系统弹出图4-144所示的"点"对话框，在"点位置"单击按钮，将部件左端面圆心设为毛坯的放置点，如图4-145所示，单击[确定]按钮，完成安装位置定义，并返回"选择毛坯"对话框，设置图4-143所示参数，单击"显示毛坯"按钮在图形中显示毛坯边界，如图4-146所示。

图4-143 "选择毛坯"对话框

图4-144 "点"对话框

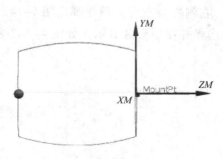

图4-145 毛坯放置点

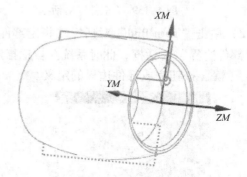

图4-146 毛坯边界

5）单击"Turn Bnd"对话框中的[确定]按钮，完成毛坯几何体的定义。

3. 创建刀具

（1）创建内孔粗加工刀具

1）选择下拉菜单 插入(S) → 刀具(T)... 命令，系统弹出"创建刀具"对话框。

2）在图4-147所示"创建刀具"对话框"类型"下拉列表中选择"turning"选项，在"刀具子类型"区域选择内孔粗加工刀具"ID_80_L"按钮，在"位置"区域的"刀具"下拉列表选择"GENERIC_MACHINE"选项，采用系统默认名称，单击[确定]按钮，系统弹出"车刀 - 标准"对话框。

3）在"车刀－标准"对话框中单击"刀具"选项卡，设置图4-148所示参数。

图4-147 "创建刀具"对话框　　　　　图4-148 "车刀－标准"对话框

4）单击"夹持器"选项卡，勾选 ☑使用车刀夹持器 复选框，设置图4-149所示参数，单击 确定 按钮，完成粗加工镗刀刀具的创建。

（2）创建内孔精加工刀具

1）选择下拉菜单 插入(S)→ 刀具(T)...命令，系统弹出"创建刀具"对话框。

2）在图4-150所示"创建刀具"对话框"类型"下拉列表中选择"turning"选项，在"刀具子类型"区域选择内孔精加工刀具"ID_55_L"按钮，在"位置"区域的"刀具"下拉列表选择"GENERIC_MACHINE"选项，采用系统默认名称，单击 确定 按钮，系统弹出"车刀－标准"对话框。

图4-149 "夹持器"选项卡　　　　　图4-150 "创建刀具"对话框

3）在"车刀－标准"对话框中单击"刀具"选项卡，设置图4-151所示参数。

4）单击"夹持器"选项卡，勾选 ☑使用车刀夹持器 复选框，设置图4-152所示参数，单击 确定 按钮，完成精加工镗刀刀具的创建。

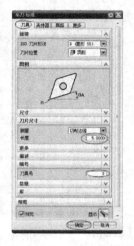

图4-151 "车刀－标准"对话框

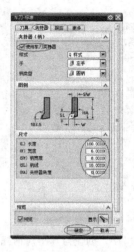

图4-152 "夹持器"选项卡

4. 创建、生成镗削内孔操作

（1）创建粗镗工序

1）选择下拉菜单 插入(S) → 工序(E)... 命令，系统弹出"创建工序"对话框。

2）在图4-153所示的"创建工序"对话框"类型"下拉列表中选择"turning"选项，在"工序子类型"区域中单击"ROUGH_TURN_OD"按钮 ，在"程序"下拉列表中选择"PROGRAM"选项，在"刀具"下拉列表中选择"ID_80_L（车刀－标准）"选项，在"几何体"下拉列表中选择"TURNING_WORKPIECE"选项，在"方法"下拉列表中选择"LATHE_ROUGH"选项，名称采用系统默认名称。

3）单击"创建工序"对话框中的 确定 按钮，系统弹出图4-154所示的"粗镗ID"对话框。

图4-153 "创建工序"对话框

图4-154 "粗镗ID"对话框

238

（2）显示车削区域　单击"粗镗 ID"对话框"切削区域"右侧的"显示"按钮 ，在图形区中显示出粗加工切削区域，如图 4-155 所示。

（3）设置切削参数　单击"粗镗 ID"对话框"刀轨设置"下的"切削参数"按钮 ，系统弹出"切削参数"对话框，设置图 4-156 所示参数，单击 确定 按钮，完成切削参数的设置，返回"粗镗 ID"对话框，在"粗镗 ID"对话框设置图 4-154 所示参数。

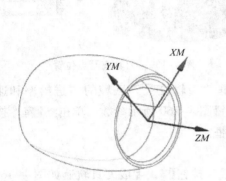

图 4-155　粗加工切削区域

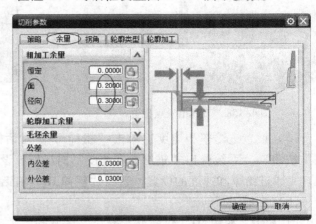

图 4-156　"切削参数"对话框

（4）设置非切削移动参数

1）单击"粗镗 ID"对话框"刀轨设置"区域的"非切削移动"按钮 ，系统弹出"非切削移动"对话框，如图 4-157 所示。

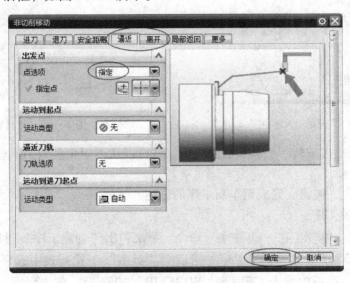

图 4-157　"非切削移动"对话框

2）单击"非切削移动"对话框的"逼近"选项卡，在"出发点"区域的"点选项"下拉列表中选择"指定"选项，在几何体视图中选择合适的刀具出发点位置，如图 4-158 所示，单击"离开"选项卡，在"离开刀轨"区域的"刀轨选项"下拉列表中选择"点"

选项，在几何体视图中选择合适的刀具离开点位置，如图 4-159 所示，单击 确定 按钮，完成非切削移动的设置，返回"粗镗 ID"对话框。

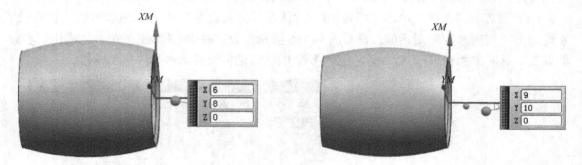

图 4-158　刀具出发点位置　　　　　　　　图 4-159　刀具离开点位置

（5）设置进给率和速度　单击"粗镗 ID"对话框"刀轨设置"区域的"进给率和速度"按钮 ，系统弹出"进给率和速度"对话框，设置图 4-160 所示参数，单击 确定 按钮，完成进给率和速度的设置，返回"粗镗 ID"对话框。

（6）生成刀具轨迹

1）单击"粗镗 ID"对话框"操作"区域的"生成"按钮 ，生成刀具轨迹如图 4-161所示。

图 4-160　"进给率和速度"对话框

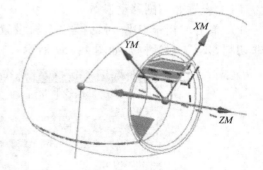

图 4-161　刀具轨迹

2）在图形区通过旋转、平移、放大视图，就可以从不同角度对刀具轨迹进行查看，判断其路径是否合理。

3）单击 确定 按钮，完成粗车削工序的创建。

（7）创建精镗工序

1）选择下拉菜单 插入(S) → 工序(E)... 命令，系统弹出"创建工序"对话框。

2）在图 4-153 所示的"创建工序"对话框"类型"下拉列表中选择"turning"选项，在"工序子类型"区域中单击"FINISH_BORE_ID"按钮 ，在"程序"下拉列表中选择"PROGRAM"选项，在"刀具"下拉列表中选择"ID_55_L（车刀 - 标准）"选项，在"几何体"下拉列表中选择"TURNING_WORKPIECE"选项，在"方法"下拉列表中选择"LATHE_FINISH"选项，名称采用系统默认名称。

3）单击"创建工序"对话框中的 确定 按钮，系统弹出图 4-162 所示的"精镗 ID"

对话框。

（8）显示车削区域 单击"精镗 ID"对话框"切削区域"右侧的"显示"按钮，在图形区中显示出精镗孔切削区域，如图 4-163 所示。

图 4-162 "精镗 ID"对话框

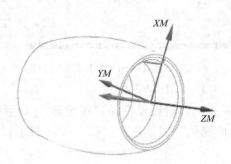

图 4-163 精镗孔切削区域

（9）设置切削参数 单击"精镗 ID"对话框"刀轨设置"下的"切削参数"按钮，系统弹出"切削参数"对话框，设置图 4-164 所示参数，单击 确定 按钮，完成切削参数的设置，返回"精镗 ID"对话框。

（10）设置非切削移动参数

1）单击"精镗 ID"对话框"刀轨设置"区域的"非切削移动"按钮，系统弹出"非切削移动"对话框，如图 4-157 所示。

2）单击"非切削移动"对话框的"逼近"选项卡，在"出发点"区域的"点选项"下拉列表中选择"指定"选项，在几何体视图中选择合适的刀具出发点位置，如图 4-158所示，单击"离开"选项卡，在"离开刀轨"区域的"刀轨选项"下拉列表中选择"点"选项，在几何体视图中选择合适的刀具离开点位置，如图 4-159 所示，单击 确定 按钮，完成非切削移动的设置，返回"精镗 ID"对话框。

（11）设置进给率和速度 单击"精镗 ID"对话框"刀轨设置"区域的"进给率和速度"按钮，系统弹出"进给率和速度"对话框，设置图 4-165 所示参数，单击 确定 按钮，完成进给率和速度的设置，返回"精镗 ID"对话框。

（12）生成刀具轨迹

1）单击"精镗 ID"对话框的"生成"按钮，生成刀具轨迹如图 4-166 所示。

2）在图形区通过旋转、平移、放大视图，就可以从不同角度对刀具轨迹进行查看，判断其路径是否合理。

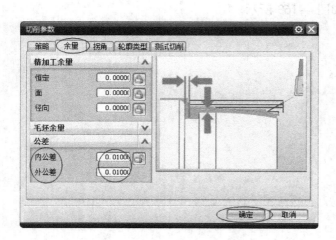

图 4-164 "切削参数"对话框

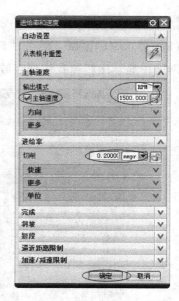

图 4-165 "进给率和速度"对话框

（13）3D 动态仿真

1）单击设置后的"精镗 ID"对话框"操作"区域的"确认"按钮，系统弹出"刀轨可视化"对话框，如图 4-167 所示。

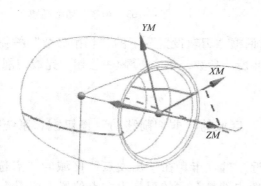

图 4-166 刀具轨迹

图 4-167 "刀轨可视化"对话框

2）单击"刀轨可视化"对话框的"3D 动态"选项卡，其参数采用系统默认值，调整动画速度后单击"播放"按钮▶，即可观察到 3D 动态仿真加工，3D 仿真结果如图 4-168 所示。

5. 后处理

1）选择图 4-169 所示"工序导航器－几何"选项框下将要进行后处理的工序，选中后单击鼠标右键，系统会弹出图 4-170 所示列表选项，单击列表中的 后处理按钮，系统弹出图 4-171 所示"后处

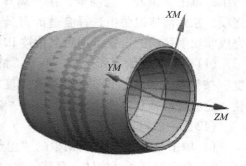

图 4-168 3D 仿真结果

理"对话框。

图 4-169 "工序导航器 - 几何"选项框

图 4-170 列表选项

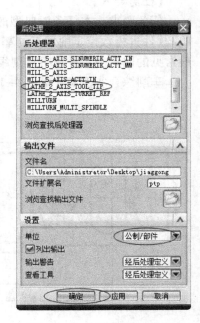

图 4-171 "后处理"对话框

2）在"后处理"对话框中的"后处理器"区域中选择"LATHE_2_AXIS_TOOL_TIP"选项，在"单位"下拉列表中选择"公制/部件"选项。

3）单击"后处理"对话框中的 确定 按钮，系统弹出"多重选择警告"对话框，单击 确定 按钮，系统弹出"后处理"警告对话框，单击 确定 按钮，系统弹出"信息"窗口，如图 4-172 所示。选择"信息"窗口的 文件(F) 下拉列表的 另存为...(A) 选项，将文件名命名为英文格式，选择文件想要保存的地址，单击"OK"选项，完成后处理。

图 4-172 "信息"窗口

任务7 车削综合实例

【知识目标】
1. 掌握使用 UG 软件创建车削件公用刀具的方法。
2. 掌握使用 UG 软件对车削综合件进行加工工序基本参数设置的方法。
3. 掌握使用 UG 软件对车削综合件进行刀轨的生成、3D 动态仿真和后处理的基本方法。
【能力目标】
1. 能正确设置车削综合件的部件几何体和毛坯几何体。
2. 能对车削综合件的切削区域进行正确的修剪。
3. 能根据 3D 动态仿真模拟的结果，对车削综合件的刀具路径进行修改。

任务要求：本任务以典型的车削综合件加工为例，从工程实际应用的角度介绍了使用 UG 软件进行数控车削加工的基本方法，学习完本任务的知识，应能熟练运用 UG 软件对一般常见的回转类零件进行车削编程。

车削综合实例零件如图 4-173 所示。

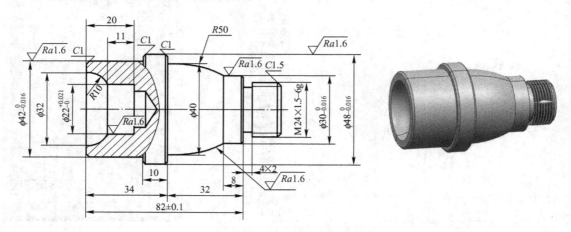

图 4-173　车削综合实例零件

【任务实施】

1. 打开模型文件

1）打开图 4-173 所示的部件文件。

2）选择下拉菜单 ![开始] → ![加工(N)...] 命令，系统弹出"加工环境"对话框，在"加工环境"对话框"要创建的 CAM 设置"列表中选择"turning"选项，如图 4-174 所示，单击 ![确定] 按钮，进入加工环境。

2. 创建几何体

（1）创建机床坐标系

1）选择右下角 ![几何视图] 状态，双击节点 ⊕ ![MCS_SPINDLE]，系统弹出"Turn Orient"对话框，如图 4-175 所示。

图 4-174　"加工环境"对话框

图 4-175　"Turn Orient"对话框

244

2）单击"机床坐标系"下的 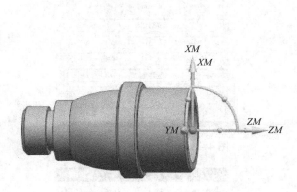按钮，选择 "Z 轴，X 轴，原点"选项，单击 按钮，弹出"CSYS"对话框，在几何体上调整坐标系的位置，然后单击 确定 按钮，完成坐标系的创建，如图 4-176 所示。

（2）创建部件几何体

1）双击 MCS_SPINDLE 节点下的 WORKPIECE ，系统弹出图 4-177 所示的"工件"对话框。

图 4-176 创建坐标系

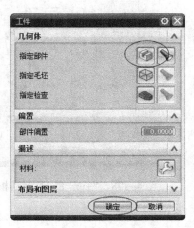

图 4-177 "工件"对话框

2）单击"工件"对话框中的 按钮，系统弹出"部件几何体"对话框，选取整个零件为部件几何体。

3）依次单击"部件几何体"对话框和"工件"对话框中的 确定 按钮，完成部件几何体的创建。

（3）创建毛坯几何体

1）双击 WORKPIECE 节点下的子节点 TURNING_WORKPIECE ，系统弹出图 4-178 所示的"Turn Bnd"对话框。

2）单击"Turn Bnd"对话框"指定部件边界"右侧的 按钮，系统弹出图 4-179 所示的"部件边界"对话框，此时系统会自动指定部件边界，单击 确定 按钮，完成部件边界的定义。

3）单击"Turn Bnd"对话框"指定毛坯边界"右侧的 按钮，系统弹出图 4-180 所示的"选择毛坯"对话框。

4）在"选择毛坯"对话框上方选择 按钮，在"点位置"区域选择 在主轴箱处 选项，单击 选择 按钮，系统弹出图 4-181 所示的"点"对话框，在"点位置"单击 按钮，在图形区选择 $\phi48$ mm 外圆柱左端中心为毛坯的放置点，如图 4-182 所示，单击 确定 按钮，完成安装位置定义，并返回"选择毛坯"对话框。

5）单击"Turn Bnd"对话框中的 确定 按钮，完成毛坯几何体的定义，毛坯边界如图 4-183 所示。

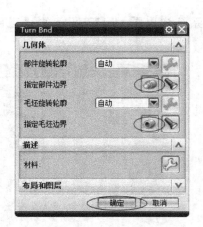

图 4-178 "Turn Bnd" 对话框

图 4-179 "部件边界" 对话框

图 4-180 "选择毛坯" 对话框

图 4-181 "点" 对话框

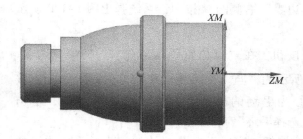

图 4-182 毛坯放置点

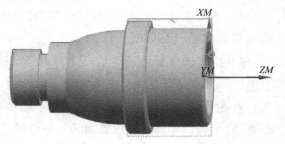

图 4-183 毛坯边界

3. 创建刀具

（1）创建外圆粗加工刀具

1）选择下拉菜单 插入(S)→刀具(T)...命令，系统弹出"创建刀具"对话框。

2）在图4-184所示"创建刀具"对话框"类型"下拉列表中选择"turning"选项，在"刀具子类型"区域选择粗加工刀具"OD_80_L"按钮，在"位置"区域的"刀具"下拉列表选择"GENERIC_MACHINE"选项，采用系统默认名称，单击 确定 按钮，系统弹出"车刀-标准"对话框。

3）在"车刀-标准"对话框中单击"刀具"选项卡，设置图4-185所示参数。

4）单击"夹持器"选项卡，勾选 ☑使用车刀夹持器 复选框，设置图4-186所示参数，单击 确定 按钮，完成粗加工外圆刀具的创建。

图4-184　"创建刀具"对话框

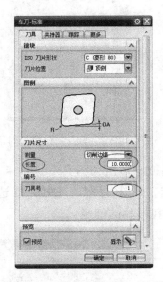
图4-185　"车刀-标准"对话框

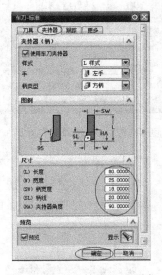
图4-186　"夹持器"选项卡

（2）创建外圆精加工刀具

1）选择下拉菜单 插入(S)→刀具(T)...命令，系统弹出"创建刀具"对话框。

2）在图4-187所示"创建刀具"对话框"类型"下拉列表中选择"turning"选项，在"刀具子类型"区域选择精加工刀具"OD_55_L"按钮，在"位置"区域的"刀具"下拉列表选择"GENERIC_MACHINE"选项，采用系统默认名称，单击 确定 按钮，系统弹出"车刀-标准"对话框。

3）在"车刀-标准"对话框中单击"刀具"选项卡，设置图4-188所示参数。

4）单击"夹持器"选项卡，勾选 ☑使用车刀夹持器 复选框，设置图4-189所示参数，单击 确定 按钮，完成精加工外圆刀具的创建。

（3）创建内孔粗加工刀具

1）选择下拉菜单 插入(S)→刀具(T)...命令，系统弹出"创建刀具"对话框。

2）在图4-190所示"创建刀具"对话框"类型"下拉列表中选择"turning"选项，在

"刀具子类型"区域选择粗加工刀具"ID_80_L"按钮，在"位置"区域的"刀具"下拉列表选择"GENERIC_MACHINE"选项，采用系统默认名称，单击 确定 按钮，系统弹出"车刀－标准"对话框。

图4-187 "创建刀具"对话框

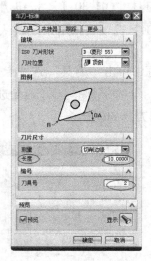

图4-188 "车刀－标准"对话框

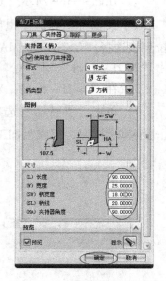

图4-189 "夹持器"选项卡

3）在"车刀－标准"对话框中单击"刀具"选项卡，设置图4-191所示参数。

4）单击"夹持器"选项卡，勾选 ☑使用车刀夹持器 复选框，设置图4-192所示参数，单击 确定 按钮，完成粗加工内孔刀具的创建。

图4-190 "创建刀具"对话框

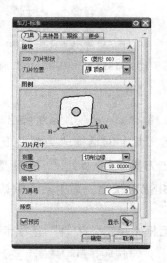

图4-191 "车刀－标准"对话框

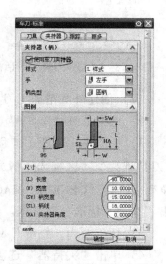

图4-192 "夹持器"选项卡

（4）创建内孔精加工刀具

1）选择下拉菜单 插入(S) → 刀具(T)... 命令，系统弹出"创建刀具"对话框。

2）在图4-193所示"创建刀具"对话框"类型"下拉列表中选择"turning"选项，在

"刀具子类型"区域选择精加工刀具"ID_55_L"按钮，在"位置"区域的"刀具"下拉列表选择"GENERIC_MACHINE"选项，采用系统默认名称，单击 确定 按钮，系统弹出"车刀-标准"对话框。

3）在"车刀-标准"对话框中单击"刀具"选项卡，设置图4-194所示参数。

4）单击"夹持器"选项卡，勾选 ☑使用车刀夹持器 复选框，设置图4-195所示参数，单击 确定 按钮，完成精加工内孔刀具的创建。

　　　　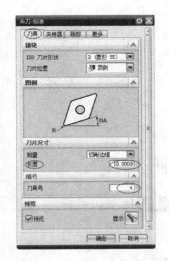　　　　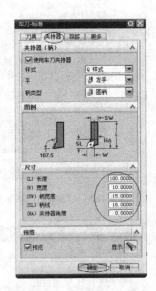

图4-193　"创建刀具"对话框　　图4-194　"车刀-标准"对话框　　图4-195　"夹持器"选项卡

4. 创建、生成端面车削操作

（1）创建端面车削工序

1）选择下拉菜单 插入(S)→ 工序(E)...命令，系统弹出"创建工序"对话框。

2）在图4-196所示的"创建工序"对话框"类型"下拉列表中选择"turning"选项，在"工序子类型"区域中单击"FACING"按钮，在"程序"下拉列表中选择"PRO-GRAM"选项，在"刀具"下拉列表中选择"OD_80_L"选项，在"几何体"下拉列表中选择"TURNING_WORKPIECE"选项，在"方法"下拉列表中选择"LATHE_FINISH"选项，名称采用系统默认名称。

3）单击"创建工序"对话框中的 确定 按钮，系统弹出图4-197所示的"面加工"对话框。

（2）显示车削区域

单击"面加工"对话框"切削区域"右侧的"编辑"按钮，设置图4-198a所示选项，在图形区域选取合适轴向限制点，完成后在图形区显示出切削区域，如图4-198b所示。

（3）设置切削参数

1）在"面加工"对话框"刀轨设置"下的"步进"区域的"切削深度"下拉列表中

选择**恒定**选项，在"深度"文本框中输入值2.0。

图4-196 "创建工序"对话框

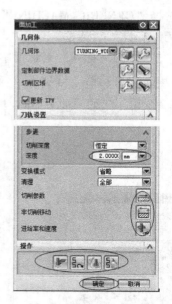

图4-197 "面加工"对话框

a)

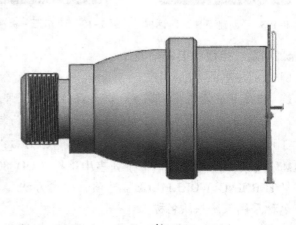

b)

图4-198 端面加工切削区域

2）单击"面加工"对话框"刀轨设置"下的"切削参数"按钮，系统弹出"切削参数"对话框，设置如图4-199所示。

（4）设置非切削移动参数

1）单击"面加工"对话框"刀轨设置"区域的"非切削移动"按钮，系统弹出"非切削移动"对话框，如图4-200所示。

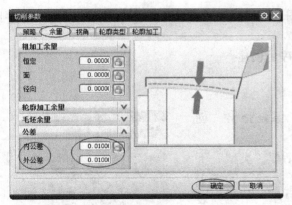

图 4-199 设置"切削参数"对话框

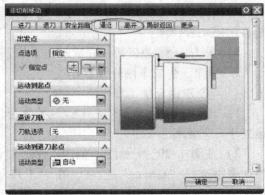

图 4-200 "非切削移动"对话框

2）单击"非切削移动"对话框的"逼近"选项卡，在"出发点"区域的"点选项"下拉列表中选择"指定"选项，在几何体视图中选择合适的刀具出发点位置，如图 4-201 所示，单击"离开"选项卡，在"离开刀轨"区域的"刀轨选项"下拉列表中选择"点"选项，在几何体视图中选择合适的刀具离开点位置，如图 4-202 所示，单击 确定 按钮，完成非切削移动的设置，返回"面加工"对话框。

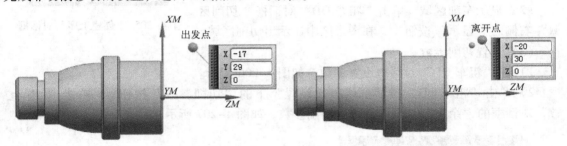

图 4-201 刀具出发点位置

图 4-202 刀具离开点位置

（5）设置进给率和速度 单击"面加工"对话框"刀轨设置"区域的"进给率和速度"按钮，系统弹出"进给率和速度"对话框，设置如图 4-203 所示。

（6）生成刀具轨迹

1）单击"面加工"对话框"操作"区域的"生成"按钮，生成刀具轨迹如图 4-204 所示。

图 4-203 设置"进给率和速度"对话框

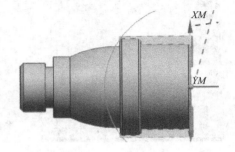

图 4-204 刀具轨迹

2）在图形区通过旋转、平移、放大视图，就可以从不同角度对刀具轨迹进行查看，判断其路径是否合理。

3）单击 确定 按钮，完成端面车削工序的创建。

5. 创建、生成车削外圆操作

（1）创建粗车削工序

1）选择下拉菜单 插入(S) → 工序(E) 命令，系统弹出"创建工序"对话框。

2）在图 4-205 所示的"创建工序"对话框"类型"下拉列表中选择"turning"选项，在"工序子类型"区域中单击"ROUGH_TURN_OD"按钮，在"程序"下拉列表中选择"PROGRAM"选项，在"刀具"下拉列表中选择"OD_8_L"选项，在"几何体"下拉列表中选择"TURNING_WORKPIECE"选项，在"方法"下拉列表中选择"LATHE_ROUGH"选项，名称采用系统默认名称。

3）单击"创建工序"对话框中的 确定 按钮，系统弹出图 4-206 所示的"粗车 OD"对话框。

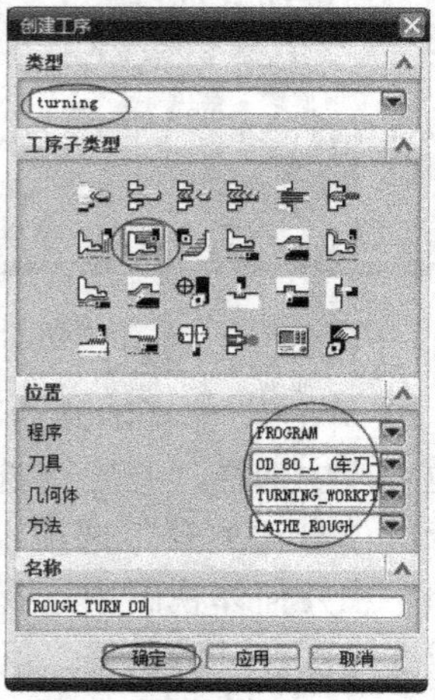

（2）显示车削区域　单击"粗车 OD"对话框"切削区域"右侧的"显示"按钮，在图形区中显示出切削区域。

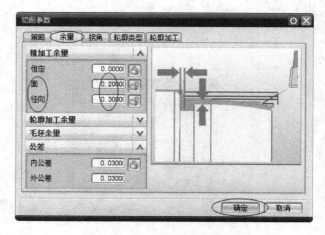

图 4-205　"创建工序"对话框

（3）设置切削参数

1）在"粗车 OD"对话框设置参数，如图 4-206 所示。

2）单击"粗车 OD"对话框"刀轨设置"下的"切削参数"按钮，单击"切削参数"对话框的"余量"选项卡并设置切削参数，如图 4-207 所示。

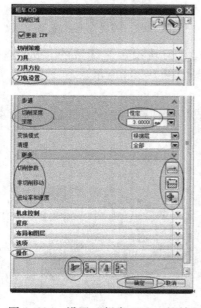

图 4-206　设置"粗车 OD"对话框

图 4-207　"切削参数"对话框

252

（4）设置非切削移动参数　单击"粗车 OD"对话框"刀轨设置"区域的"非切削移动"按钮，单击"非切削移动"对话框的"逼近"选项卡，在"出发点"区域的"点选项"下拉列表中选择"指定"选项，在几何体视图中选择合适的刀具出发点位置，如图 4-201 所示，单击"离开"选项卡，在"离开刀轨"区域的"刀轨选项"下拉列表中选择"点"选项，在几何体视图中选择合适的刀具离开点位置，如图 4-202 所示，单击 确定 按钮，完成非切削移动的设置，返回"粗车 OD"对话框。

（5）设置进给率和速度　单击"粗车 OD"对话框"刀轨设置"区域的"进给率和速度"按钮，系统弹出"进给率和速度"对话框，设置参数如图 4-208 所示。

（6）生成刀具轨迹

1）单击"粗车 OD"对话框"操作"区域的"生成"按钮，生成刀具轨迹如图 4-209 所示。

图 4-208　"进给率和速度"对话框

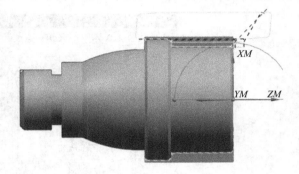

图 4-209　刀具轨迹

2）在图形区通过旋转、平移、放大视图，就可以从不同角度对刀具轨迹进行查看，判断其路径是否合理。

3）单击 确定 按钮，完成粗车削工序的创建。

（7）创建精车削工序

1）选择下拉菜单 插入(S) → 工序(E)… 命令，系统弹出"创建工序"对话框。

2）在弹出的"创建工序"对话框"类型"下拉列表中选择"turning"选项，在"工序子类型"区域中单击"FINISH_TURN_OD"按钮，在"程序"下拉列表中选择"PROGRAM"选项，在"刀具"下拉列表中选择"OD_55_L"选项，在"几何体"下拉列表中选择"TURNING_WORKPIECE"选项，在"方法"下拉列表中选择"LATHE_FINISH"选项，名称采用系统默认名称。

3）单击"创建工序"对话框中的 确定 按钮，系统弹出图 4-210 所示的"精车 OD"对话框。

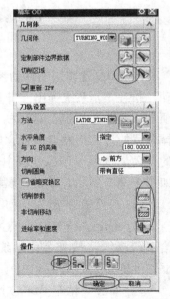

图 4-210　"精车 OD"对话框

（8）显示车削区域　单击"精车 OD"对话框"切削区域"右侧的"显示"按钮，在图形区中显示出精加工切削区域，如图 4-211 所示。

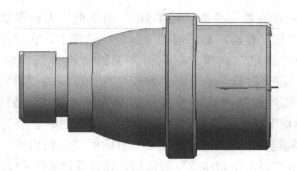

图 4-211　精加工切削区域

（9）设置切削参数　单击"精车 OD"对话框"刀轨设置"下的"切削参数"按钮，系统弹出"切削参数"对话框，设置切削参数如图 4-212 所示。

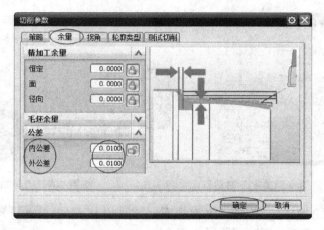

图 4-212　"切削参数"对话框

（10）设置非切削移动参数　单击"精车 OD"对话框"刀轨设置"区域的"非切削移动"按钮，系统弹出"非切削移动"对话框，单击"非切削移动"对话框的"逼近"选项卡，在"出发点"区域的"点选项"下拉列表中选择"指定"选项，在几何体视图中选择合适的刀具出发点位置，如图 4-201 所示，单击"离开"选项卡，在"离开刀轨"区域的"刀轨选项"下拉列表中选择"点"选项，在几何体视图中选择合适的刀具离开点位置，如图 4-202 所示，单击　确定　按钮完成非切削移动的设置。

（11）设置进给率和速度

1）单击"精车 OD"对话框"刀轨设置"区域的"进给率和速度"按钮，系统弹出"进给率和速度"对话框，设置参数如图 4-213 所示。

2）单击"精车 OD"对话框的"生成"按钮，生成刀具轨迹如图 4-214 所示。

3）在图形区通过旋转、平移、放大视图，就可以从不同角度对刀具轨迹进行查看，判断其路径是否合理。

图 4-213　进给率和速度"对话框

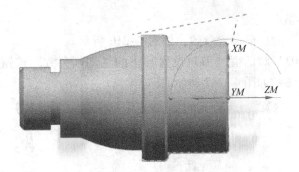

图 4-214　刀具轨迹

6. 创建、生成车削内孔操作

（1）创建粗镗内孔工序

1）选择下拉菜单 插入(S)→工序(E) 命令，系统弹出"创建工序"对话框。

2）在图 4-215 所示的"创建工序"对话框"类型"下拉列表中选择"turning"选项，在"工序子类型"区域中单击"ROUGH_TURN_ID"按钮 ，在"程序"下拉列表中选择"PROGRAM"选项，在"刀具"下拉列表中选择"ID_80_L（车刀 - 标准）"选项，在"几何体"下拉列表中选择"TURNING_WORKPIECE"选项，在"方法"下拉列表中选择"LATHE_ROUGH"选项，名称采用系统默认名称。

3）单击"创建工序"对话框中的 确定 按钮，系统弹出图 4-216 所示的"粗镗 ID"对话框。

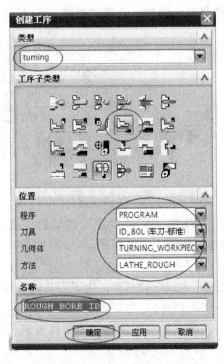

图 4-215　"创建工序"对话框

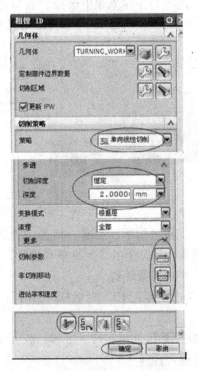

图 4-216　"粗镗 ID"对话框

255

（2）设置切削参数

1）在"粗镗ID"对话框设置参数，如图4-216所示。

2）单击"粗镗ID"对话框"刀轨设置"下的"切削参数"按钮，系统弹出"切削参数"对话框，设置参数如图4-217所示。

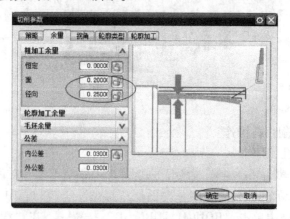

图4-217　"切削参数"对话框

（3）设置非切削移动参数　单击"粗镗ID"对话框"刀轨设置"区域的"非切削移动"按钮，系统弹出"非切削移动"对话框，单击"非切削移动"对话框的"逼近"选项卡，在"出发点"区域的"点选项"下拉列表中选择"指定"选项，在几何体视图中选择合适的刀具出发点位置，如图4-218所示，单击"离开"选项卡，在"离开刀轨"区域的"刀轨选项"下拉列表中选择"点"选项，在几何体视图中选择合适的刀具离开点位置，如图4-219所示，单击 确定 按钮完成非切削移动的设置，返回"粗镗ID"对话框。

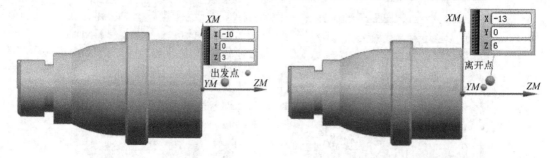

图4-218　刀具出发点位置　　　　　　图4-219　刀具离开点位置

（4）设置进给率和速度　单击"粗镗ID"对话框"刀轨设置"区域的"进给率和速度"按钮，系统弹出"进给率和速度"对话框，如图4-220所示。

（5）生成刀具轨迹

1）单击"粗镗ID"对话框"操作"区域的"生成"按钮，生成刀具轨迹如图4-221所示。

2）在图形区通过旋转、平移、放大视图，就可以从不同角度对刀路轨迹进行查看，判断其路径是否合理。

3）单击 确定 按钮，完成粗镗内孔工序的创建。

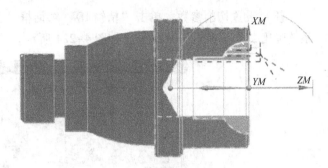

图 4-220 "进给率和速度"对话框

图 4-221 刀具轨迹

（6）创建精车削工序

1）选择下拉菜单 插入(S) → 工序(E)... 命令，系统弹出"创建工序"对话框。

2）在弹出的"创建工序"对话框"类型"下拉列表中选择"turning"选项，在"工序子类型"区域中单击"FINISH_TURN_ID"按钮 ，在"程序"下拉列表中选择"PRO-GRAM"选项，在"刀具"下拉列表中选择"ID_55_L（车刀 - 标准）"选项，在"几何体"下拉列表中选择"TURNING_WORKPIECE"选项，在"方法"下拉列表中选择"LATHE_FINISH"选项，名称采用系统默认名称。

3）单击"创建工序"对话框中的 确定 按钮，系统弹出图 4-222 所示的"精镗 ID"对话框。

（7）显示车削区域 单击"精镗 ID"对话框"切削区域"右侧的"显示"按钮 ，在图形区中显示出内孔精加工切削区域，如图 4-223 所示。

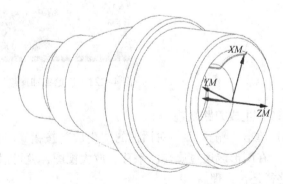

图 4-222 "精镗 ID"对话框

图 4-223 内孔精加工切削区域

（8）设置切削参数　单击"精镗 ID"对话框"刀轨设置"下的"切削参数"按钮，系统弹出"切削参数"对话框，如图 4-224 所示。

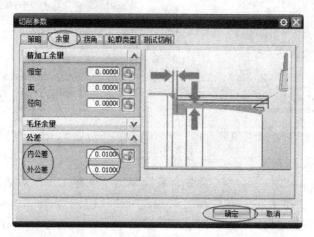

图 4-224　"切削参数"对话框

（9）设置非切削移动参数　单击"精镗 ID"对话框"刀轨设置"区域的"非切削移动"按钮，系统弹出"非切削移动"对话框，单击"非切削移动"对话框的"逼近"选项卡，在"出发点"区域的"点选项"下拉列表中选择"指定"选项，在几何体视图中选择合适的刀具出发点位置，如图 4-218 所示，单击"离开"选项卡，在"离开刀轨"区域的"刀轨选项"下拉列表中选择"点"选项，在几何体视图中选择合适的刀具离开点位置，如图 4-219 所示，单击　确定　按钮，完成非切削移动的设置，返回"精镗 ID"对话框。

（10）设置进给率和速度　单击"精镗 ID"对话框"刀轨设置"区域的"进给率和速度"按钮，系统弹出"进给率和速度"对话框，设置参数如图 4-225 所示。

图 4-225　进给率和速度"对话框

（11）生成刀路轨迹

1）单击"精镗 ID"对话框的"生成"按钮，生成刀具轨迹如图 4-226 所示。

2）在图形区通过旋转、平移、放大视图，就可以从不同角度对刀具轨迹进行查看，判断其路径是否合理。

（12）3D 动态仿真

258

1）单击"精镗 ID"对话框"确认"按钮 ，系统弹出"刀轨可视化"对话框，如图 4-227 所示。

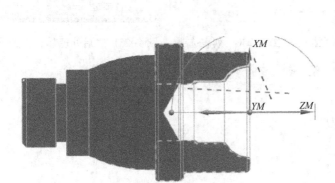

图 4-226 刀具轨迹   图 4-227 "刀轨可视化"对话框

2）单击"刀轨可视化"对话框的"3D 动态"选项卡，采用系统默认参数，调整动画速度后单击"播放"按钮 ，即可观察到 3D 动态仿真加工，3D 仿真结果如图 4-228 所示。

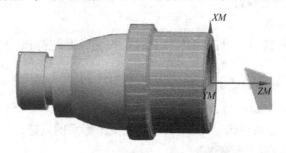

图 4-228 3D 仿真结果

7. 后处理

1）选择图 4-229 所示"工序导航器 - 几何"选项框，单击鼠标右键，系统会弹出图 4-230 所示列表选项，单击列表中的 后处理 选项，设置图 4-231 所示的参数。

2）单击"后处理"对话框中的 确定 按钮，系统弹出"多重选择警告"对话框，单击 确定 按钮，系统弹出"后处理"警告对话框，单击 确定 按钮，系统弹出"信息"窗口，如图 4-232 所示。选择"信息"窗口的 文件(F) 下拉列表的 另存为...(A) 选项，将文件名命名为英文格式，选择文件想要保存的地址，单击"OK"按钮，完成后处理。

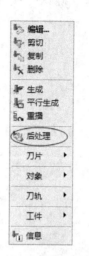
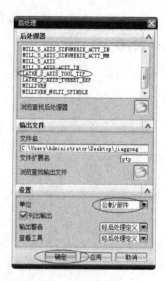

图4-229 "工序导航器-几何"选项框　　图4-230 列表选项　　图4-231 "后处理"对话框

```
N0010 G94 G90 G20
N0020 G50 X0.0 Z0.0
:0030 T01 H00 M06
N0040 G94 G00 X30.3832 Z2.4
N0050 G95 G03 X27.9832 Z0.0 I-2.4 K0.0 F.2
N0060 G97 S1200 M03
N0070 G01 X7.6168
N0080 G03 X5.2168 Z2.4 I0.0 K2.4 F1.
N0090 G94 G00 X4.9236 Z2.6945
N0100 X33.9796 Z13.1488
N0110 X23. Z4.2
N0120 G97 S1200 M03
N0130 G95 G01 Z3. F.2
N0140 Z-24.2029 F.3333
N0150 X24.3 Z-25.5029 F.2
```

图4-232 "信息"窗口

8. 创建几何体（加工螺纹端）

（1）创建机床坐标系

1）选择左下角 状态，单击菜单栏上的 按钮，系统弹出"创建几何体"对话框，如图4-233所示。

2）单击"确定"按钮，系统弹出"MCS主轴"对话框，单击"机床坐标系"下的 按钮，选择 "Z轴，X轴，原点"选项，单击 按钮，弹出"CSYS"对话框，在几何体上调整坐标系的位置，然后单击 确定 按钮，完成坐标系的创建，如图4-234所示。

图4-233 "创建几何体"对话框

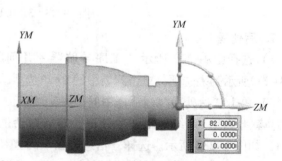

图4-234 创建坐标系

（2）创建部件几何体

1）双击 MCS_SPINDLE_1 节点下的 WORKPIECE ，系统弹出图4-177所示的"工件"对话框。

2）单击"工件"对话框中的 按钮，系统弹出"部件几何体"对话框，选取整个零件为部件几何体。

3）依次单击"部件几何体"对话框和"工件"对话框中的 确定 按钮，完成部件几何体的创建。

（3）创建毛坯几何体

1）双击 WORKPIECE 节点下的子节点 TURNING_WORKPIE ，系统弹出图4-178所示的"Turn Bnd"对话框。

2）单击"Turn Bnd"对话框"指定部件边界"右侧的 按钮，系统弹出图4-179所示的"部件边界"对话框，此时系统会自动指定部件边界，单击 确定 按钮完成部件边界的定义。

3）单击"Turn Bnd"对话框"指定毛坯边界"右侧的 按钮，系统弹出图4-235所示的"选择毛坯"对话框。

4）在"选择毛坯"对话框上方选择 按钮，在"点位置"区域选择 在主轴箱处 选项，单击"重新选择"按钮，系统弹出图4-236所示的"点"对话框，在"点位置"单击 按钮，在图形区选择 $\phi 48$ mm外圆柱右端中心为毛坯的放置点，如图4-237所示，单击 确定 按钮，完成安装位置定义，并返回"选择毛坯"对话框，设置毛坯的参数如图4-235所示。

图4-235 "选择毛坯"对话框

图4-236 "点"对话框

5）单击"Turn Bnd"对话框中的 确定 按钮，完成毛坯几何体的定义。毛坯边界如图4-238所示。

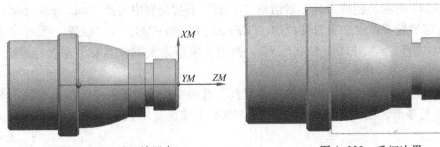

图4-237 毛坯放置点　　　　　图4-238 毛坯边界

9. 创建刀具

（1）创建外沟槽加工刀具

1）选择下拉菜单 插入(S) → 刀具(T)... 命令，系统弹出"创建刀具"对话框。

2）在图4-239所示"创建刀具"对话框"类型"下拉列表中选择"turning"选项，在"刀具子类型"区域选择外沟槽加工刀具"OD_GROOVE_L"按钮 ，在"位置"区域的"刀具"下拉列表选择"GENERIC_MACHINE"选项，采用系统默认名称，单击 确定 按钮，系统弹出"槽刀–标准"对话框。

3）在"槽刀–标准"对话框中单击"刀具"选项卡，设置图4-240所示参数。

图4-239　"创建刀具"对话框

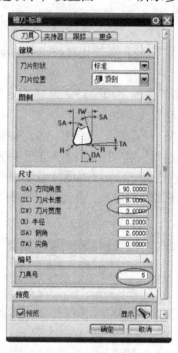

图4-240　"槽刀–标准"对话框

4）单击"夹持器"选项卡，勾选 使用车刀夹持器 复选框，设置图4-241所示参数，单击右侧的"更多"选项卡，在"工作坐标系"的"MCS主轴组"中选择"MCS_SPINDLE_1"，单击 确定 按钮，完成沟槽加工刀具的创建。

（2）创建外螺纹加工刀具

1）选择下拉菜单 插入(S) → 刀具(T)... 命令，系统弹出"创建刀具"对话框。

2）在图4-242所示"创建刀具"对话框"类型"下拉列表中选择"turning"选项，在"刀具子类型"区域选择螺纹加工刀具"OD_THREAD_L"按钮 ，在"位置"区域的"刀具"下拉列表中选择"GENERIC_MACHINE"选项，采用系统默认名称，单击 确定 按钮，系统弹出"螺纹刀–标准"对话框。

3）在"螺纹刀–标准"对话框中单击"刀具"选项卡，设置图4-243所示参数，单击右侧的"更多"选项卡，在"工作坐标系"的"MCS主轴组"中选择"MCS_SPINDLE_1"，单击 确定 按钮。

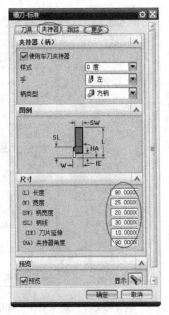

图 4-241 "夹持器"选项卡

图 4-242 "创建刀具"对话框

10. 创建、生成车削外形操作

（1）创建粗车外形工序

1）选择下拉菜单 插入(S) → ⽀ 工序(E) 命令，系统弹出"创建工序"对话框。

2）在图 4-244 所示的"创建工序"对话框"类型"下拉列表中选择"turning"选项，在"工序子类型"区域中单击"ROUGH_TURN_OD"按钮🔲，在"程序"下拉列表中选择"PROGRAM"选项，在"刀具"下拉列表中选择"OD_80_L"选项，在"几何体"下拉列表中选择"TURNING_WORKPIECE - 1"选项，在"方法"下拉列表中选择"LATHE_ROUGH"选项，名称采用系统默认名称。

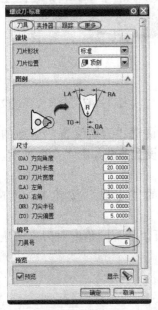

图 4-243 "螺纹刀 - 标准"对话框

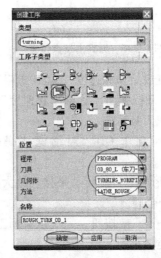

图 4-244 "创建工序"对话框

3）单击"创建工序"对话框中的 ▣确定▣ 按钮，系统弹出图4-245所示的"粗车OD"对话框。

（2）设置切削参数

1）在"粗车OD"对话框"刀轨设置"下的"步进"区域的"切削深度"下拉列表中选择"恒定"选项，在"深度"文本框中输入值3.0。

2）单击"粗车OD"对话框"刀轨设置"下的"切削参数"按钮▣，系统弹出"切削参数"对话框，设置切削参数如图4-207所示。

（3）设置非切削移动参数

1）单击"粗车OD"对话框"刀轨设置"区域的"非切削移动"按钮▣，系统弹出"非切削移动"对话框，如图4-200所示。

2）单击"非切削移动"对话框的"逼近"选项卡，在"出发点"区域的"点选项"下拉列表中选择"指定"选项，在几何体视图中选择合适的刀具出发点

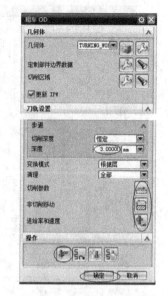

图4-245 "粗车OD"对话框

位置，如图4-246所示，单击"离开"选项卡，在"离开刀轨"区域的"刀轨选项"下拉列表中选择"点"选项，在几何体视图中选择合适的刀具离开点位置，如图4-247所示，单击 ▣确定▣ 按钮完成非切削移动的设置，返回"粗车OD"对话框。

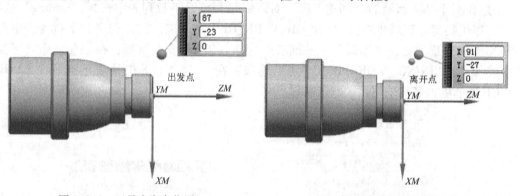

图4-246 刀具出发点位置   图4-247 刀具离开点位置

（4）设置进给率和速度 单击"粗车OD"对话框"刀轨设置"区域的"进给率和速度"按钮▣，系统弹出"进给率和速度"对话框，设置参数如图4-208所示。

（5）生成刀具轨迹

1）单击"粗车OD"对话框"操作"区域的"生成"按钮▣，生成刀具轨迹如图4-248所示。

2）在图形区通过旋转、平移、放大视图，就可以从不同角度对刀具轨迹进行查看，判断其路径是否合理。

3）单击 ▣确定▣ 按钮，完成粗车削工序的创建。

（6）创建精车削工序

1）选择下拉菜单 插入(S)→ 工序(E)... 命令，系统弹出"创建工序"对话框。

2）在图4-244所示的"创建工序"对话框"类型"下拉列表中选择"turning"选项，在"工序子类型"区域中单击"FINISH_TURN_OD"按钮，在"程序"下拉列表中选择"PROGRAM"选项，在"刀具"下拉列表中选择"OD_55_L"选项，在"几何体"下拉列表中选择"TURNING WORKPIECE"选项，在"方法"下拉列表中选择"LATHE_FINISH"选项，名称采用系统默认名称。

3）单击"创建工序"对话框中的 确定 按钮，系统弹出图4-249所示的"精车OD"对话框。

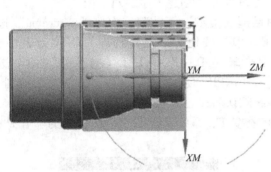

图4-248　刀具轨迹

图4-249　"精车OD"对话框

（7）设置切削参数

1）单击"精车OD"对话框"刀轨设置"下的"切削参数"按钮，系统弹出"切削参数"对话框，如图4-212所示。

2）单击"切削参数"对话框的"余量"选项卡，在"公差"区域的"内公差"和"外公差"文本框中输入值0.01，单击 确定 按钮，完成切削参数的设置，返回"精车OD"对话框。

（8）设置非切削移动参数

1）单击"精车OD"对话框"刀轨设置"区域的"非切削移动"按钮，系统弹出"非切削移动"对话框，如图4-200所示。

2）单击"非切削移动"对话框的"逼近"选项卡，在"出发点"区域的"点选项"下拉列表中选择"指定"选项，在几何体视图中选择合适的刀具出发点位置，如图4-246所示，单击"离开"选项卡，在"离开刀轨"区域的"刀轨选项"下拉列表中选择"点"选项，在几何体视图中选择合适的刀具离开点位置，如图4-247所示，单击 确定 按钮，完成非切削移动的设置，返回"精车OD"对话框。

（9）设置进给率和速度　单击"精车OD"对话框"刀轨设置"区域的"进给率和速度"按钮，系统弹出"进给率和速度"对话框，设置参数如图4-213所示。

（10）生成刀具轨迹

1）单击"精车OD"对话框的"生成"按钮，生成刀具轨迹如图4-250所示。

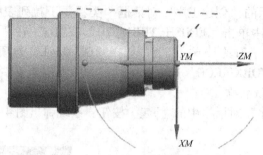

图 4-250　刀具轨迹

2）在图形区通过旋转、平移、放大视图，就可以从不同角度对刀具轨迹进行查看，判断其路径是否合理。

11. 创建、生成外沟槽加工操作

（1）创建外沟槽加工工序

1）选择下拉菜单 插入(S)→ 工序(E) 命令，系统弹出"创建工序"对话框。

2）在图 4-251 所示的"创建工序"对话框"类型"下拉列表中选择"turning"选项，在"工序子类型"区域中单击"GROOVE_OD"按钮，在"程序"下拉列表中选择"PROGRAM"选项，在"刀具"下拉列表中选择"OD_GROOVE_L（槽刀 - 标准）"选项，在"几何体"下拉列表中选择"TURNING_WORKPIECE_1"选项，在"方法"下拉列表中选择"LATHE_FINISH"选项，名称采用系统默认名称。

3）单击"创建工序"对话框中的 确定 按钮，系统弹出图 4-252 所示的"在外径开槽"对话框。

图 4-251　"创建工序"对话框

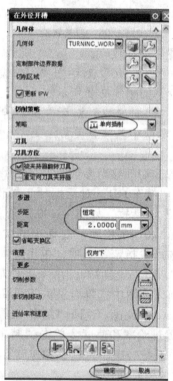

图 4-252　"在外径开槽"对话框

（2）设置切削参数

1）在"在外径开槽"对话框"刀轨设置"下的"步进"区域的"切削深度"下拉列表中选择"恒定"选项，在距离文本框中输入值2.0。

2）单击"在外径开槽"对话框"刀轨设置"下的"切削参数"按钮■，系统弹出"切削参数"对话框，设置参数如图4-253所示。

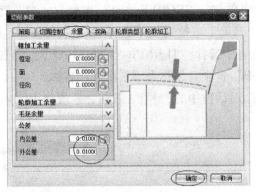

图4-253　切削参数

（3）设置非切削移动参数

1）单击"在外径开槽"对话框"刀轨设置"区域的"非切削移动"按钮■，系统弹出"非切削移动"对话框，如图4-200所示。

2）单击"非切削移动"对话框的"逼近"选项卡，在"出发点"区域的"点选项"下拉列表中选择"指定"选项，在几何体视图中选择合适的刀具出发点位置，如图4-246所示，单击"离开"选项卡，在"离开刀轨"区域的"刀轨选项"下拉列表中选择"点"选项，在几何体视图中选择合适的刀具离开点位置，如图4-247所示，单击 确定 按钮完成非切削移动的设置，返回"在外径开槽"对话框。

（4）设置进给率和速度　单击"在外径开槽"对话框"刀轨设置"区域的"进给率和速度"按钮■，系统弹出"进给率和速度"对话框，设置参数如图4-213所示。

（5）生成刀具轨迹

1）单击"在外径开槽"对话框"操作"区域的"生成"按钮■，生成刀具轨迹如图4-254所示。

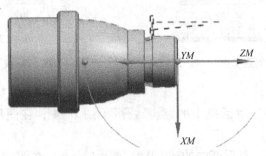

图4-254　刀具轨迹

2）在图形区通过旋转、平移、放大视图，就可以从不同角度对刀路轨迹进行查看，判断其路径是否合理。

3）单击 确定 按钮，完成在外径开槽工序的创建。

12. 创建、生成螺纹加工操作

（1）创建螺纹加工工序

1）选择下拉菜单 插入(S) → 工序(E) 命令，系统弹出"创建工序"对话框。

2）在图4-255所示的"创建工序"对话框"类型"下拉列表中选择"turning"选项，在"工序子类型"区域中单击"GROOVE_OD"按钮 ，在"程序"下拉列表中选择"PROGRAM"选项，在"刀具"下拉列表中选择"OD_THREAD_L（螺纹刀－标准）"选项，在"几何体"下拉列表中选择"TURNING_WORKPIECE_1"选项，在"方法"下拉列表中选择"LATHE_FINISH"选项，名称采用系统默认名称。

3）单击"创建工序"对话框中的 确定 按钮，系统弹出图4-256所示的"螺纹OD"对话框。

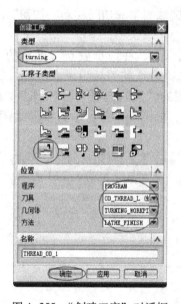

图4-255 "创建工序"对话框

图4-256 "螺纹OD"对话框

（2）选择加工区域

1）单击"螺纹OD"对话框中的 Select Crest Line (1) ，在图形区中选择螺纹车削长度，如图4-257所示。

2）单击"螺纹OD"对话框中的 Select End Line (1) ，在图形区中选择螺纹车削终止线，如图4-258所示。

3）单击"螺纹OD"对话框中的 选择根线 (1) ，在图形区中选择螺纹车削深度（即根线），如图4-259所示。

268

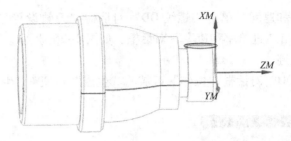

图 4-257　螺纹车削长度选择

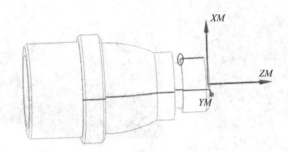

图 4-258　螺纹终止线

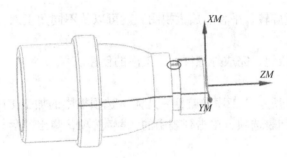

图 4-259　螺纹车削深度选择

（3）设置切削参数

1）在"螺纹 OD"对话框"刀轨设置"下的"步进"区域的"切削深度"下拉列表中选择"剩余"选项，设置加工参数如图 4-256 所示。

2）单击"螺纹 OD"对话框"刀轨设置"下的"切削参数"按钮，系统弹出"切削参数"对话框，设置切削参数如图 4-253 所示。

（4）设置非切削移动参数

1）单击"螺纹 OD"对话框"刀轨设置"区域的"非切削移动"按钮，系统弹出"非切削移动"对话框，如图 4-200 所示。

2）单击"非切削移动"对话框的"逼近"选项卡，在"出发点"区域的"点选项"下拉列表中选择"指定"选项，在几何体视图中选择合适的刀具出发点位置，如图 4-246 所示，单击"离开"选项卡，在"离开刀轨"区域的"刀轨选项"下拉列表中选择"点"选项，在几何体视图中选择合适的刀具离开点位置，如图 4-247 所示，单击　确定　按钮完成非切削移动的设置，返回"螺纹 OD"对话框。

（5）设置进给率和速度　单击"螺纹 OD"对话框"刀轨设置"区域的"进给率和速度"按钮，系统弹出"进给率和速度"对话框，如图 4-260 所示。

（6）生成刀具轨迹

1）单击"螺纹 OD"对话框"操作"区域的"生成"按钮，生成刀具轨迹如图 4-261 所示。

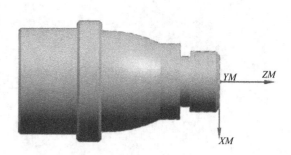

图 4-260　"进给率和速度"对话框　　　　图 4-261　刀具轨迹

2）在图形区通过旋转、平移、放大视图，就可以从不同角度对刀具轨迹进行查看，判断其路径是否合理。

3）单击 确定 按钮，完成外螺纹加工工序的创建。

13. 后处理

1）选中图 4-262 所示"工序导航器-几何"选项框中的加工工序，单击鼠标右键，系统弹出图 4-263 所示列表选项，单击列表中的 后处理 选项，弹出"后处理"对话框，设置参数如图 4-264 所示。

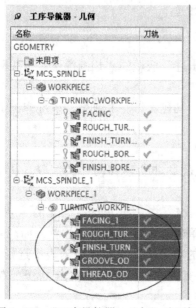

图 4-262　"工序导航器-几何"选项框　　图 4-263　列表选项　　图 4-264　"后处理"对话框

2）单击"后处理"对话框中的 确定 按钮，系统弹出"多重选择警告"对话框，单击 确定 按钮，系统弹出"后处理"警告对话框，单击 确定 按钮，系统弹出"信息"窗口，如图4-265所示。

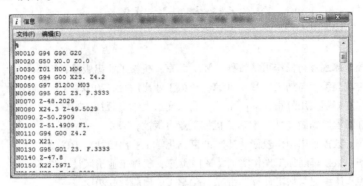

图4-265 "信息"窗口

3）选择"信息"窗口 文件(F) 下拉列表的 另存为...(A) 选项，将文件名命名为英文格式，选择文件想要保存的地址，单击"OK"选项，完成后处理。

参 考 文 献

[1] 朱明松. 数控车床编程与操作项目教程 [M]. 北京：机械工业出版社，2008.

[2] 张宁菊. 数控车削编程与加工 [M]. 北京：机械工业出版社，2010.

[3] 包枫. 数控加工编程实用教程 [M]. 北京：北京交通大学出版社，2011.

[4] 王洪. 数控加工程序编制 [M]. 北京：机械工业出版社，2002.

[5] 王金铣，雷彪. 数控车床操作教程 [M]. 北京：化学工业出版社，2012.

[6] 肖珑，赵军华. 数控车削加工操作实训 [M]. 北京：机械工业出版社，2008.

[7] 高素琴. 数控车床编程与加工 [M]. 北京：化学工业出版社，2012.

[8] 刘雄伟. 数控机床操作与编程培训教程 [M]. 北京：机械工业出版社，2001.

[9] 温正，魏建中. 精通 UG NX 7 中文版数控加工 [M]. 北京：科学出版社，2011.

[10] 展迪优. UG NX 8.0 数控加工教程 [M]. 北京：机械工业出版社，2012.